U0179032

江南海洋文化

Research On
the Jiangnan Marine Culture

滕新贤　著

上海三联书店

序

平生第一次被编辑催稿。虽只在微信上简单回了她几句，内心却已愧疚得不行——实在是拖延得太久了，愧对多年来支持我的领导和朋友们。这部早在2020年武汉疫情引发的全国封控管理期间就完成的书稿，已经被我搁置了整整两年有余。

这两年其实并不忙。

在2020年4月的上海市哲社项目结题答辩中，这部书稿就得到了复旦大学戴鞍钢教授、上海社会科学院周武教授等著名专家的充分肯定。尤为欣喜的是，这部书稿还得到了校宣传部郑卫东部长的大力支持，我并不需要为联系出版事宜而劳心。但由于校内的某些事情，我还是沉沦了相当一段日子——我不知道，作为一个十几年来被边缘化，被屏蔽在校海洋文化研究活动之外，并且已经错过了最佳学术研究时期的普通教师，像执拗的孤勇者般潜心于海洋文化研究，究竟还有没有实际意义。于是，这部只需加一篇序言和导论就可以付梓的书稿，被默默地从桌面文件夹删除，成为了一个既难以忘记，又不想触碰的痛点。

这是国内第一部对江南海洋文化做出比较全面的梳理和研

究的学术作品。在江南文化研究当中,海洋文化研究可谓是相当冷寂的一隅。相对于细腻婉转的江南曲词,曲径通幽的园林山水,江南的海洋社会生活显然缺少了些动人的明媚。然而,它却是沉郁有力的。几乎从有历史记载以来,海洋就在江南扮演着重要角色,与长江、大运河等共同推动着江南社会的繁荣发展。尽管我的学术水平相当有限,但我绝对相信它所拥有的学术价值。也正因如此,虽仍困于“我本将心向明月,奈何明月照沟渠”的失落,到底还是以“学道须当猛烈,始终确守初心”自励,打开了这部尘封已久的书稿。

它无疑不是一部完美之作——我本志大才疏,而十余年的被边缘化令我几乎远离了所有借助外力迅速成长的机会。时光无法倒流,缺憾亦无法弥补。书稿中的信息有可能不够全面,甚至有所纰缪。加之始作于武汉“封城”期间,修改于上海“静默”之时,受疫情干扰,颇有些心浮气躁。文中不甚得体之处,还需请专家学者们不吝指正。

在此,我由衷感谢近年来大力支持我从事海洋文化研究的校宣传部郑卫东部长和刘海为老师!没有他们的支持和鼓励,我是绝对没有机会回到校海洋文化研究这一圈子的。这也算是“不忘初心,方得始终”了吧。幸甚!

目　录

导　论

一、江南与江南文化

（一）何处是“江南”

今人提及江南，往往会不自觉地将其锁定为长江三角洲地区，特别是稻香鱼肥的太湖流域。然而从历史上看，“江南”却是一个不断变化且极富伸缩性的概念。它不仅是自然地理区域概念，还是社会政治区域概念、地域文化概念。

在各种历史文献中，“江南”往往与“江北”“中原”等地域概念相并立，并且地域边界十分模糊。仅就字面看，“江南”所指的区域自然是长江以南。其范围不仅包括现今湖北、江西的长江以南部分地区，也涵盖了湖南、安徽，以及江苏南部等地。而这正是先秦和秦汉时期典籍中所记载的“江南”。如《史记·秦本纪》中“三十年，蜀守若伐楚，取巫郡，及江南为黔中郡。三十一年，白起伐魏，取两城。楚人反我江南”中的“江南”，就是今湖北南部和湖南的部分地区。也正因如此，西汉后由王莽所建立的新朝，曾经将位于今湖北宜都地区的夷道县更名为“江南县”。其后，《后汉书・刘表传》中，“江南宗贼大盛……江南悉平”中的“江南”，也是指今湖南、湖北地区。

“江南”所指地域的变化，大致始于南北朝时期。如北魏郦道元的《水经注》卷三五“江水又东迳公安县北”条所载：“刘备之奔江陵，使筑而镇之……杜预克定江南，罢华容置之，谓之江安县，南郡治矣”。这里的“江南”，仅指长江中下游地区的东吴政权。不过，“江南”的这种内涵变化在当时并不多见。直到隋朝时，“江南”仍然主要指今湖南、湖北的长江以南地区。可见，在相当长的一段历史时期内，“江南”所指既不明确，也不固定。

“江南”作为地理概念而被明确下来，始于唐代。贞观元年(627 年)，唐政府将全国领土划分为十道。其中“江南道”的范围全部处于长江以南，包括了今湖南西部直至东南海滨的极为广阔的地域，可谓是秦汉以来最名副其实的“江南”地区。然而就实际情况来看，唐人也并不严格遵循这一界定。如，韩愈《送陆员外出刺歙州诗并序》中“当今赋出于天下，江南居十九”中的“江南”，就是指江淮以南、南岭以北的整个东南地区。由于“江南道”所辖范围实在太大，不利管理，唐政府后来又将其拆分为江南东道、江南西道、黔中道。其中的江南东道(亦称“江东道”)包括今浙江、福建，以及江苏、安徽的南部地区。其后，江南东道又被分为了浙西、浙东、宣歙、福建四个观察使辖区。其中的浙西观察使辖区，包括今苏州、湖州、常州的全部，以及润州、杭州的部分地区。这一范围与今人印象中的“江南”已经大体相近了。到宋代时，这一地区又被派分为两浙路、福建路、江南东路。

其中“两浙路”包含今常州、苏州、镇江、杭州、湖州、嘉兴、绍兴、宁波、台州、金华、衢州、建德、温州、丽水等地，而“江南东路”则包含了今江苏、安徽的长江以南地区，以及江西的东北部地区。到元明时期，由于浙西和三吴地区，特别是苏、松、常、嘉、湖五府，已经凭借发达的农业和纺织业成为国家财政的重要来源地，因而元明时期的“江南”主要指浙西和三吴。在明清时期的笔记小说中，“江南”也基本上是这些地区（后来增加了杭州府、镇江府）。尽管如此，“江南”的界域仍不十分明确。

不但古人对“江南”的界定反复变化，模糊不清，当代学者们对于“江南”的地域概念也持不同意见，甚至同一学者对“江南”的界定也往往前后不一。如，著名史学家李伯重先生曾认为“江南”即明清时期的苏州、松江、常州、镇江、江宁、杭州、嘉兴、湖州八府，以及后来由苏州府划出的太仓直隶州。其依据是这“八府一州”不但同属于太湖水系，在经济方面的联系十分紧密，而且这些地区与其周边地区之间还有着天然屏障。然而，其在《“选精”、“集粹”与“宋代江南农业革命”》[①]中，又主张“江南”是太湖平原地区。从目前对“江南”地域的界定来看，大多数研究者主张将历史上的“八府一州”作为江南的地理范围。然而，从他们围绕“江南”所做的各种研究来看，又多数并不将视域局限于此，而是以“八府一州”为核心，将研究对象的地域范围扩大到整个“长三角”地区。

---

① 李伯重：《“选精”、“集粹”与“宋代江南农业革命”》，《中国社会科学》，2000年第1期。

（二）江南文化

由于作为自然地理区域概念的“江南”本身就是模糊的，作为社会政治区划概念的“江南”也屡次变迁，作为文化概念的“江南”自然也难免存在部分争议。

国内绝大多数学者认为，江南文化研究的视域绝不能局限于以太湖流域为代表的长江以南东部地区，而应将地理上不属于江南，但区域文化却有着明显的江南特色的地区也纳入研究范围。因此，文化意义上的“江南”，不仅包括处于长江以南的上海、苏州、南京、无锡、常州、镇江、芜湖、池州、铜陵、宣城、黄山、马鞍山、杭州、嘉兴、湖州、绍兴、宁波等地，也包括地处江北的安庆和扬州。这一地域中的所有物质生产活动及其产品，在社会实践中建立的各种规范自身行为和协调相互关系的准则，以及人们在长期社会交往中约定俗成的习惯和风俗，乃至人们的各种社会心理和社会意识形态，如价值观念、审美情趣、思维方式，还有由此而产生的文学艺术作品等，都属于江南文化的范畴。

在文化特征方面，研究者们普遍认为：江南文化在其漫长的历史发展过程中经历了由尚武到崇文的转变，其文化地位也经历了由边缘到中心的变迁。就其发展历程来说，有三个高峰期：一是以金陵为中心的南朝江南文化，二是以杭州为中心的南宋江南文化，三是以苏州为中心的明清江南文化。在其发展过程中，江南文化曾与中原文化、荆楚文化等有过长期的交融，是我国多种文化相融共通的结果。它具有“精细坚韧”和“柔美飘逸”的诗性品格，对我国的文学艺术创作等产生了巨大影响，并形成了江南文学总体上“清秀婉丽”的特征。同时，研究者们公认：江南文化主要有三大支流，即吴文化、越文化，以及后起的海派文化。

二、江南文化的研究现状

“江南文化研究”近年来热度颇高。在江浙沪皖地区，不但诸多高校及科研院所的专家学者对江南文化研究表现出了浓厚兴趣，各级地方政府也积极搭建平台，促进江南文化研究。如，上海松江区联合华东师范大学共建了江南文化研究基地，上海青浦区组建了江南文化研究院。江浙沪皖的省市级社科联单位也经常举办有关江南文化的学术交流活动，积极推介江南文化研究成果。在学界和地方政府的共同推进下，江南文化研究俨然已成为一门“显学”。

从研究对象和研究成果角度来看，当前有关江南文化的研究成果主要集中在江南文化两个最重要的支流——吴文化、越文化，以及后起的主要支流“海派文化”方面。有关成果主要围绕着对“江南文化”的界定、江南文化的源流、江南文化的总体特征、江南文化与文学、江南文化与宗教、江南文化与建筑等问题展开。具体表现为三种形态：

一是对江南传统文献进行整理、研究。如丁辉、陈兴蓉的《明清嘉兴科举家族姻亲谱系整理与研究》[①]，吴仁安的《明清时期的江南望族》[②]，许菁频的《明清常州恽氏文学世家研究》[③]等。这类成果在目前已出版的江南文化研究著作中占比很大。

---

① 丁辉、陈兴蓉：《明清嘉兴科举家族姻亲谱系整理与研究》，中国社会科学出版社，2016年6月。

② 吴仁安：《明清时期的江南望族》，上海人民出版社，上海书店出版社，2019年3月。

③ 许菁频：《明清常州恽氏文学世家研究》，中国社会科学出版社，2015年6月。

二是以经济史和社会史为重点的历史学研究，如，熊月之主编的《上海通史》[1]，陈国灿、奚建华等编撰的《浙江古代城镇史》[2]，上海通志编纂委员会编写的《上海通志》[3]，以及范金民的《江南社会经济研究》[4]，林正秋的《杭州古代城市史》[5]，曹林娣的《江南园林史论》[6]等。

三是区域经济社会发展研究，如周祝伟的《7—10世纪杭州的崛起于钱塘江地区结构变迁》[7]，熊岳之、周武的《上海：一座现代化都市的编年史》[8]，葛方耀的《话说上海・南汇卷》[9]，刘士林、朱逸宁的《江南城市群文化研究》[10]，陈国灿的《江南城镇通史》[11]，戴鞍钢的《近代上海与江南：传统经济、文化的变迁》[12]，王振忠的《江南文化研究丛书从徽州到江南：明清徽商与区域社会研究》[13]，周武的《边缘缔造中心：历史视阈中的上海与江南》[14]等。

---

① 熊月之：《上海通史》，上海人民出版社，1999年1月。
② 陈国灿、奚建华：《浙江古代城镇史》，安徽大学出版社，2003年版3月。
③ 上海通志编纂委员会：《上海通志》，上海社会科学院出版社，2005年12月。
④ 范金民：《江南社会经济研究》，中国农业出版社，2006年2月。
⑤ 林正秋：《杭州古代城市史》，浙江人民出版社，2011年9月。
⑥ 曹林娣：《江南园林史论》，上海古籍出版社，2016年1月。
⑦ 周祝伟：《7—10世纪杭州的崛起与钱塘江地区结构变迁》，社会科学文献出版社，2006年4月。
⑧ 熊岳之、周武：《上海：一座现代化都市的编年史》，上海书店出版社，2007年7月。
⑨ 葛方耀：《话说上海・南汇卷》，上海文化出版社，2010年3月。
⑩ 刘士林、朱逸宁等：《江南城市群文化研究》，高等教育出版社，2015年9月。
⑪ 陈国灿：《江南城镇通史》，上海人民出版社，2017年5月。
⑫ 戴鞍钢：《近代上海与江南：传统经济、文化的变迁》，上海书店出版社，2018年12月。
⑬ 王振忠：《江南文化研究丛书从徽州到江南：明清徽商与区域社会研究》，上海人民出版社，2019年1月。
⑭ 周武：《边缘缔造中心：历史视阈中的上海与江南》，上海书店出版社，2019年3月。

总的来看，当前江南文化研究的成果颇为丰硕。但大多数历史专业出身的研究者不同程度地存在着重经济，轻人文；重实用，轻审美等倾向。少数非历史专业出身的江南文化研究者，如上海交通大学城市科学研究院院长刘士林教授等，多从文学艺术的角度，以一种艺术审美的目光审视江南文化。他们认为：江南文化本质上是一种以“审美——艺术”为精神本质的诗性文化形态。这一观点目前已被大多数江南文化研究者们所接受。但有关这一本质的成因等关键性问题，尚待更为严谨、充分的深入论证。

三、江南海洋文化

（一）江南海洋文化的研究现状

相较于近年来江南文化研究成果的喷涌而出，江南海洋文化研究领域显得有些寥落。一方面，国内学界在本土海洋文化研究方面一直缺少热度，其重要性也未得到足够重视；另一方面，大多数研究者习惯将目光聚集于中国传统农业社会所注重的领域，如农业、纺织业、教育等，对其他行业的关注度不够。

当前江南海洋文化的研究成果，主要集中在港口、航运贸易、海盐、海塘、渔俗等几个方面。就现有研究成果来看，专著类成果主要是侧重探讨某一海洋文化分支自身的发展历史。如：港口及航运贸易方面，有中国航海史研究会的《江苏航运史》[①]，浙江航运史编写委员会的《浙江航运史》[②]，孙光圻的《中国古代

---

① 中国航海史研究会：《江苏航运史》，人民交通出版社，1989年2月。

② 浙江航运史编写委员会：《浙江航运史》，人民交通出版社，1993年7月。

航运史》[①]，上海港史话编写组的《上海港史话》[②]，金秋鹏的《中国古代造船与航海》[③]等；而海盐文化方面，有陈红红的《盐城海盐文化》[④]，韦明铧的《两淮盐商》[⑤]，宓位玉、虞天祥的《煮海歌：岱山海洋盐业史料专辑》[⑥]；海塘文化方面有陶存焕、周潮生的《明清钱塘江海塘》[⑦]；民俗文化方面，有徐波的《浙江海洋渔俗文化：称名考察》[⑧]，黄立轩的《远古的桨声：浙江沿海渔俗文化研究》[⑨]，等等。

这些著作资料翔实，结论可靠，具有非常高的学术价值。但都未将有关地区的海洋文化与该地区的城市及其经济发展历程结合起来考察，故未能体现出海洋文化在江南城市群形成和发展的过程中究竟起到过什么样的作用，具有怎样的地位。

相较于专著类成果，江南海洋文化研究的论文类成果更注重探究某个具体问题或现象。有关成果主要集中在盐业、造船业，以及海运贸易方面。

其中有关江南盐业的研究论文，在江南海洋文化论文当中数量占比最高。如蒋兆成的《明代两浙商盐的生产与流通》[⑩]，高

---

① 孙光圻等：《中国古代航运史》(上下卷)，大连海事大学出版社，2015 年 12 月。
② 上海港史话编写组：《上海港史话》，上海人民出版社，1979 年 10 月。
③ 金秋鹏：《中国古代造船与航海》，中国国际广播出版社，2011 年 1 月。
④ 陈红红：《盐城海盐文化》，南京大学出版社，2015 年 12 月。
⑤ 韦明铧：《两淮盐商》，福建人民出版社，1999 年 9 月。
⑥ 宓位玉、虞天祥：《煮海歌：岱山海洋盐业史料专辑》，中国文史出版社，2004 年 1 月。
⑦ 陶存焕、周潮生：《明清钱塘江海塘》，中国水利水电出版社，2001 年 11 月。
⑧ 徐波：《浙江海洋渔俗文化：称名考察》，海洋出版社，2009 年 12 月。
⑨ 黄立轩：《远古的桨声：浙江沿海渔俗文化研究》，浙江大学出版社，2014 年 10 月。
⑩ 蒋兆成：《明代两浙商盐的生产与流通》，《盐业史研究》，1989 年第 3 期。

树林的《元朝盐户研究》[1]，林树建的《元代的浙盐》[2]，刘洁的《宋代两浙盐民生存状况初探》[3]，郝宏桂的《略论两淮盐业生产对江苏沿海区域发展的历史影响》[4]，周洪福的《两浙古代盐场分布和变迁述略》[5]，等等。尽管数量较多，但研究范围实际上相当狭窄。基本上都是在探究历代"盐政"得失。至于盐业对具体城镇形成和发展的影响，目前还少有学者论及。

对古代造船文献的整理和考证，在江南海洋文化论文类研究成果中所占比例比较大。如李伯重的《明清江南地区造船业的发展》[6]，吴建华的《唐代明州造船业与对外贸易关系研究》[7]，唐勇的《宋代宁波地区的造船业》[8]，郭万升的《宋代苏州的造船业考察》[9]，王赛时的《论唐代的造船业》[10]，等等。这些论文对于我国江南地区造船业的发展状况进行了严谨的考证，具有很高的史学资料价值。但由于多是从造船技术和规模层面进行探讨，其在江南文化发展中的作用及影响未能充分体现。

此外，有关古代江南海运贸易的研究成果也非常丰富。如

① 高树林：《元朝盐户研究》，《中国史研究》，1996年第4期。
② 林树建：《元代的浙盐》，《浙江学刊》，1991年第3期。
③ 刘洁：《宋代两浙盐民生存状况初探》，《黑龙江史志》，2014年第7期。
④ 郝宏桂：《略论两淮盐业生产对江苏沿海区域发展的历史影响》，《盐城师范学院学报》，2012年第5期。
⑤ 周洪福：《两浙古代盐场分布和变迁述略》，《中国盐业》，2018年第4期。
⑥ 李伯重：《明清江南地区造船业的发展》，《中国社会经济史研究》，1989年第1期。
⑦ 吴建华：《唐代明州造船业与对外贸易关系研究》，《中韩古代海上交流》，2007年刊。
⑧ 唐勇：《宋代宁波地区的造船业》，《宁波教育学院学报》，2008年第1期。
⑨ 郭万升：《宋代苏州的造船业考察》，《船电技术》，2008年第4期。
⑩ 王赛时：《论唐代的造船业》，《中国史研究》，1998年第2期。

张海英的《海外贸易与近代苏州地区的丝织业》①，黄锡之的《历史上的苏州海外贸易》②，陈忠平的《刘河镇及其港口海运贸易的兴衰》③，许龙波的《清前期的海洋政策与江南社会经济发展》④，王日根的《元明清政府海洋政策与东南沿海港市的兴衰嬗变片论》⑤，林树建的《唐五代浙江的海外贸易》⑥，耿元骊的《五代十国时期南方沿海五城的海上丝绸之路贸易》⑦，吴泰的《试论汉、唐时期海外贸易的几个问题》⑧，等等。这类论文基本上都将江南海洋文化置于江南社会发展这个大背景下进行研究，对于人们充分认识海洋文化对江南社会发展的影响力具有极为重要的意义。但大约限于资料，有关论述往往不够充分，部分观点尚值得商榷。

有关海塘文化、潮文化，以及海洋民俗的论文数量不多，但内容很有特色。如徐慧的《钱塘江海塘的古今》⑨，赵刚的《钱塘

---

① 张海英：《海外贸易与近代苏州地区的丝织业》，《文史知识》，2019 年第 3 期。

② 黄锡之：《历史上的苏州海外贸易》，《海交史研究》，1996 年第 1 期。

③ 陈忠平：《刘河镇及其港口海运贸易的兴衰》，《南京师大学报》（社会科学版），1991 年第 3 期。

④ 许龙波：《清前期的海洋政策与江南社会经济发展》，《齐齐哈尔大学学报》（哲社版），2015 年第 07 期。

⑤ 王日根：《元明清政府海洋政策与东南沿海港市的兴衰嬗变片论》，《中国社会经济史研究》，2000 年第 2 期。

⑥ 林树建：《唐五代浙江的海外贸易》，《浙江学刊》，1981 年第 4 期。

⑦ 耿元骊：《五代十国时期南方沿海五城的海上丝绸之路贸易》，《陕西师范大学学报》（哲社版），2018 年第 4 期。

⑧ 吴泰：《试论汉、唐时期海外贸易的几个问题》，《中国海洋大学学报》（社会科学版），2019 年第 1 期。

⑨ 徐慧：《钱塘江海塘的古今》，《浙江水利科技》，2004 年第 1 期。

江海塘塘型结构沿革》[1]，对江南海塘的建造方式、类型及其优缺点等，从技术层面进行了分析，使得这一江南文化瑰宝的伟大之处更有说服力。而郭巍的《杭州湾传统海塘景观探究》[2]，徐苏焱的《钱塘江古海塘文化与展示价值初探》[3]，顾希佳的《非物质文化遗产视野下的浙江潮》[4]，麻冰冰的《历史文化价值导向下的盐官古镇保护策略研究》[5]等则从文化保护、开发角度对古海塘的重新利用提出建议。但多数建议较为宏观，主要是方向性的。

综上，由于目前对江南海洋文化的研究多限于一地、一事、一物，且大多数没有与江南城市社会经济发展紧密联系起来，因而江南海洋文化在江南文化中的地位仍是比较尴尬的。

（二）江南海洋文化研究的目的和意义

上海市社会科学界联合会主席王战先生曾指出：江南文化的勃兴离不开江南经济的繁荣和江南城镇的崛起，而江南经济的繁荣则源于长江、大运河、江南水网和海运等“四水”航运。尽管对于大多数江南人来说，海运是比较陌生的。但其在江南历史上的地位却绝对不容小觑。本成果部分章节对于几个江南代表性城市发展历程的分析，也印证了这一论断。当然，我们研究

---

① 赵刚：《钱塘江海塘塘型结构沿革》，《浙江水利科技》，2015 年第 3 期。

② 郭巍：《杭州湾传统海塘景观探究》，《风景园林》，2018 年 12 期。

③ 徐苏焱：《钱塘江古海塘文化与展示价值初探》，《艺术科技》，2014 年第 6 期。

④ 顾希佳：《非物质文化遗产视野下的浙江潮》，《广西师范学院学报》（哲学社会科学版），2008 年 10 月刊。

⑤ 麻冰冰：《历史文化价值导向下的盐官古镇保护策略研究》，《小城镇建设》，2019 年第 5 期。

江南海洋文化的目的，绝不只是对其在江南社会发展中的作用作出更为公允的评价，而是希望能够以古为鉴，为江南地区海洋经济、海洋文化事业的繁荣发展提供新的思路。从江南海洋文化的角度来对江南文化的发展演变进行研究，对江南文化不同阶段、不同领域的特征作比较系统的分析，不仅能够更为客观、公允地评价江南海洋文化在江南文化发展中的影响和地位，还有利于将千百年来推动江南地区发展的海洋文化精神发扬光大，使之与江南当代城市文化内涵建设相结合，进而有力地推动江南文化的发展，促进"长三角"等江南地区的社会发展。

江南海洋文化研究对于发掘江南文化之根，探索江南文化精神的意义和价值是不容忽视的。江苏海洋大学张兴龙教授曾提出：江南文化之源是遗址遍布于杭嘉湖地区和苏、锡、常、沪的马家浜文化。马家浜文化中的母性温柔包容，以及马家浜遗址玉器的温润雅致，是江南人刻在骨子里的"种族记忆"，直接推动了江南文化中的儒雅、阴柔特征的再创造。张教授的这一观点无疑非常符合当代人对于江南文化格外精致、雅润的认知，并且有相当多的证据支撑。然而其中仍存在着一些尚待解答的疑问。如，我国各地与马家浜文化大致同期的文化，几乎都有着温润且别具一格的玉石文化，并且也大多因尚处于母系氏族阶段而在一定程度上体现着女性温柔包容的特征，为何唯有江南地区马家浜文化中母性的包容以及玉石的温润、雅致特征成为了江南人的"种族记忆"呢？特别是纵观江南文化发展历史，我们会发现：在江南地区，先秦至六朝以前的文化是以尚武为主的，与温润、包容这些文化特征的传承关系实在并不明显。就江南文化的核心精神来说，其开放冒险、舍家离乡等特征实际上与海洋文化特征一致。而如前所述，越文化是江南文化的一个极为重要的分支，其对江南文化的形成具有极深远的影响。而越文化天然是一种具有浓重海洋文化因子的文化。可以说，江南文化自诞生之时起，就与海洋文化发生了深度关联，并对江南文化精神特质的形成产生了深远影响。忽视了江南海洋文化研究，就难以准确把握江南文化的精神特质。

江南海洋文化研究对于江南文化中的人文教育研究也具有重要意义。上海交通大学刘士林教授认为，江南文化精神的“元结构”在于“审美——艺术”。这使得江南文化成为一种以“审美——艺术”为精神本质的诗性文化形态。它最大限度地超越了儒家实用理性，代表着生命最高理想的审美自由精神[1]。刘教授的这一观点可以找到非常丰富的实证，目前已经得到绝大多数江南文化研究者的赞同。然而，这一论断也同样存在着诸多尚待解答的疑问。如，诗性文化的形成和发展需要有强大的、不间断的物质基础来支撑。尽管江南地区被誉为“鱼米之乡”，但自南宋后期起，江南一带就已经无法做到粮食自给了。同时，在中国封建社会里，无论南方还是北方，都是男耕女织的小农经济模式，商品经济意识并不普及。为何江南地区能够长期拥有巨大财力，普及文化教育，支持文人参加科考？这一问题的答案无疑会非常复杂。但盐业、海运业等海洋产业对中国古代江南文化事业的影响是非常值得关注的。国内曾有学者认为：中国古

---

① 刘士林：《西洲在何处——江南文化的诗性叙事》，东方出版社，2005年3月版。

代海洋贸易对于地方经济乃至全国经济的影响是十分微弱的，对其他领域的影响更不值一提。然而笔者在将明清"封海"和"开关"时期的海洋贸易状况图与明清科考中江南进士录取比例图进行对比时发现：两者的变化趋势曲线几乎是一致的，只是后者的时间大致比前者晚了20年。而20年左右恰恰是经济走势对教育事业凸显影响的正常时间段。尽管资料所限，笔者尚未对其作进一步分析研究，然而江南海洋贸易与地方经济、政府财政之间的关联，及其对文化事业等方面的重要影响，还是有明显迹象可供探寻的。

江南海洋文化研究对于推进当代江南城市群的内涵建设，推动江南文化持续发展等，也具有非常重要的意义。在城市环境持续恶化，自然资源接近枯竭，经济转型压力巨大的形势下，越来越多的政府部门及研究人员开始注意到文化与经济的矛盾，并希望借助文化发展推动"长三角"城市群建设。目前来看，"长三角"地区发展文化事业的各方面条件都非常好，政府部门的文化建设意识很强、热情很高，但由于缺乏深入的文化理论研究，许多地区在文化资源开发方面不同程度地存在着浮躁现象和投机倾向。在文化推广手段及其方案等方面也缺少创新，甚至与国内其他地区的文化推广模式雷同，无法体现出江南文化的特色，更难以形成合力，发挥"长三角"城市群应有的文化效应。同时，由于地方特色不够鲜明，同质化较为严重，恶性竞争使文化产业的风险不断增大。这些都在深层次上制约着"长三角"城市群本身的综合竞争力。

江南地区自古就与海洋结下了不解之缘，江南地区的海洋文化对于包括海派文化在内的江南文化的形成及发展更是具有深远而重要的影响。因此,深入挖掘江南地区海洋文化对于江南文化的影响因素,分析江南文化形成以来的内在发展动力,探索如何实现这些因素的当代转型,对于推动“长三角”城市群的文化建设,提升江南地区文化软实力,提高江南文化的影响力等,都具有很高的应用价值。

四、本研究的目的和贡献

本研究旨在从江南海洋文化研究的角度入手,通过对文化意义上的、有代表性的江南城市兴衰的分析,以及对江南涉海产业和海洋文化主要分支的梳理、分析,以较丰富的资料,客观地展示海洋文化在江南文化形成及发展中的地位和作用。

本研究认为:海洋文化是江南文化的一条重要根脉。江南文化不仅有着柔婉、崇文的“柔性”特征,更拥有冒险、进取、包容等“刚性”特征,而后者正来源于江南地区的海洋文化。江南海洋文化开拓进取、兼容并包的精神对于包括海派文化在内的江南文化的形成及发展具有极为重要的影响,是江南文化不断发展的内驱力,也是江南文化最重要的精神内核。在当今社会环境下,要提升江南文化的软实力,必须充分重视本地区的海洋文化遗产,使其展现出符合时代要求且具有鲜明地方特色的文化风貌,并与江南城市文化建设相结合。在此基础上,还应以江南海洋文化为黏合剂,使“长三角”城市群形成新的江南文化合力,共同提升江南文化在国内外的影响力。

第一章　海洋文化与江南名城

第一节　江南首个国际化都市——扬州

一、何处是“扬州”

在江南名城中，扬州是一个非常独特的存在。从现今的地理位置上来说，它位于长江北岸。然而就江南特色的人文风情来说，又极少有城镇能够超乎其上。

“扬州”作为地名而出现，始见于《尚书·禹贡》。但其含义却与今天所谓的“扬州”大不相同。《禹贡》云：“禹贡九州，即冀、兖、青、徐、扬、荆、豫、梁、雍也”，“淮海惟扬州”。可见，“扬州”一词最初所指的地域是非常广阔的，是天下“九州”之一。至于作为九州之一的“扬州”的具体范围，《禹贡》中虽未做出具体说明，但却提到了“扬州”的几个地标：“彭蠡既猪，阳鸟攸居。三江既入，震泽底定。……沿于江、海，达于淮、泗。”这里所说的“彭蠡”是鄱阳湖的古称；而“震泽”是长江下游古泽薮，今太湖的前身；

江、海则指长江和大海；淮泗是淮水和泗水的交汇处，在今江苏省淮安市淮阴区。结合这些信息，我们不难看出：《禹贡》中作为“九州”之一的“扬州”范围极大，覆盖了今淮河以南，鄱阳湖以东直到大海的东南大片地区。至于其具体范围，比较权威的解释是“从淮水以南直到东海。跨今苏、皖两省的南部以及江西省的东部、河南和湖北的东边一角，唤作扬州”①，即“扬州”包括了今江苏、安徽、河南、湖北、江西等省的部分地区。此外还有学者认为《尚书·禹贡》中所说的“扬州”，是包括了今江苏、安徽、浙江、福建、江西等地在内的。由于这些地区大多数地处东南，因而《周礼》称“东南曰扬州”，《吕氏春秋》也称“东南为扬州”。又因这些地区绝大多数都位于长江以南，所以《尔雅》中称“江南曰扬州”。无论哪种说法，我们都可以清楚地看出：古“扬州”的中心区域位于长江中下游和淮河流域的偏南地区，与今之扬州的地域范围差别极大。

至于为何称这一广阔的区域为“扬州”，自古说法不一。东汉人李巡在《尔雅》中为“江南曰扬州”作注解时认为，“扬州”之名源于“江南，其气躁劲，厥性轻扬，故曰扬州”。而东汉训诂学家刘熙在其《释名·释地》中则另有一番解释——“扬州之界多水，水波扬也”。这两种说法哪一种更接近《禹贡》中“扬州”之名的来历，如今已经很难判断了。但可以肯定的是：无论《禹贡》《尔雅》，还是《吕氏春秋》，其中所说的“扬州”都与今天的江苏省扬州市没有多少关系。今之扬州，在先秦时期还是一个江海交

---

① 顾颉刚：《禹贡注释》，见中国科学院地理研究所编辑：《中国古代地理名著选读》第一辑，科学出版社，1959 年。

汇、人迹罕至的边远地区。

今天的江苏省扬州市在历史上曾有过许多名称。大体上说，其在春秋末期被称为“邗城”，在战国末期被称为“广陵”。秦朝时在此设置过“广陵县”，而汉代时则改称“江都县”（有时又一分为二，将今扬州地区分为江都县与广陵县两个县）。六朝时期，此地最常用的名称为“广陵郡”。而用来指称这一地区的“扬州”一名，直到隋代时才首次出现。

开皇九年（589 年），隋文帝将陈朝的扬州改为蒋州①，又将本朝的吴州（治所在今扬州）更名为“扬州”，并在广陵设置扬州总管府。但“扬州”一名并未就此沿用下来。大业元年（605 年），隋炀帝废诸州总管府，扬州之名也随之被废。大业三年（607 年），隋炀帝改州为郡，扬州之地为江都郡，下辖江阳、江都、海陵等 16 县。隋炀帝下扬州时，曾做过一首《泛龙舟》。其中云：“舳舻千里泛归舟，言旋旧镇下扬州。借问扬州在何处，淮南江北西海头。”这其中的最后一句，可以说对扬州的地理位置作了具体描述，将其具体位置确定在了广陵。从此，扬州才成为了一个具体地域的名称，与隋以前的“扬州”区分开来。

尽管如此，真正把“扬州”这一名称落实到广陵的却并不是隋炀帝，而是唐高祖。武德三年（620 年），唐高祖改隋朝时的江都郡为兖州。武德七年（624 年），又改兖州为邗州。武德九年（626 年），再改邗州为扬州，并在扬州设置大都督。天宝元年（742 年），扬州再次被更名为广陵郡。乾元元年（758），唐肃宗重

---

① 今江苏省南京。

新改广陵为扬州，并在这里设置淮南节度使。由此，今天意义上的所谓“扬州”才算稳定下来，并一直沿用至今。

二、因江海之利而诞生的扬州城前身——邗城

从考古成果来看，今扬州一带在大约6500多年前位于长江和大海的交汇处，属于非常典型的襟江带海地区，与现在的上海、南通等地颇为相似。这是一片几经沧桑而生成的土地。有学者研究，“江淮地区的滨海地带全新世以来发生过几次海侵，最大一次海侵发生在距今10000～7000年，江淮之间的海岸线向西推进最远处可达高邮湖西岸；全新世最高海面发生在距今5500年前后，江淮之间在阜宁——盐城——东台——海安一线，以东为浅海相沉积，以西为泻湖沼泽相沉积；距今4700～4000年，又发生过一次海面上升，江淮东海受到大规模的海侵。阜宁至海安一线以东地区在距今4000年前还未形成稳定的陆地”①。

西周初年，周武王姬发之子姬邗叔被封到今扬州地区，建立了干国。干国又名“邗国”。著名历史学家刘节先生曾在《说攻吴与禺邗》一文中指出：“干其本字，像捕鱼之器，皆海疆业鱼之民。”可见，作为扬州的前身，干国的得名与海洋有直接关系。

尽管干国的开国国君是“周天子”之子，但显然并未得到多少重视。毕竟，扬州地区远离中原，在当时属于生产力极其落后的偏远地区。然而就是这样一个落后地区，竟然早在公元前486年就得以建城，这在当时的江南地区来说是极为难得的。而决

① 张之恒：《长江下游新石器时代文化》，湖北教育出版社，2004年，“导论”第5页。

定其能够建城的原因，正是它近江临海的地理优势。

春秋末期，由于礼崩乐坏，诸侯争霸，周天子已经失去了对于诸侯国的控制力。作为东南地区的两个大国，吴、越两国也开始了军事争斗。周敬王二十六年（公元前494年），吴王夫差在夫椒[①]打败越军，将越王勾践及其臣子范蠡等作为人质扣留在吴国。勾践假作屈服麻痹了夫差，三年后被释放回国。归国后的越王勾践选择卧薪尝胆，发展实力。而吴王夫差则认为越国已不足虑，开始着手实施自己的称霸计划。他先轻而易举地灭掉了国力孱弱的邗国，又摩拳擦掌地北上征伐齐、鲁两国，意欲进军中原，与当时的第一强国晋国争霸天下。对于军事争霸来说，辎重保障至关重要。而在当时的条件下，辎重运输是各国普遍面临的一大作战难题。以车马运输辎重不但速度较慢，而且耗时很长，难以保障军需供给。于是，襟江带海的古邗国区域进入了吴王夫差的视野。他决定在邗国故址建筑邗城，并开挖一条名为“邗沟”的运河来沟通江淮，采用水运的方式，省时省力地运输辎重。《左传》鲁哀公九年[②]，即公元前486年，“秋，吴城邗，沟通江淮”。不得不说，夫差的这一选择是极具战略眼光的。当时的邗城，西可抵御强楚，北可争霸中原，东可控制江淮入海口，南可经长江直达吴国经济腹地。而邗沟接连江淮，水运方便，能够便捷地运输作战物资。显然，邗城是作为一个冲要的临海军事基地而建造的。因此，北魏地理学家郦道元在其《水经注·淮水》中称，“昔吴将伐齐，北霸中国，自广陵城东南筑邗城，城下掘

① 今浙江省绍兴市北。

② 亦作“周敬王三十四年”“吴王夫差十年”。

深沟”。这座因江海之便而由夫差所建的邗城，便是今扬州地区在历史上的第一座城池。

据北宋乐史的《太平寰宇记》记载，邗城旧址“在州之西四里蜀冈上”。邗沟是中国历史上最早由人工开凿的运河之一。晋代杜预在《春秋左传集解》中说：“于邗沟筑城穿沟，东北通射阳湖，西北至末口入淮，通粮道也，今广陵邗江是。”尽管邗城的建筑主要是出于军事方面的考虑。然而尴尬的是，邗城后建成仅仅 14 年，吴国就被忍辱负重的越王勾践抓住机会，一举灭掉了。邗城的建城初衷也由此落空。

由于夫差修筑邗城的目的就是将扬州作为其进军北方时运兵屯粮的根据地，因而在其身死国灭之后，邗城也就显得无关紧要了。从现有史料看，接替夫差接管邗城的越王勾践并未对邗城做任何的修缮和利用，显然没有把这座亡国之城当回事。公元前 306 年，楚国灭掉越国，扬州地区又成为楚国的国土。周慎靓王二年(公元前 319 年)，楚怀王因邗城所在的蜀冈上有很多广大的丘陵，于是取“广被丘陵”之意，将“邗”改为“广陵”，并在邗城的基础上修建了广陵城。扬州从此进入了广陵城时期。

从春秋末期吴国灭亡，一直到西汉建国，扬州几乎是沉寂的。然而在沉寂的表象下，却蕴藏着即将勃发的强大生命力。尽管夫差规划中的军事功能没有成为邗城(广陵城)的主导功能，但由于邗沟为此地提供了便捷的水运条件，使得这一地区具有了更为广阔的发展空间，从而为其在后世的兴起奠定了坚实的基础。也正因如此，虽然夫差作为一个亡国之君在后世正统文人心目中的形象很差，然而在扬州人民心目中，他却是让此地走向富庶的先驱。自汉代起，扬州人民就在古邗沟南岸、老虎山之北，今扬州市维扬区梅岭街道处建起了一座吴王庙[①]，将其作为财神爷来供奉。

三、煮海为盐、富甲天下的吴都——广陵城

扬州自沉寂之中横发逆起，始于西汉初。而对扬州的贡献堪比夫差的则是另一位吴王——刘濞。汉初，刘邦认为吴地会稽地区的百姓轻佻强悍，必须委派勇猛强硬的人去管理，而自己的儿子过于年幼，难当大任。于是便封极为勇猛剽悍的侄儿刘濞为吴王，命其以广陵为国都，统辖三郡五十三城。汉初的吴地，农耕技术远远落后于中原，经济文化发展水平更无法与中原地区相比。然而在刘濞的治理下，这里凭借着东临大海的地理条件，迅速迎来了它历史上的第一个高速发展期。

尽管作为“乱臣贼子”的代表，刘濞在历史上广受非议。然而不可否认的是，作为吴王的刘濞非常有政治才能和经济才干，其政绩是连历代史官们都无法抹杀的。刘濞初到广陵时，这里人烟萧瑟，百姓贫瘠，农业落后，文化事业更近乎空白。但在刘濞的治理下，仅仅几十年，吴国就由一个偏远落后的贫弱封国成为了西汉最富强的封国。刘濞自己也成为了“有诸侯之位，而实富于天子”[②]的西汉第一富豪。

以广陵为都城的吴国之所以能够在短短几十年内就取得如

---

① 又称“大王庙”“邗沟大王庙”。

② （东汉）荀悦：《前汉纪·景孝第九》。

此惊人的变化，首先归功于刘濞过人的经济才干。面对吴地农业生产方式落后而襟江带海的客观情况，刘濞一反封建帝国“重农抑商”的基本国策，大力提倡商贸。韦明铧在《两淮盐商》中概括性地指出：“刘濞最重要的政绩有三，即铸钱、煮盐、造船。这三大产业，使得当时吴国的强盛成为天下之首。”[①]在刘濞的三大政绩中，后两者对于吴国经济的拉升作用尤为显著。《汉书·卷三十五·荆燕吴传第五》载：“吴有豫章郡铜山，即招致天下亡命者盗铸钱，东煮海水为盐，以故无赋，国用饶足。”“其居国以铜盐故，百姓无赋。卒践更，辄予平贾。岁时存问茂材，赏赐闾里，它郡国吏欲来捕亡人者，颂共禁不与。如此者三十余年，以故能使其众。”即，刘濞不仅自己命人煮海为盐，还鼓励当地百姓煮制海盐，并且免征赋税。这一利国利民的举措很快使得吴国国富民强。

西汉时期的海盐生产方式是煮海为盐。为了提高海盐产量，刘濞命人制作了大量的盘铁和牢盘(亦称“牢盆”)。所谓盘铁，即用来煮盐的厚铁盘。将多块盘铁拼合起来，即为“牢盘”。煮盐时，将海水卤水浇在盘铁、牢盘上，用大量薪柴烧烤这些盘铁、牢盘，加快水分蒸发，使卤水迅速成盐。据称采用盘铁、牢盘煮盐，一昼夜就可以生产出千余斤海盐，而且盐的色泽洁白，颗粒较大，质地干爽。由于盘铁是一种大型的生产工具，民间难以铸造，于是刘濞规定由官方负责铸造盘铁，分配给盐民使用，鼓励民间私自煮盐。这一举措，使得吴地海盐生产规模急剧扩大。其盐以质量好、产量大而闻名全国，被称为“吴盐”，在全国各地

---

① 韦明铧：《两淮盐商》，福建人民出版社，1999年，第12页。

广受欢迎。取之不尽、用之不竭的海水成了包括扬州在内的吴地百姓们致富的源泉。

由于海盐产量迅速提高，如何把这些海盐运出去，通过贸易来换取财富，就成为了刘濞亟须解决的一个问题。鉴于扬州襟江带海的地理条件，刘濞选择了以水运贩盐。据考证，西汉辞赋家枚乘的《七发》中所提到的“赤岸”，就是如今海安市李堡镇向西南经如皋向西至卢庄一带，是汉代以前长江口北岸的岸线。西汉初期，在江海口有一块名为扶海洲的沙洲。它与赤岸夹角，形成了一个喇叭形的江海口，而位于这个出海口处的如皋则是内河和外海的盐运始发港。

扬州历史上曾有两条用于水运的邗沟。一条是公元前486年由吴王夫差主持开凿的，另一条则是在西汉文景年间（公元前179～公元前141）由吴王刘濞命人开凿的。《宋史·卷九十六》载，“吴王濞开邗沟通云海陵”。《万历扬州府志》也记载，刘濞开凿的“邗沟”，从扬州到茱萸湾，通海陵仓，直到如皋蟠溪。在清康熙修撰的《江南通志》中，也对这条邗沟的路线及演变作了简述，其中引《惟扬志》称，“吴王濞开邗沟自扬州茱萸湾通海陵仓及如皋蟠溪，此运盐河之始”。

夫差与刘濞这两位吴王所凿邗沟走向不同。夫差所开凿的邗沟为南北走向，而刘濞开凿的邗沟则为东西走向。两条邗沟在茱萸湾交汇后，一条向北通往樊良湖，另一条向东通往运盐河[1]。由于刘濞所凿邗沟的主要作用就是运盐，因而这条邗沟后

---

① 今通扬运河。

来被称为古运盐河、运盐河。清宣统元年(1909年),官方将其更名为“通扬运河”,该名一直沿用至今。这两条邗沟,特别是刘濞所开凿的邗沟,对于古代扬州经济和交通的发展都起到了不可忽视的作用。

有了畅通的水道,还需要有载重量大、航行平稳的船将大量的海盐运出吴地。船舶的重要性也因此凸显出来。于是,刘濞又大力发展造船业。吴越地区东临大海,江河密集,人们自古以来就以舟为马,擅长造船。在刘濞的重视下,吴国的造船水平达到了国内的最高水平。史称吴国人“上取江陵木以为船,一船之载当中国数十辆车”①。这在当时来说是一项了不起的突破。造船业的发展不仅有力地保证了吴国海盐的顺利外运,促进了物资流通,也使造船业从此成为扬州的主要传统产业之一。

作为吴国的支柱产业,煮盐和造船这两大江海产业极大地带动了当地的经济发展,迅速为吴国积累了大量的物质财富。由于财力极其雄厚,刘濞做出了一个前无古人、后无来者的举措——免除百姓的赋税。在中国古代,成年男子必须服徭役,为国家做各种无偿劳动。而刘濞则规定对那些由国家征调服徭役的人给予相应的报酬,这一举措使得服役由人们希望逃避的事情变成了愿意接受的工作。不仅如此,逢年过节,刘濞还会拜访或接见本地贤达,并给予那些贫困的人一定的扶贫赏赐。这些空前的惠民举措极得人心,刘濞也因此在吴国广受爱戴,威望极高。荀悦《前汉纪·孝景皇帝纪卷第九》中曾引枚乘的谏书来赞

① (西汉)司马迁:《史记》卷一百一十八《淮南王列传》,中华书局,1959年,第3087页。

美吴王刘濞的功绩:“有诸侯之位,而实富于天子;有隐匿之名,而居过于中国。”

随着煮盐、造船等江海产业的发展,广陵的人口数量也迅速增加。刘濞又大力开展城市建设,在邗城故址上扩建新城。中华人民共和国成立后,考古工作者们先后在扬州发现了汉代的夯土墙,以及城门缺口处的绳纹汉砖、汉瓦,证明这是西汉吴国都城的扩建部分。经考证,刘濞扩建后的广陵城城墙长达 14.5 里。这在当时已经属于大城市的规模了。据北魏郦道元《水经注》载,“故广陵城在蜀冈上,邗沟城东北,濞乃更筑于蜀冈之下,城自为二也”。尽管由于吴地的城镇基础过于薄弱,此时的广陵城无论规模还是繁华程度,都无法与长安等黄河中下游地区的大城市相比,然而在长江中下游地区却已经是罕见的大都市了。可以说,海盐业、造船业这两大支柱产业为扬州迎来了第一个商业经济活动的高峰,对扬州城市的繁荣起到了至关重要的作用。正是在这样的历史背景下,广陵城逐渐展示出繁荣富庶的城市文化形象。南朝时期的文学家鲍照在其《芜城赋》中就曾对扬州(即赋中的“芜城”)在汉初的鼎盛景象做了这样的描述:“当昔全盛之时,歌吹沸天。孽货盐田,铲利铜山。才力雄富,士马精妍。”

城市的发展,经济的繁荣,也促进了扬州文化事业的发展。许多饱读诗书的士人陆续来到吴地,依附刘濞。其中既有枚乘、邹阳、庄忌那样非常有名望的文人,也有一些优秀的军事人才。在这些人才当中,辞赋家枚乘对于提升广陵知名度的贡献最大——在其代表作《七发》中,枚乘以雄奇的笔力向人们展示了广陵潮的磅礴奇幻,震惊世人。该赋不仅拉开了中国观潮文学的帷幕，更令广陵城美名远播。

尽管刘濞因世子被景帝击杀和削藩等原因发动了七国之乱，并在与西汉朝廷的对抗中失败被杀，难脱正史中所谓乱臣贼子的定论。但即使是那些持有极为正统儒家思想的史官和文人也对其才干功勋大加赞叹，甚至对其反叛深表同情。班固在《汉书·吴王刘濞传》中就肯定了“吴王擅山海之利，能薄敛以使其众。逆乱之萌，自其子兴。古者诸侯不过百里，山海不以封，盖防此矣”。隋代名臣、唐代名相房玄龄之父房彦谦也曾评价刘濞道：“濞集蚩尤、项籍之骁勇，伊尹、霍光之权势，李老、孔丘之才智，吕望、孙武之兵术……不应历运之兆，终无帝主之位。”连司马迁也在《史记》中说：“吴之王，由父省也。能薄赋敛，使其众，以擅山海利。逆乱之萌，自其子兴。争技发难，卒亡其本。”可见，刘濞对于广陵乃至吴地的巨大贡献是无法抹杀的。

对于扬州这座城市而言，刘濞是城市繁荣的奠基人；对于此地的百姓而言，刘濞则是一位勤政爱民，带领扬州走向繁荣的先贤，一位富有雄才大略的人物。清乾嘉时期的江苏仪征诗人詹肇堂曾赋诗称赞刘濞“开拓东吴财赋地，君王终竟是雄才”。普通的扬州百姓更将其与春秋时期的吴王夫差一起供奉于大王庙，感恩祭祀，虔诚祈福。据成书于乾隆年间的《扬州画舫录》载，“（大王庙）正位为吴王夫差像，副位为汉吴王濞像”。至于将刘濞作为从祀的原因，《扬州画舫录》中做了明确解释：“自茱萸湾通海陵，如皋、蟠溪，此吴王濞所开之河，今运盐道也”。可见，刘濞之所以能够享受扬州百姓香火，就是因为他率民制盐、贩盐，造福扬州。也正因如此，清嘉庆六年（1801 年），这座始建于汉代的大王庙又由两淮盐运司负责重新建筑了一次。如今的扬州大王庙大殿上方悬挂一块匾额,上书“恩被干吴”。而殿前的四根抱柱上印刻着两副楹联——“曾以恩威遗德泽,不因成败论英雄”,“遗爱成神乡俗流传借元宝,降康祈福世风和顺享太平”。可见,时至今日,人们仍感恩于这两位在政权斗争中失败了的吴王。

汉初盐业和造船业给扬州带来的影响并不限于产业类型、经济水平及城市建设方面,其对当地文化观念的影响也是极为深远的。由于吴盐贸易为扬州带来了巨额财富,并且商贸活动是由地方最高长官所倡导的,因而扬州人对于经商的观念迥异于中国古代绝大多数地区的百姓。在中国的封建社会时期,由于绝大多数统治者均实行重农抑商的政策,在正统的意识形态领域里形成了以农为本的价值判断体系。所谓“君子喻于义,小人喻于利”,是经商,还是务农,已经不仅仅是谋生方式的选择,更标志着道德价值的取舍。人们普遍认为,从事商业活动是那些身处社会下层的“小人”们才去做的事。由于扬州在城市原始形态时期的商业活动相当发达,较早地形成了重利的社会风尚,并且经商还曾经得到过地方政府的鼓励,那些选择经商的人们可以从道德观念上获得肯定与支持,因而这里形成了与中国大多数地区迥然不同的道德价值观念体系。人们不以经商为耻,反而热衷此道。扬州一带拥有良好的农耕条件,但在整个封建社会时期,这里的人们却并不像中原等地的民众那样乐于以耕种为生。正如《旧唐书》中所描述的那样:“江都俗好商贾,不事农桑。”[①]这里的

① (五代)刘昫:《旧唐书》卷五九《李袭荣传》。转见于刘士林等《江南城市群文化研究》(上册),高等教育出版社,2015年,第146页。

百姓很早就形成了从事商贸活动的习俗，对农耕蚕桑之事兴趣索然。这是以商贸活动为主体的城市经济对意识形态的必然影响，也是以海盐文化、舟船文化为主的海洋文化作用于扬州城市文化原始形态的一个重要特征。

刘濞叛乱被平定后，广陵再次遭到统治者的冷遇，商贸状况一落千丈。其后，东汉末年的战乱更使得广陵城遭到很大破坏。尽管南朝沈约的《宋书》和唐朝杜佑的《通典》中都有对于两晋南北朝时期扬州城市繁华的描述，说明广陵城在这些时期曾有过短暂的繁华阶段。然而就整个南朝时期来说，广陵城（江都）的记忆是极为伤痛的——仅在南朝的百余年间，扬州就经历了三次大规模的屠城浩劫。繁华荡尽，满目疮痍的凄凉景象成为扬州铭心刻骨的历史记忆。

直到隋唐时期，扬州才再次进入了它城市发展史上的快速上升期，并在唐代达到了其在整个封建时代的经济文化顶峰。

四、因港口航运而达到鼎盛的隋唐扬州

隋炀帝杨广在做晋王时，曾经以灭陈统帅等身份在扬州生活了10年，与江南地区的宗教界及江南名士们有着密切的联系。其间还成就了不少令其自豪的功业，因此对这里有着极为深厚的感情。登上帝位之后，隋炀帝先后出于炫耀威仪、巡检吏治、逃避现实等原因而三下扬州。尽管隋炀帝在封建正史中完全是个昏庸暴虐的亡国之君，然而客观上来说，他对扬州城市发展所做的贡献不容小觑。一方面，由他下令开凿的大运河大大提升了扬州的商贸运输能力，为扬州经济长期稳定地发展下去奠定

了极为坚实的基础；另一方面，由于其个人对于扬州的情感以及追求享乐等原因，隋代扬州的商贸活动极为活跃，城市建设速度非常迅猛，城市的政治地位更远远高于其他普通城市。扬州就此一跃成为广受人们关注的全国重点城市。正如李廷先先生在其《唐代扬州史考》中所指出的，“有隋一代，中国文化中心，不在长安，而在江都，遂启唐朝三百年扬州之繁盛，实为历史的必然”。唐代诗人皮日休在《汴河怀古》一诗中也对隋炀帝的功勋给予了充分肯定——“万艘龙舸绿丝间，载到扬州尽不还。应是天教开汴水，一千余里地无山。尽道隋亡为此河，至今千里赖通波。若无水殿龙舟事，共禹论功不较多。”

隋炀帝对于扬州的经营显然是有过一番规划的，为扬州再次走向繁荣打下了最重要的根基。然而这位与夫差、刘濞两位吴王一样不乏雄才大略的帝王还未来得及从对扬州烟花美景的陶醉中清醒过来，就被叛军缢杀了。

唐代隋后，为防止尾大不掉，中央政府曾刻意运用各种政治手段和经济手段来限制地方城市的发展。唐政府曾颁布《唐律疏议》，对城市的交通、治安等方面作出严格规定，甚至规定五品以上的官员不得入市。但对扬州却是例外。

唐政府在扬州设立盐铁转运使，大量的海盐、铁器都要从扬州转运到全国各地。这大大刺激了扬州的经济繁荣，使得扬州在当时成为仅次于长安和洛阳的大都市。扬州之所以能够享受到如此特殊的“待遇”，还是源于其襟江带海的地理位置。

唐初，江南地区已经得到了较好的开发。江南出产的盐、铁、茶叶等都是全国各地需要的重要物资。为了将这些物资顺利运往全国各地，唐政府必须给予这座水运枢纽城市以特殊的政治地位以及相应的特权，以保证这座城市维持必要的繁荣，使各种物资运输得以正常有效地进行。为此，唐开元二十二年(734 年)，江淮转运使下设了扬州转运院，专门负责运销淮南通州、泰州等地盐场所产的淮盐。这些盐先在扬州港集中，然后再发往首都和长江中上游地区。安史之乱后，由于盐税已经成为中央政府的一项极为重要的财赋来源，唐政府又在这里设立了淮南节度使一职。因该职多兼任盐铁转运使，于是扬州也成为盐铁转运使的驻地。作为政府重要机关的所在地，唐代扬州的政治地位得到了很大提升，经济发展也相对平稳。

关于扬州在唐代的兴盛，今人多习惯将其归因于大运河的河运。然而就史料典籍来看，唐代大运河的经济作用还是较为有限的。正如傅崇兰在《中国运河城市发展史》一书中所指出的，“唐代的扬州至淮安这段运河的水源问题没有很好解决，水涩难行舟的情况经常发生。又由于淮安至盱眙一段有长淮风险，经常发生翻船、死人、溺货的事情，所以这段运河的经济作用还不是很大。正因为如此，扬州唐城的经济作用也就不突出，他在蜀冈的主体位置也没发生变化”①。

事实上，扬州成为南北冲要，百货集聚之地，固然与大运河有很大关系，但江海贸易的影响同样不容小觑。

在唐代，扬州既是重要的内河港口，也是海上丝绸之路的重

---

① 傅崇兰:《中国运河城市发展史》，四川人民出版社，1985 年，第 95 页。

要国际贸易港。从扬州出发，向东可横渡东海到达日本的奄美大岛、屋久大岛、种子大岛、博多等地，也可东出长江口后，经明州、广州，抵达大食、波斯等西亚各国；向西可溯长江到达湘鄂，或由九江南下洪州[①]，抵达广州；向南则可由运河直抵杭州；向北可以沿着淮南运河到达长安、洛阳，是一个非常理想的财货集散、中转地。正是由于扬州在对外交往中占据着重要地位，阿拉伯地理学家伊本·考尔大贝在其《道程和郡国志》中，将扬州与交州[②]、广州、泉州并列为东方四大港口。

从史料上看，唐代的扬州城距离海洋并不算近。据载，当时的扬州距离海陵有 98 里，而海陵距海 170 里[③]。然而这样的距离却并未阻止扬州成为一个海运兴旺的国际大都市。唐人"万舸此中来，连帆过扬州"[④]，"夜桥灯火连星汉，水郭帆樯近斗牛"[⑤]，以及"隔江城通舶，连河市响楼"[⑥]等诗句，无不展示出唐代扬州港的空前繁荣。

唐代扬州的繁荣首先应归功于自先秦以来夫差、刘濞、杨广等帝王们对于扬州的经营。唐代时，扬州位于长江入海口的北侧。长江东流入海，而海水亦可循着江道溯涌至扬州城郭。因而，江海航船都可以直达扬州城下，从扬州城南的长江渡口——扬子津登岸。而夫差开凿的邗沟，刘濞开凿的运盐河，以及隋炀

---

① 今江西省南昌市。

② 交州为东汉到唐朝初期的行政区划名称，辖地为今中国广西和广东、越南北部和中部地区。交州港在今越南境内。

③ 刘士林等：《江南城市群文化研究》(上册)，高等教育出版社，2015 年。

④ (唐)李白：《经乱离后天恩流夜郎忆旧游书怀赠江夏韦太守良宰》。

⑤ (唐)李绅：《宿扬州》。

⑥ (唐)李洞：《送韦太尉自坤维除广陵》。

帝开凿的大运河则将这一地区的主要河流全部打通，使之与长江相连，从而形成了一个四通八达、江海相通的水运交通网络，使扬州同时具有了运河之运、长江之运、海洋之运的水上运输优势，成为江南地区无可替代的一个江海通用港口。

扬州港在唐代的江南可谓一港独大。当时的扬州共有三处出海口。即淮南运河北段的山阳（楚州），南端的扬子津（后为瓜州渡），以及与运盐河东段连通的掘港。山阳口岸是开发较早的一条海上交通线，也被称为“北线”；扬子津和掘港的海上交通线开发相对较晚，被称为“南线”。北线是朝鲜半岛新罗国来唐的主要路径，而南线的扬子津和掘港则主要是日本、波斯、大食等国客商来唐王朝的主要登陆点。日本和尚圆仁在《入唐求法巡礼行记》中记载，日本遣唐使藤原常嗣一行，于唐开成三年（838年）七月从海路经掘港入扬州，途中看到“官船积盐，或三、四船，或四、五船，双结编续，不绝数十里，相遇而行，乍见难以详记，甚为大奇”。这段记载是对运盐河的真实记录。从中可以看出，当时扬州的这条运盐河通海航道是非常繁忙的。

尽管当时的南洋海外贸易船只多在广州登陆，但由于其货物要销往北方就必须沿着北江、长江等水道北上，因而这些货物大多与来自朝鲜半岛和日本的货物一样，先在扬州集中，然后再利用扬州便利的水上交通运往全国各地。因此，尽管扬州在当时并不是多数外国客商们入唐的首个登岸地点，但海外贸易却非常发达。便利的交通条件和繁荣的商业贸易吸引着大量海外商人来到扬州，定居于此。当时的扬州城内商贾云集，既有来自国内各地的“富商大贾”，也有很多来自域外的胡商。许多波斯人、大食人、新罗人、日本人、占婆[①]人、狮子[②]人都寓居扬州，从事各种商贸活动。其中尤以波斯商人、大食商人居多。他们以扬州为据点从事贸易活动，主要经营药材、珠宝、香料等特色商品。由于数以千计的波斯人长期居住于扬州，扬州城内还形成了波斯邸、波斯庄等波斯人的聚居地。

盐业、造船业等海洋产业的兴盛也是促使扬州城市繁荣的重要原因。在扬州集散的所有货物中，盐是最大宗的物资。自西汉时期起，两淮一带的吴盐（即后世的“淮盐”）就因质优而色白享誉全国。初唐时，政府沿袭隋代制度，从武德元年一直到景云末年，没有开征过盐税。开元初年，虽然唐政府开始征收盐税，但征税的重点地区是蒲州盐池等地，而且盐税很低。乾元元年（758 年），受安史之乱影响，军需浩繁，唐政府不得不全力经营盐业满足开支。同时，由于北方地区的农业生产力遭到极大破坏，且各割据藩镇拒绝向中央政府缴纳赋税，唐中央的财赋收入大半仰仗江南。统治集团认识到“盐铁重务，根本在于江淮”[③]，因而江淮地区成为财赋的主要征收地。时任盐铁转运使的第五琦创立了榷盐法，“就山海井灶，收榷其盐，立监院官吏。其旧业户洎浮人，欲以盐为业者，免其杂役，隶盐铁使”[④]。即由政府统一管理盐业运销，在产盐区设盐院，向盐户统购海盐，再由政府出售，严禁贩私盐。这一改革将收税法变为了专卖法。两淮海

---

① 今越南中南部。

② 今斯里兰卡。

③ （唐）杜牧：《樊川文集——上盐铁裴侍郎书》（卷十三），上海古籍出版社，2007 年，第 196 页。

④ （五代）刘昫：《旧唐书》，卷五十三。

盐必须先在扬州集中，然后再发往全国各地，由官府进行销售。这一举措使得唐政府大获其利，扬州也从中通过集散转运而获得了巨额利益，进一步刺激了城市经济的发展。唐代宗年间，刘晏任江淮盐铁转运使，又改进了原有的榷盐法，由政府把收购到的盐加入盐税后直接卖给盐商，再由盐商们自由贩卖。由于盐的利润十分可观，这一政策的实施吸引了众多商人前来扬州经营盐业，对促进城市经济繁荣起到了很大作用。

造船业的发展对于扬州城市经济繁荣也有重要推动作用。扬州的造船业可谓历史悠久。这里是吴越故地，吴越人自古生活在江河纵横、湖泊密集的环境里，以舟为车，以楫为马，以海为田。早在西汉初，吴王刘濞统辖下的吴国就已经能够造出载重量惊人的航船，广陵更是以造船业为主要支柱产业。唐代时，淮南地区是全国最重要的造船基地，而扬州则是淮南最重要的造船中心。官府与民间经营的造船业都十分发达。唐高宗时期，诗人骆宾王曾客居扬州，其《扬州看竞渡序》中对扬州当地竞渡所用的舟船做过这样的描绘："桂舟始泛，兰棹初游，鼓吹浮于江山，绮罗蔽于云日"。可见，当时扬州所造的船舶非常华丽气派。由于扬州的造船工艺先进，闻名海内，许多北方地区也请扬州船场代为造船。唐中叶，洛阳端午竞渡时所用的龙舟就是特地请扬州造船场制造的。扬州的造船工艺不仅在国内享有盛誉，在国际上也有很好的口碑。唐代时，由扬州所造的大型远航海舶就已蜚声海外。其航船容量大，船身坚固，并且已经普遍采用了水密隔舱技术，大大降低了船舶在航行中遭遇风浪而颠覆的风险。1973 年，考古工作者在江苏如皋（唐代时属扬州海陵县）发现了一艘唐代海船。该船制造技术先进，水密隔舱技术应用成熟，足见当时扬州造船技术的先进。

海上丝绸之路的繁荣也为扬州在唐代达到鼎盛提供了千载难逢的历史机遇。中唐以前，我国对外贸易主要以西北的陆路，即西汉张骞出使西域所开辟的丝绸之路为主，只有少部分是从海路到达广州，再经洪州到达扬州。安史之乱后，中原地区已不复从前的繁荣，而唐政府的军事实力也大为削弱。吐蕃趁唐政府忙于平定内乱之际攻占了河湟地区。其后，唐政府又失去了对于龟兹、焉耆、于阗、疏勒、安西等地的军事控制。陆上丝绸之路虽然没有中断，但路途中的不确定因素大大增多，陆上丝绸之路由此逐渐衰落。而随着江南地区经济的发展，特别是造船业的发达，海路成为了比陆路更为可靠且成本低廉的对外贸易交通线。东南地区海上贸易由此逐渐兴盛起来，并最终取代了陆上交通线的主导地位。在唐代，来华的西方客商多先从海路到达广州，而后再转至扬州。扬州则可以直接以航船运输瓷器、茶叶等物资到海外诸国。

可以说，扬州在唐代的繁盛是由襟江带海的地理因素与中原动荡等社会因素共同促成的。

除了作为江海港城所必须具备的优越地理条件，以及发达的造船业和难得的历史机遇以外，唐代扬州能够成为国际大都市也与其拥有富庶的经济腹地有很大关系。扬州位于长江下游经济区的中心。尽管当时的江南尚未得到很好的开发，但由于扬州早在春秋末期就已经建城，其周边地区相对来说比较早地得到开发，农业技术进步，粮食产量较高，到唐代时已经是农业较为发达的地区了。发达的农业生产不仅使这一地区能够拥有足够多的剩余粮食支撑人们从事手工业生产以及商贸活动，更有大量的剩余农产品和手工业品需要运销到全国各地。由于这些产品主要销往人口密集的北方地区，因此扬州周边各种需要外运的物资都要先运往扬州集中，装船后经邗沟进入淮水，再由淮水进入汴水，然后经黄河、渭水输送到洛阳、长安等地。这使得扬州成为东南地区重要的货物集散地和转运中心。也正因如此，南宋黄河夺淮后，由于扬州经济腹地水灾频频，农业生产遭到很大破坏，扬州的贸易活动及城市发展状况也受到很大制约。

五、海运优势的消失与扬州的衰落

“天下三分明月夜，二分无赖是扬州”①，隋唐时期的扬州似乎独得上天的恩宠。然而，上天却并不会永远只青睐扬州一地。一个城市兴起的凭借也往往是其没落的因由。就绝大多数地区来说，河道和海岸的变迁往往直接影响着沿岸城市的兴衰。扬州的兴衰正是如此。

唐末，长江入海口从泰州南迁到了南通一线，扬州江海相通的优势逐渐消失，距离海洋也越来越远。由海路而来的船舶无法再直接抵达扬州，于是选择了距离海洋更近的仪征、明州等地登陆。江运的受限，海运的阻塞，使得扬州无可避免地失去了其对外贸易大港的地位，退化成为一个依靠大运河而生存的内河港城。宋人刘涛《壮观亭记》载：“隋唐以前，江在扬子，不远城

---

① (唐)徐凝：《忆扬州》。

郭，由是舟车辐辏，廛闬填咽。商贾毕集，而江都雄盛，遂甲于天下。仪真于古未闻也，水行当荆湖闽越，江浙之咽，陆走泗上不三日，又为四达之衢。为郡虽未远，而四方错处，邑屋日增，其势盛冲会，尽移隋唐江都之旧。”江道、海岸的变迁，导致扬州逐渐失去了其东南地区最重要的江海港口地位，一步步衰落下去。从唐末一直到明末，尽管扬州始终是江南名城，然而繁华已不复从前，未能再现唐代时的辉煌。

宋人刘涛在《壮观亭记》中所提到的“仪真”，即如今扬州市的下属城市仪征市。汉武帝时期，仪征就已经设县，称“舆县”。其后，在唐代的大多数时期，这里被称为扬子县。中唐以后，由于扬州的江运、海运优势开始减弱，仪征便作为扬州的替代性港口发展了起来。宋代，由于长江南移，瓜州水道不畅，盐船航行不便，江淮发运使范仲淹和鲁宗道主持浚通了真扬运河，仪征由此运道大畅，凭借其面江背淮的地理优势，成为了东南地区新的水运中心和淮盐输出港。不过，由于缺乏扬州城那种深厚的历史文化底蕴，加之既没有扬州的政治经济地位，也不具备扬州鼎盛时期集运河、长江、海洋三种水运于一身的地理优势，仪征虽然分担了扬州的部分江海贸易功能，却终究没有成为扬州那样的国际化大港城。

在扬州的海运优势消失后，仪征①、润州②、江宁③、通州④、江阴⑤

---

① 仪征在宋代称仪真、真州。
② 今江苏省镇江市。
③ 今江苏省南京市。
④ 今江苏省南通市通州区。
⑤ 今江苏省无锡市江阴市。

和青龙[1]等6个港口分别承担了扬州原有的贸易、转运职能。而失去了江运和海运优势的扬州只能黯然淡出了国际贸易港的历史舞台。

宋元时期是我国经济和海洋贸易发展的高峰时期。不但对外贸易政策较为宽松,还曾有过为期很长的相对和平阶段。然而宋代的扬州不但未能重现唐代扬州的辉煌,连明清时期的扬州也不如。这主要是由于北宋时沿海地区的新兴港口较多。特别是江南一带,真州港和青龙港等海港后来居上,加之闽粤港口日益活跃,扬州仅凭大运河的运输优势委实难以脱颖而出。此外,北宋时,通扬运河已经淤塞严重,使得扬州的盐运也受到较大影响。而南宋时,扬州处于金与南宋政权对峙的前沿,自然而然地成为了江北地区抗击金兵的"前沿阵地"。为防止金兵乘舟南下入侵,宋高宗下令烧毁扬州湾头港口闸,使得支撑扬州经济的盐运业受到很大影响。此外,兵燹也使得扬州风光不再。尽管宋高宗即位后不久,就"拨款十万缗",下诏命当时的扬州知州吕颐浩负责修缮扬州城池,用以防御金兵的进攻。然而这修缮过的扬州城池还是在区区四五千金兵的强势进攻与南宋朝廷的异常孱弱中失陷了。金兵进入扬州后,不但在城内大肆奸淫抢掠,还追至瓜州,还将未来得及渡江的十几万扬州难民尽数杀死。残暴的金兵在扬州城内掳劫了半个月后,才满载妇女玉帛北去。在退出扬州时,金兵纵火焚城,城中所有建筑物均被烧毁。曾经繁华至极的扬州城变得一片狼藉。在此后的一百余年里,军事防御功能成了扬州最重要的城市职能。尽管军需和必

---

① 今上海市青浦区。

要的交通运输仍维持着扬州的城市经济，但由于在这里进行商贸活动要时刻承受着来自敌国侵袭的威胁，因而无论是官方还是民间，都不可能将扬州作为重点发展的经济城市。

1268年，忽必烈发起了灭亡南宋的战争。当时主攻扬州的是元朝大将兀良哈·阿术。元军先占领仪征，随后占领瓜州，切断了扬州守军的粮道，对扬州形成围困。扬州被围几个月后，城内粮食颗粒无剩，饿殍遍地，甚至烹子而食，争吃死人肉。至元军攻陷扬州时，城中已经少有活人。其凄惨状，几乎与屠城无异。

元代，朝廷在仪征（真州）设立了盐引批验所，规定所有经扬州运输的淮盐都必须先经过真州批验后，才可装船运往各地。由于仪征城镇基础远不如扬州，扬州遂成为最重要的盐商聚集地和淮盐存贮地。这在一定程度上促进了扬州城的复苏。然而元末的代际交替，再次让扬州城陷入一场惨烈浩劫。朱元璋令部将缪大亨攻取扬州。缪沿用兀良哈·阿术的旧法，先切断粮道，再长期围困扬州，等到城内人困马乏之际再率军强攻，一举拿下。而镇守扬州的元军将领张明鉴原本就喜食人肉，被围之际更大肆屠杀居民作为军粮。至缪大亨攻破扬州时，城中居民仅余18户。可谓城毁人亡。

明初曾对扬州城进行过修复，但限于财力，所修复的城区面积狭小。直到明中后期，江南地区的沿海城镇进入了集体繁荣的全盛期。扬州才又一次凭借着古代海洋经济的支柱产业——盐业，获得了重生。

明宣德年间，由于白塔河的开挖，盐船得以从通扬河运抵湾头，盐运业得到一定程度的恢复。明代沿袭前制，委派官员在仪征监督批验。初期每年集散盐25万多引，之后逐渐增加到70多万引。仪征盐业的繁荣极大地推动了扬州经济的复苏。然而，明末清军入关后，战火又一次烧到了扬州城下。

1645年，清军将领多铎率军南征。作为江北重镇，扬州是南明政权所在地南京的门户，战略地位十分重要。为此，南明兵部尚书史可法亲自率兵镇守。然而随着江北四镇的沦陷，扬州很快成为孤城，并最终在清军"红夷大炮"的轰炸下失守，史可法英勇就义。由于史可法的坚守致使清军攻城付出了很大代价，加之清军攻入城中后受到城内军民的顽强抵抗，多尔衮下令屠城。据《扬州十日记》载，清军在扬州连续屠城十天，扬州城内仅得到收殓的尸体就超过80万具。扬州又一次经历了城毁人亡的惨剧。

然而，扬州城似乎具有一种与生俱来的自愈能力。在清代，凭借着盐运业的优势，扬州竟然在短短的几十年后就再度复苏，并且达到了其城市发展历史中的又一高峰。

六、封建时代扬州的最后辉煌与劫难

在中国封建社会的绝大多数时期，盐业始终为统治者们高度重视。顺治二年(1645年)，清廷在扬州设立了两淮巡盐察院署和两淮都转盐运使司，专门管理淮盐运销。在制度方面，清代沿袭明代，规定淮南的盐船必须在仪征等候盐引批验所开所掣验。据《道光重修仪征县志》记载，道光年间的仪征县共有人口三十万七千余人口，其中参加搬运装卸盐及其辅助作业的就有九万人之多。可见盐业对于仪征乃至扬州的影响。

在清代，全国每年一半的赋税来自于盐课。由于扬州是淮盐的集散地，又是官府管理淮盐运销的衙门所在地，因而也成为了盐商们的聚居之地。当时扬州从事海盐贩卖的有数百家，一些盐商从贩盐中获得了巨额财富，动辄“富以千万计”。据史料记载，乾隆三十七年(1772年)，中央户部库存银七千八百多万两，而扬州盐商的资本几乎与之相等。乾隆五次南巡，其豪华的行宫园林均为扬州盐商们出资修建。因而当时有“扬州繁华以盐盛”的说法。盐商们“视金钱如粪土”的传说也并非空穴来风。

扬州盐商及其家眷们衣着华丽，食物精致，对于扬州丝织工艺的发展和淮扬菜的成熟都起到了不可小觑的推动作用。许多盐商还纷纷建造园林，促使扬州园林的建筑艺术水准迅速提升。所有这些，对于扬州城市文化中的奢靡风尚都产生了非常深远的影响。除了在衣食住行等方面穷奢极欲，大盐商们还普遍喜好附庸风雅，热衷于诗歌、绘画等艺术消费，以结交或资助学者、名流为荣。江苏学者支伟成所辑的《清代朴学大师列传》中收录了从明末清初到清末民初的370多名学者，其中祖籍扬州的多达33人。如果加上长期寓居扬州的学者，则扬州学者几乎占到了清乾嘉学派学者总数的十分之一以上。这其中相当一部分学者之所以能够潜心学术，就是因为有盐商的资助。正如梁启超所说，“淮南盐商，既穷极奢欲，亦趋时尚，思自附于风雅，竞蓄书画图器，邀名士鉴定，洁亭舍，丰馆谷以待……夫此类之人，则何与于学问？然固不能谓其于兹学之发达无助力，与南欧巨室豪贾之于文艺复兴，若合符契也”①。在中国封建社会的绝大多数时

① 梁启超：《清代学术概论》，东方出版社，2012年。

期,商人的地位都是低下的,社会上向来有"万般皆下品,唯有读书高"[①]的说法。然而,大量耻于言利、自恃清高的读书人竟需要仰仗那些在他们眼里舍本逐利、醉生梦死的盐商们资助才能够取得学术成就。这不能不说是中国古代价值观与社会现实碰撞所产生的一大颇具讽刺意味的现象。

清代中前期的扬州城无疑是国内首屈一指的富庶奢华之地,但盐商们纸醉金迷的背后却隐含着严重危机。事实上,扬州盐商们的暴富并不是正常经营的结果,而是建立在扬州盐官贪图贿赂,罔顾法律而赋予盐商特权这一基础上的。乾隆三十三年(1768 年),两淮盐引案发,乾隆皇帝震怒。最终,主要涉案官员被处死,连大名鼎鼎的大学士纪晓岚也因受到牵连而被发配新疆。虽然涉案的盐商们在补齐盐税之后逃脱了罪责,却再也无法维持昔日的风光。扬州的繁华也因盐商们财富的缩水而逐渐消减。

清末,太平天国运动爆发。洪秀全占领南京后,由于扬州距离南京只有 100 公里,因而这里又一次成为了军事要地。昔日繁华的商贸之地沦为了清军与太平军的主要作战区。1853 年、1856 年、1858 年,太平军"三进三出"扬州城,对扬州城造成了极为严重的破坏。太平天国时期,扬州府的人口减少了 170 多万,这其中大部分是扬州城的。太平军对扬州文化资源的破坏也极为严重,扬州最著名的藏书楼文汇阁就是在此期间被太平军焚毁。清军重新占领扬州后,主帅琦善认为全城百姓都跟着太平

① (宋)汪洙:《神童诗》。

军一起谋反，下令关闭城门，对城内百姓烧杀抢掠。扬州城又一次近乎毁灭。

太平天国覆没后，扬州盐运得以恢复。清同治年间，淮盐总栈从瓜州迁至十二圩，继续着淮盐的中转事务。据载，当时的扬州十二圩是全国最大的盐运中转集散地，常年储盐量在10亿斤以上，为全国第一。每年经由十二圩转运的食盐约有40万引，行销范围涵盖了湘、鄂、赣、皖、苏、豫6个省区的250个州县。盐运的发展，带动了十二圩镇的繁荣，也维持了扬州城市的繁荣。然而这种繁荣已经不能与唐代乃至清代中前期同日而语了。即使在江南地区，扬州也很大程度上要凭其历史文化遗韵才能够跻身于江南名城之列。

从扬州几度兴衰的历程中，我们不难看出：大运河是扬州兴盛的一个因素，却并不是它盛极一时的主因。海运业、盐业才是整个封建时代里支撑扬州城繁荣的支柱产业。扬州恰如一位姿容绝世却又命途多舛的江南女子，在赢得上天青睐的同时，承受了一次次痛彻心扉的摧残。仅在封建社会时期，扬州就经历了10多次近乎城毁人亡的灭顶之灾。然而扬州又有着奇迹般的自愈能力，几乎每次城毁人亡后，都能够在短短几十年间重新成为人流穿梭、风情旖旎的都市。这其中，盐业及航运业等海洋产业的作用是极为突出的。

七、关于当前扬州城市文化发展的思考

在唐代，海运、江运、河运优势俱全的扬州是国内首屈一指的经济大都市，也是世界著名港口城市、国际化大都市；在海运

受限，仅具运河优势的明清时期，扬州还可依靠盐运业维持其江南主要经济城市的地位。而在2021年中国城市等级划分中，扬州仅在江苏省内就落后于南京、苏州、无锡、南通，成为与常州、徐州、泰州、镇江、盐城、江阴、昆山等并列的三线城市。

这种状况与其城市产业布局有很大关系。1949年以来，扬州的经济支柱主要是旅游业、消费娱乐业、餐饮业，以服装为主的轻工业也占有一席之地。然而这些行业受周边经济大环境影响极大。扬州市政府2018年出台的扬州市产业布局中提到，扬州市将重点培育地标性先进制造业集群，着力把扬州建设成为长三角重要的先进制造业基地，努力在特色高端装备、新能源汽车、高技术船舶、物联网感知器件等领域增强核心竞争力，达到国际先进、国内领先水平。其将要建设的产业群主要有汽车及零部件产业集群、软件和信息服务业产业集群、海工装备和高技术船舶产业集群、高端装备产业集群、新型电力装备产业集群、高端纺织和服装产业集群、生物医药和新型医疗器械产业集群等。从这一布局中可以看到，其中相当一部分产业对于扬州来说是属于新兴产业，但对南京、苏州、无锡、常州等地来说则是强势产业。扬州能否凭借这些产业再次走向辉煌还很难预测。

历史上，扬州因河而兴，因海而盛，海洋赋予了这座城市惊人的财富和难以抗拒的魅力。尽管唐中晚期以后，扬州城的海运优势消失，但海洋商贸对这座城市的重要性是毋庸置疑的。1985年，扬州港在京杭大运河与长江中北岸交汇处建立。其港区分为高邮港区、江都港区、六圩港区、仪征港区四部分。其直接经济腹地为邗江区、广陵区、江都区、高邮市、仪征市、宝应县，间接腹地辐射苏、鲁、皖、川、鄂、赣、沪等省市，通达世界十多个国家和地区，是国家一类对外开放港口。尽管到目前为止，该港对于扬州经济的提升作用不够明显，但海运的复苏，无疑为这座城市带来了勃发的希望。

当前，扬州的当代城市文化建设还未充分体现其海洋特色。在众多见诸报端的“扬州城市文化名片”中，没有一个与海洋相关。尽管“广陵潮”这一名称时常见诸各种活动，然而基本上是作为一个早已逝去的影子而出现，并未真正融入到当代扬州的城市文化建设中来。

21世纪被称为海洋的世纪，得海洋者兴，失海洋者衰。笔者认为，作为在历史上曾经创造出辉煌海洋文化的扬州，不应轻易地放弃城市文化中的海洋因素，而应以下属市仪征这个江海交汇地为发展点，大力发展上海北翼的航运业，使之成为上海港的重要辅助港，在“长三角”经济一体化的大背景下，最大限度地发挥其对扬州城市经济发展的推动作用；同时，应大力挖掘并传承海洋文化，使古老的海洋文化成为当代扬州城市文化建设的重要资源。至于如何将海洋文化与扬州当代城市内涵建设更深入地融为一体，打造出具有海洋特色的城市文化名片，则是扬州城市文化建设和管理部门亟须解决的一个问题。

第二节　南宋的繁华海港都市——杭州

在许多人看来，杭州只是一座近海城市，是大运河的南端终点。然而在历史上，它却曾是一座集河运、江运、海运于一身的港口城市。杭州失去海运及海港地位，其实是近代的事。纵观这座享誉中外的江南名城的发展历史，我们不难发现：杭州是一座自海而生、因海而美、缘海而兴的城市。

一、自海而生的城市

杭州地区的文化历史极为悠久。杭州萧山跨湖桥文化遗址[①]的考古发掘证实，早在8000多年前，就已经有人类在这片土地上繁衍生息，从事浅海捕捞及水稻种植了。

大量的考古成果也证明，杭州地区的文化自产生之时起就与海洋结下了不解之缘。2002年11月，跨湖桥遗址出土了一艘5.6米长（残余部分）、0.53米宽（最宽处）的独木舟。经碳十四测定，该独木舟距今约8000～7000年，是迄今所发现的世界上最早的独木舟。由于当时的跨湖桥地区处于海湾边缘，而该独木舟的舟头起势平缓，横截面呈半圆形，船底不厚，船舱偏浅，因此这只独木舟应是先民们在浅海捕捞时所使用的。此外，考古专家们在研究跨湖桥遗址出土的“黑光陶”时发现：早在8000多年前，跨湖桥人就已经开始利用海水来制盐了。

据地质学家们考证，在距今7500～2500年前的大规模海侵时期，如今的杭州城区一带都还隐没于滔滔海水之下。其后，由于海水渐退，原来浅海部分的土地才逐渐浮出水面，陆续转变为陆地。历史学家周祝伟在其《7—10世纪杭州的崛起与钱塘江地

① 1970年，跨湖桥遗址被发现，但未得到足够重视。1990年后，在抢救性发掘中出土大量重要文物，确定为一种文化类型。2004年12月召开的跨湖桥考古学术研讨会上，被命名为“跨湖桥文化”。

区结构变迁》中提到,“今钱塘江地区的平原均为浅海,海水直拍西部和南部的山麓。……直到唐宋时期仍然可见因海水长期淹浸而遗留下来的痕迹。如唐杭州刺史姚合《郡中西园》诗就有‘密林生雨气,古石带潮纹’之说,宋人周密游吴山青衣泉时还曾见到‘石壁间皆细波纹’。至于地势较低的杭嘉湖平原,其大部分地区都在海水的淹浸之下,钱塘江则由龛、赭二山之间东流入海”[①]。可见,杭州是一座地地道道的自海而生的城市。

杭州初名余杭。关于这一名称的来历,向来说法不一。流传较广的一种说法认为,“杭”是“方舟”之意。公元前21世纪左右,夏禹南巡,欲大会诸侯于会稽[②]。他乘杭航行,并在这里弃杭上岸。这就是《太平寰宇记》中所记载的“夏禹东去,舍舟航登陆于此,乃名余杭。”但这种说法存在一个疑点:既然夏禹欲赴会稽,何不一直走水路直抵会稽,却要在这里弃舟上岸呢?关于“余杭”得名的另一种著名说法,是由当代语言文字学家、古汉语语音学家郑张尚芳先生提出的。他认为“余杭”一词并非来自汉语,而是来自古越语。先秦时期,浙江一带的原住民为越人。他们以古越语为通用语。战国时,楚灭越,之后秦又灭楚。政权的更迭引起语言的更替,汉语才逐渐取代古越语成为了越地人民的通用语。“余杭”的“余”字在古越语中为“地”的意思,而“杭”在古越语中意为“搁浅”。由于古越语中习惯将“余”放在地名之首,故“余杭”之意实为“搁浅的地方”。联系杭州地区在当时尚

① 周祝伟:《7—10世纪杭州的崛起与钱塘江地区结构变迁》,社会科学文献出版社,2006年,第38-40页。

② 今浙江省绍兴地区。

为浅海区域，而古越人以夏裔自居等信息，这一解说还是很有道理的。除上面两种说法外，“余杭”的得名还有其他传说。如商务印书馆出版的《中国古今地名大辞典》将杭州旧名“余杭”释为“始皇舍舟杭于此”。尽管说法不一，但无论哪一种解释，都清楚地显示着杭州与江海之间的密切联系。

二、因海而美、缘海而兴——先秦至南朝的杭州发展历程

周代以前，杭州属于《禹贡》中所说的“扬州”区域。尽管4000年前的杭州城区还处于一片汪洋之下，但杭州的西北部和北部已经部分成陆，在老和山麓和皋亭山下的水田贩等地出现了杭州历史上最古老的原始港埠。“位于杭州西北部的老和山[①]和北部的皋亭山的依山丘陵地带已经露出水面，生活在这块滨海陆地上的杭州人已从事稻谷的栽培、手工品的制作及渔猎活动，进行开发杭州古地的艰苦斗争。老和山与孤峙海中的皋亭山当时无陆路可通，只有舟楫作为横越海峡的交通工具。由于两地居民的来往，部落之间的物资交流，促使老和山麓和皋亭山下的水田贩等地出现了杭州历史上最古老的原始港埠。这以后，一部分人又向南面青山四周地势较高、林深草茂、谷地深邃、溪流纵横的灵隐山中迁移……东面紧靠西湖海湾的九里松、茅家埠等地是灵隐谷地通海之处，船来舟往，又有几处原始小港在这里悄然出现。”[②]

春秋战国时期，杭州地区已得到了较好开发。这一时期位于今杭州市的城邑或军事堡垒至少有固陵和余暨两个。两者都

---

① 今浙江大学玉泉校区。

② 吴振华：《古代杭州是个大海港》，《航海》，1983年第6期，第14页。

位于今杭州市的萧山区境内。这两个作为区域军事中心的古城是杭州市形成的重要基础。春秋时，越国的都城是会稽，因而很多生活在杭州的人经常需要到会稽去。这种交通的需求使得杭州地区的钱塘江畔很早就出现了航运渡口。“不少人又从灵隐山中迁往钱塘江边的柳浦①和定山浦②一带，与大江彼岸的固陵③、渔浦④自然形成钱江两岸的主要港渡。公元前505年，越国在萧山西兴修筑水军港城，是越国强大的水军驻地。长期以来，越、吴争霸江浙，不断挑起战争，柳浦、定山、固陵、渔浦等四港成了兵家必争之地。越军数次北上攻打吴国和兵败南撤，以及吴军在伍子胥的指挥下渡江包围西兴，攻占绍兴，均和柳浦等港有密切关系。上述四港，是古代杭州港的主要港区。”⑤可见，杭州城在形成的初期就是从山中小城朝着港口城市的方向发展的。

公元前221年，秦始皇统一中国，实行郡县制，将全国划分为36个郡。其中会稽郡的辖区就是春秋时期长江以南的吴越故地。而杭州地区则作为钱唐县隶属于会稽郡。《史记·秦始皇本纪》中有“三十七年十月癸丑，始皇出游……过丹阳，至钱唐，临浙江，水波恶……”的记载，这是“钱唐”之名第一次在史籍中出现，也是杭州被称为“钱唐”的最早记录。关于秦代钱唐县治所的具体地点，目前学术界尚存争议。有学者认为其治所设在杭州灵隐山麓，但尚未成为定论。不过可以肯定的是，今天的杭

---

① 位于今浙江省杭州市城南凤凰山麓。

② 位于今浙江省杭州市凌家桥东。

③ 今浙江省杭州市滨江区西兴镇。

④ 浙江省杭州市萧山区闻家堰。

⑤ 吴振华：《古代杭州是个大海港》，《航海》，1983年第6期，第14页。

州中心城区在秦代时还是一片潮汐起伏的海滩，因而钱唐县治所绝不可能位于当今杭州的中心城区。

汉代时，杭州仍称“钱唐”。但东汉时期的杭州已经与先秦时期有了很大差别。不但今杭州城区的大部分已经成陆，杭州城最为动人的眉目——西湖也形成了。

“天下西湖三十六，就中最好是杭州。”在古代，全国各地曾有36个“西湖”。然而从古至今，没有哪一个能够与杭州西湖相媲美。“西湖”几乎成为了杭州西湖的专用名词。国人提到杭州，每每首先想到的便是西湖。可以说，西湖是杭州最美的一张城市名片。

关于西湖的成因，一直有多种观点。其中最有影响力的是以我国地理学家竺可桢为代表的泻湖说。这种观点认为，西湖的出现是海湾逐渐淤塞成泻湖的结果。远古时期，莫干山脉由西向东一直延伸至平原，陷入东海，由此形成了一片丘陵地带，即今天的西湖群山。它“南临今钱塘江，东濒东海，丘陵尾闾并向东伸入附近的浅海之中，在这个地区的背面和南面形成两个半岛。两个半岛环抱着一个小小的海湾。在我国古代的文献记载中，这片丘陵地成为武林山，从丘陵地发源注入钱塘江或者这个小小海湾的大小河流，统称武林水。至于这个海湾，古人并未命名，我们就不妨称他为武林湾”。“武林湾是一个面积和深度都很小的海湾，它的北面和南部是由今宝石山和吴山所构成的两个半岛。半岛环抱着这个海湾，只在东部留下了一个南北不到3公里的湾口。湾口以外则是一片浅海。”[①]由于武林湾位于

① 陈桥驿：《中国七大古都》，中国青年出版社，1991年，第296页。

两个河口之间。北面的长江河口巨浪滚滚，夹带大量泥沙，沿着海岸堆积起来，越积越厚，同时积沙又向南越伸越远，直到武林湾的湾口；而南面紧邻的钱塘江口，也夹带着大量泥沙。在两江泥沙的冲击下，武林湾湾口的泥沙越积越高，慢慢露出海面，最终阻断了武林湾与外部海域的联系，从而使这个小小的海湾演变为泻湖，也就是现在的西湖。此后，由于泻湖中的海水日益蒸发，而发源于西湖群山的各条河流的淡水又不断注入，西湖慢慢地由咸水湖变为了淡水湖。

在形成初期，西湖的面积比现在要大得多。其后，由于三面群山上的溪流夹带着山上的泥沙不断注入西湖，使得部分湖面陆续淤塞成陆，西湖的面积才逐渐变小。今天的金沙港、茅家埠一带，就是由西湖群山上的泥土冲积而成。这是一个漫长的演变过程，也是大自然鬼斧神工的杰作。波光潋滟的西湖突出了周围群山的雄伟，而连绵起伏的群山则反衬出了西湖的秀丽婀娜。山水相映，赋予了杭州奇丽灵动而又不失刚劲挺拔的独特美感。这是其他地区的西湖所无法相比的。可以说，海洋不仅赋予了杭州崭新的生命形式，更赐予了它刚柔相济的动人风貌。

由于钱唐县位于吴越政治中心的交通枢纽位置，更便于吴越各地交流联系，汉文帝于公元前 164 年[①]将设在会稽的西部尉治所移到钱唐，统辖会稽郡浙江以西各县军务，并且在这里常驻一定数量的水军。到西汉中后期，由于航运业的需要，钱唐沿河地带已经修建了一批人工港口设施。同时，造船业也发展起来。

---

① 汉文帝十六年。

到东汉时，杭州的造船业已经达到相当高的水平，能制造“大者二十余丈，高去水三二丈，望之如阁道，载六七百人，物出万斛”的大型海船①。高超的造船工艺，为杭州与东亚、西亚和东南亚等国之间建立商业贸易提供了有力支持。

汉代的钱唐已经是江南著名的水运中转中心，其港口常常商船云集。由于汹涌的钱塘潮时常对钱唐县城的安全构成威胁，会稽郡议曹华信征发民工在钱塘江口北岸宝石山至万松岭之间修筑了一条长达1公里的捍海泥塘，这是中国历史上有明确记载的第一条海塘。此外，华信还主持修建了一批新的驳船码头，以促进杭州江海航运业的发展。到东汉中后期，钱塘的港口贸易已相当活跃，进出杭州港口的商船也非常多了。

汉末，由于大批中原人士和流民南渡避乱，杭州作为港口城市的对外商贸功能更加突出。大量的移民从水路进入浙江南部或会稽郡，其中不少人选择留在杭州从事商贸活动，从而大大促进了杭州的发展。

三国、两晋、南北朝时期，杭州隶属吴国吴兴郡。由于孙吴政权及两晋都非常重视海外交流，杭州的港口建设得以持续发展。东晋时期，杭州城的港口建设取得了新的进展，凤凰山下的“柳浦港建筑了樟林桁，并设置官吏进行管理。所谓‘桁’，古通‘航’字，樟林桁即是木结构的浮桥式码头，专供吃水较深的大船停泊。这是目前所知的古代杭州港最早的专用码头设施”。“这

① 陈国灿、奚建华：《浙江古代城镇史》，安徽大学出版社，2003年，第49页。

些港口设施的完善，有力地促进了钱塘江内河和海上航运的兴旺”[①]。由于人口增多，杭州地区的人文景观也多了起来。东晋咸和元年（326 年），来自印度的慧理和尚在飞来峰下建筑了灵隐寺，这是西湖最古老的丛林建筑。“梁太清三年（549 年），权臣侯景升钱唐县为临江郡。南朝陈祯明元年（587 年），杭州地区置钱唐郡，辖钱唐、于潜、富阳、新城四县，属吴州。这一时期的杭州作为水陆交通的咽喉，内外贸易十分兴盛，货物交易量和周转量巨大。杭州城更是商旅云集，经济繁华。为防止江潮涌入内河造成河床淤积并冲毁河堤，进而危及两岸居民，又在内河与浙江交汇处构筑埭坝，用牛拖拽船只入河或出江，称为‘牛埭’”[②]。“自晋氏渡江，三吴最为富庶，贡赋商旅，皆出其地”[③]。这种因商贸活动而出现的繁华对于杭州城市的文化品格塑造产生了重要影响。繁华的港口商业贸易刺激了杭州城市的文化消费，也逐渐滋生了杭州城市文化消费中的奢靡浮华之风。

三、坐拥江海之利而崛起的隋唐杭州

隋朝建立后，于开皇九年（589 年）废郡为州，“杭州”之名第一次在历史上出现。由此，奠定了其后来成为东南大都市的基础。杭州的州治最初设在余杭，次年迁至钱唐。开皇十一年（591 年），隋在凤凰山依山筑城，“周三十六里九十步”。这就是

---

① 陈国灿、奚建华：《浙江古代城镇史》，安徽大学出版社，2003 年，第 296 页。
② 陈国灿、奚建华：《浙江古代城镇史》，安徽大学出版社，2003 年，第 296 页。
③ 陈国灿、奚建华：《浙江古代城镇史》，安徽大学出版社，2003 年，第 57 页。

最早的杭州城。

就中国的城市发展历史来看，由于受交通条件制约，古代往往选择在地势平坦的平原地区建城。从杭州周边地区的地貌来看，也并不缺少广阔的平原。然而隋代没有选择在今杭州周边的广阔平原建城，反而将建城地址定在了地理空间相对狭小的江干地区。其原因，应当是看中了杭州境内钱塘江所具备的通江连海的航运功能[①]。而正是这一因素，不仅直接推动了杭州朝着商贸大港方向发展，更使得杭州在唐宋时期发展成为整个东南地区的商贸中心。

大业三年(607 年)，隋炀帝改杭州为余杭郡。大业六年(610 年)，杭州迎来了其城市发展历史上的又一重大事件，这就是江南运河和京杭大运河的开凿贯通。在这一年，隋炀帝下令凿通江南运河。运河自江苏镇江起，经苏州、嘉兴等地而到达杭州。从此，杭州拱宸桥成为大运河的起讫点。大运河的开通，开启了杭州城市的新纪元，进一步促进了杭州经济文化的高速发展。然而，正如刘士林等学者们所指出的，隋代对于杭州城市兴起的最大意义并不在于直接给杭州的繁荣带来的经济和文化效益，而是为此后杭州跻身于国内著名大都市奠定了基础。此前的杭州，无论城市规模还是经济发达程度都十分有限。不但不能与北方黄河流域的长安、洛阳等大都市相提并论，也不能与长江流域的扬州、苏州等城市相比。苏州、扬州早在汉代时就已经是国内名城，而杭州直到南朝时期还是非常落后的，连当时的会稽

① 参见陈桥驿：《中国运河开发史》，中华书局，2008 年，第 345 页。

(绍兴)也不如。但隋代对杭州城的建设以及大运河的开通为杭州城市地位的改变奠定了最重要的基础。“在隋代整个南北大运河体系形成之前,决定最初杭州城市兴起的主导因素是钱塘江。但是,唐代开始直至宋元,随着南北大运河全线贯通,尤其是江南运河与钱塘江和浙东运河的沟通,奠定了杭州江海门户、大运河南段独特的历史地位,杭州遂成为水运枢纽、河海大港。”①隋代大运河的开通,“将它(杭州)纳入全国乃至世界经济网络的江南和这条全国重要交通主干线,在其中所起的作用,可以说是最具决定性作用的”②。“自从隋代把州治移到江干一带以后,特别是由于江南运河的开凿,使杭州顿时成为一个交通枢纽。于是,商业发达,市面繁荣,人口也随着有了较快的增长。”③

江南运河的开通,把杭州从一个沿江滨海的东南地区城市猛然提升为国内最重要运河交通线上的枢纽城市,从而把杭州这个相对孤立的城市纳入了全国性的交通网络体系当中。在中国城市交通结构版图上,出现了以杭州为中心的城市交通网。这种改变极大地刺激了杭州的经济发展,提高了整个钱塘江地区的经济发展水平,也增强了杭州对周边地区的影响力,继而形成了以杭州为中心的东南区域经济腹地。通过运河,以杭州为中心的东南地区与其他地区建立起了密切的经贸联系和文化交流。

运河的贯通也使得江海联运成为现实。早在隋代以前,杭

---

① 陈桥驿:《中国运河开发史》,中华书局,2008 年,第 345 页。

② 周祝伟:《7—10 世纪杭州的崛起与钱塘江地区结构变迁》,社会科学文献出版社,2006 年,第 140 - 141 页。

③ 陈桥驿:《中国七大古都》,中国青年出版社,1991 年,第 306 页。

州的海船制造业就已经相当发达了。良好的造船技术为隋帝国与东亚、西亚以及东南亚各国之间建立商贸往来提供了工具和技术上的支持。此外，杭州地区早在汉代就已经拥有部分天然港口和人工码头设施，是较为重要的港口城市。大运河开通后，大量的货物不但可以沿运河北上或西进，外销到北部及中西部地区，还可以经运河转钱塘江，通过海运销往国外。隋代灭亡前，杭州已然是一个海外贸易重地。从杭州港出发的海舶不但可以沿海航行进行南北贸易，还可以开展与日本、西亚、东南亚等地的国际贸易活动。这种对外商贸活动到后来的唐宋时期达到巅峰，使得杭州成为中国东南著名的对外贸易城市。

近年来，许多学者将隋代杭州的繁荣尽数归功于大运河。这一观点颇值得商榷。就城市历史发展的总体情况来看，运河对于杭州的影响无疑是巨大的，甚至可以说，没有大运河，就不会有宋元时繁华至极的杭州城。然而在唐中期以前，江南运河及京杭大运河对于杭州城市发展的影响并不十分显著。隋代杭州"虽已与淮安、扬州、苏州并称为'四大都市'，但在唐中期以前，其地位上不能与越州相比"。[①] 这主要是受运河沿线地势的影响所致。由于江南运河的地势南北高而中间低，水源不足的问题时常困扰着江南运河的南北两段。运河所需水量主要依靠长江和钱塘江的补给，但长江和钱塘江的江岸变迁以及江潮涨落对运河的通航时常构成不利影响，制约着运河的运载效率。直到中唐将这个问题解决之后，包括杭州在内的江南运河沿岸

---

① 陈国灿、奚建华：《浙江古代城镇史》，安徽大学出版社，2003年，第78页。

城市才普遍兴盛起来。

唐代的杭州地区初名“杭州郡”，后更名为“余杭郡”，治所在钱唐。为避国号讳，唐高祖武德四年(621 年)，改“钱唐”为“钱塘”。此后，杭州地名在“余杭”“钱塘”“杭州”之间反复，地区行政隶属关系也时有变动。如，天宝元年(742 年)，杭州曾复名余杭郡，属江南东道。乾元元年(758 年)，又改为杭州，归浙江西道节度。

对于杭州来说，唐代是杭州的大发展时期。诚如著名历史地理学家谭其骧先生在其《杭州都市发展之经过》中所指出的：“杭州的繁荣实始于唐”。此前，杭州城市的发展一直受限于地形和饮水两大难题。由于江干地区地形狭窄，而杭州东部的沿海滩涂开发难度很大，杭州城无法扩大城市面积容纳更多人口。同时，杭州濒临海岸的地理位置又使得这里水质咸苦，居民饮水十分困难。这两大瓶颈问题制约着杭州的发展。自初唐时期起，由于钱塘江泥沙大量沉积，自吴山以东而北的滩涂渐次成熟，为城市扩张提供了基本的物质基础。但此时的杭州部分城区还是经常遭受潮水冲击，居民的生活和生产用水也非常困难。“唐德宗建中年间(780～783 年)，李泌出任杭州刺史，决心改变这种局面。他发动民众，采取开阴窦的办法，在西湖靠城沿岸设置水闸，引湖水入城，并于城区人口稠密地带凿出 6 口竖井，供居民汲用。由此基本解决了长期困扰全城居民的饮水问题，对杭州城市的发展起了巨大的作用。”①其后，许多杭州地方官员也非

① 陈国灿、奚建华：《浙江古代城镇史》，安徽大学出版社，2003 年，第 301 页。

常注重居民饮水及农田灌溉问题。穆宗时期任杭州刺史的白居易就曾在公元824年的春天完成了疏浚六井的工程,使六井与西湖相通,保证了杭州百姓的正常用水。由此,杭州逐渐发展成为盛产水稻和水果的农业发达地区,为手工业、商业的进一步发展创造了条件。

盐业和海洋贸易的发达是杭州在唐代崛起的主要原因。

唐代的杭州既是典型的沿海城市,也是重要的海盐产区。在封建时代,盐业生产的利润相当丰厚。隋至盛唐中期,政府对于盐业采取的是一种放任自由的政策。既不实行专卖,也不征收盐税。然而随着商业经济的发展,以及政府部门开支的浩繁,实行食盐专卖又被提上日程。自开元九年(721年)起,唐政府开始对盐业征税,不过此时的盐税很低。755年,“安史之乱”爆发,唐王朝由盛转衰。此后藩镇割据,边境战事不息,各种开支浩大,而唐中央政权所能够控制的仅有四川、江南等地。因而中央政府不得不设法从盐业中收取财赋。中唐时期,盐税成为唐政府的主要财政来源,甚至有“天下之赋,盐利居半”[①]之说。唐政府大力发展盐业生产,在全国沿海地区设置了四场十监,招募盐户进行生产,所产之盐由官府统购。其中杭州境内就有一场二监,即杭州场、临平监、新亭监。由于盐场多,产量大,杭州上交的盐税也相当惊人。史载其每年的盐税收入高达36万缗,居各州城前列[②]。可见,唐代杭州的盐业生产已经达到相当规模,对于杭州城市经济的发展以及唐王朝的财赋收入都具有重大

---

① (宋)欧阳修:《新唐书·卷五十四》。

② 参见陈国灿、奚建华:《浙江古代城镇史》,安徽大学出版社,2003年,第305页。

影响。

唐代杭州的崛起还与其江海相连、四通八达的水运网络有直接关联。当时的杭州是东南水运和海运交通的枢纽。尽管大运河在隋代时已经全线贯通,但如前文所说,水源不足的问题时常困扰着江南运河的南北两段,严重影响着其航运功能的发挥。同时,隋代的主要运河段多运用于军事方面,对商贸影响不大。而到了唐代,经过疏浚治理,大运河南段的作用开始全面凸显。

早在唐玄宗时期,每年从江南漕运的粮食就有 250 万石,占全国稻米赋税的一半。到晚唐时期,钱塘江地区已经成为国内非常重要的稻米、盐、茶叶、丝织品、瓷器以及鱼类产品等物资生产基地,是唐政权不得不依靠的经济发达地区。由于江南地区到长安的漕运必须经过江南运河,因此大运河无异于唐王朝的一条生命线。为维持王朝统治,唐政府不能不重视该段运河的疏通,确保大运河全线畅通。而运河的畅通又使得河运、江运、海运三位一体成为可能。

唐代的杭州是一座集河运(大运河)、海运、江运(钱塘江)优势于一体的港口城市。大量的商船及官府运粮船从这里启航或卸载。由杭州的柳浦出发,沿城内河道可以驶入江南运河,沿钱塘江溯流而上可以到睦州,经西兴渡可以进入浙东运河南下。四通八达的水运网络使这里成为一个客货集散中心。早在唐贞观年间,杭州就已经是一个重要的通商海港口岸了。到唐高宗时期,有相当多的大食商人经海路来到中国,在杭州等地定居下来。安史之乱后,由于唐王朝通往西方的陆上丝绸之路受到诸多少数民族政权的侵扰而面临很多风险,加之造船业的发展使得当时的造船技术已经能够满足海洋航运的基本需求，因而海上丝绸之路开始兴盛起来，杭州则成为了海上丝绸之路的一个重要城市。大量的丝织品、瓷器、茶叶等物资从杭州港装运启航，远销海外；新罗、日本、大食等国的商人们也由海路进入杭州，从事各种方物贸易，从而为杭州带来了繁荣的过境经济。

尽管由于地理位置的原因，杭州在海上丝绸之路中的地位及重要性与泉州、广州等城市相比还存在一定差距，但其海上贸易的繁荣是毋庸置疑的。当时的杭州堪称国际化都市，来自新罗、大食等国的商人们纷纷定居于此，以至于杭州城内出现了多处蕃坊。尽管我们无法得知当时定居于杭州的大食商人究竟有多少，但从唐代时杭州已经出现了真教寺（清真寺）来看，当时定居于此的大食人应为数不少。可见，当时杭州的海外商贸活动相当活跃。唐代诗人李华《杭州刺史厅壁记》中“骈樯二十里，开肆三万室”[①]的诗句，可谓形象地展现了唐代杭州商业经济的发达。

江海航运业的繁荣也进一步刺激了造船业等杭州传统行业的发展。唐代的杭州造船业非常发达。民间能够造出三张帆的大船，尤其以制造大船、海船著称。“船体规模和工艺水平，均和当时著名的造船业中心苏州、扬州不相上下”[②]。发达的造船业有力地支撑了运河经济和海外贸易，也推动了杭州的城市发展建设。“唐朝时城区从原来的城南江干一带向北延伸到武林门。城南江干成为海外贸易的码头，城北武林门一带，则因大运河的

① （唐）李华：《杭州刺史厅壁记》，《全唐文·卷三一六》。

② 林正秋：《杭州古代城市史》，浙江人民出版社，2011年，第8页。

通航而成为附近县货物的集散地。”①

由于农业发达，水运便利，对外商贸活动频繁，而且没有遭受过长期战乱，杭州的人口增长速度非常快，到中晚唐时已经成为江南人口最多的城市。

下表的户数数据来自梁方仲先生《中国历代户口、田地、田赋统计》②一书。

州郡	隋代	唐贞观十三年	唐天宝元年	唐元和十五年③
杭州	15380	30571	86258	51276
越州（会稽）	20271	25890	90279	20685
婺州（治所在金华）	19805	37819	144086	48036

可见，中晚唐时期的杭州人口数量明显大于附近几个大郡，已经发展成为东南大都市了。唐晚期，朝廷每年从杭州所收的商税高达50万缗，几乎占到了全国财政收入的4%，其经济实力可见一斑。正因如此，在唐政府于元和八年（813年）发布的任命卢元辅为杭州刺史的制文中，出现了“江南列郡，余杭为大”的赞誉。

尽管如此，“就晚唐前期的杭州来说，在整个东南地区，其地位应该说还处于三流的水平。同为浙江西道辖区内的苏州，作

① 林正秋：《杭州古代城市史》，浙江人民出版社，2011年，第8页。
② 梁方仲：《中国历代户口、田地、田赋统计》，中华书局，2008年11月。
③ 关于开元年间户数锐减的原因，学界一直有争议。因与本节主旨关系不大，这里不做赘述。

为道内的政治、经济重心，地位即高于杭州”。[①] 这种局面一直到五代的吴越国时期才发生了根本性变化。

四、凭借海洋贸易而突飞猛进的五代宋元杭州

五代十国时期不是一个安宁的时代，然而杭州却在这一时期迎来了它前所未有的高速发展期，从一个区域性城市迅速升级为全国性大都市。这一飞跃与三代五位吴越王对海洋的开发利用有直接关联。

吴越国的开国君主钱镠是杭州临安人。他自幼习武，尤其擅长射箭、舞槊，成年后迫于生计，以贩卖私盐为生。唐末，钱镠跟随董昌保护乡里。其后因屡次参与平叛，战功卓著，被加封至镇东军节度使。他逐渐占据了以杭州为首的两浙十三州，成为割据政权的统治者。天复二年（902 年），唐昭宗封钱镠为越王；904 年，又改封吴王。907 年，朱温建立后梁政权，封钱镠为吴越王。龙德二年（922 年），钱镠被正式封为吴越国王。该年，他以杭州为都，正式建国。

吴越国的疆域大致为今浙江省全境、江苏省东南部、上海市以及福建省东北部一带。从政权实力来看，吴越国无疑是弱小的。因此，尽管钱镠称王后将府署改为朝廷，分封百官，一切礼制按照皇帝的规格，但因国土范围狭小，三面强敌环绕，只能尊中原强国为正朔。为保太平，钱镠曾先后主动请求后梁、后唐、后晋、后汉、后周等中原王朝对其进行册封，并不断遣使向这些

① 周祝伟：《7—10 世纪杭州的崛起与钱塘江地区结构变迁》，社会科学文献出版社，2006 年，第 114 页。

王朝进贡，以求庇护。然而就是这样一个看似弱小的王国，却使得包括杭州在内的吴越国属地进入了一个相当繁荣的时代。众所周知，浙江等江南地区在唐代时还属于相对落后的地区，城市发展水平普遍较低。而吴越国所辖的两浙十三州在钱镠的治理下，“铸山煮海，象犀珠玉之富，甲于天下”[①]。凭借着东临大海的优势，吴越国大力发展盐业生产和海上贸易，不但经济实力大增，杭州等城市发展建设也取得了重大突破。此前，东南地区城市发展的整体水平在很长时间内一直落后于北方，只有扬州、苏州、越州等能够跻身于唐代国内大都市行列。而吴越国时期的杭州却一举超越了苏州、越州，“开始正式成为江浙地区的政治中心，这是杭州历史上继隋唐之后的又一次飞跃，对其城市的发展产生了巨大的推动作用”[②]。

早在建国之前，钱镠就出于巩固地盘、加强防守等方面的考量，对杭州旧城进行过两次扩建。吴越国建立后，三代五位钱王始终奉行“保境安民”的政策，以积极务实的态度治国，特别重视鱼盐之利，积极发展海外贸易。其对杭州的改造首先从治理潮患开始。

受地理位置影响，杭州城在建城之初就深受城东钱塘江大潮和城西西湖这两个自然因素的制约。闻名世界的钱塘江大潮虽然给杭州和钱塘江下游沿岸带来了壮丽的自然奇观，令无数文人墨客惊叹于大自然的雄奇，但在古代却给沿江和沿海人民带来了无尽的灾难。早在秦汉时期，史书中就已有钱塘江潮泛

---

① (宋)李焘：《续资治通鉴长编》卷十二。

② 陈国灿、奚建华：《浙江古代城镇史》，安徽大学出版社，2003年，第308页。

滥成灾的记载了。其后的2000年里，尽管人们不断地与海洋和钱塘江抗争，但海潮沿钱塘江道泛滥造成的灾害却一直没有得到很好的解决。唐代，由于杭州城区向东延伸，平陆扩大，潮水的冲击更加严重地威胁着钱江两岸人民的生命财产安全。唐末，杭州刺史崔彦曾在城区东南修筑了一条五里长的沙河塘，用以阻挡潮水的冲击。此举虽然收到了一定的效果，但终因沙河塘规模较小，无法消除海潮冲击带来的危害。

吴越国建国之初，海潮对钱塘沿岸的冲击更加猛烈。每次海潮大泛滥，从秦望山到海宁一带的数十万亩农田都尽数被湮没，人畜损失严重。正如钱镠在开平四年(910年)给梁太祖朱温的《筑塘疏》中所说："江水之源，自衢、婺、睦州各道，汇入富春，奔腾而入；潮汐由杭州至盐官、秀洲至海盐各路，汇入鳖子门而入。每昼夜两次冲激，岸渐成江。近年来，江大地窄。……海飓大作，怒涛掀簸，堤岸冲啮迨尽。自秦望山东南十八堡，数千万亩田地，悉成江面，民不堪命。"[①]特别是杭州附近各县，暴虐的海潮常常冲毁堤塘，湮没田地、屋宇，对船只航行也构成严重威胁。

如果说在秦汉及唐代时，海潮泛滥吞没东南郡县还不足以令统治者忧心的话，那么到了吴越国时期，海潮之患则成为了吴越国的心腹大患。由于吴越国建都杭州，沿钱塘江道泛滥的海潮直接威胁着吴越国的政权稳定。因此，后梁开平四年[②]，即吴越国刚刚建国不到4年，钱镠就开始命人在侯潮门、涌金门、通江门外修筑一条长达百里的海塘，以阻止海潮对杭州城的冲击。

---

① 林正秋：《杭州古代城市史》，浙江人民出版社，2011年，第11页。

② 公元910年。

时值农历八月，正是钱塘江潮最为猛烈的时候。潮头极高，潮水冲击力极大，总是导致这边海塘刚刚修好，那边才建不久的海塘就已坍塌，以至于民间有“黄河日修一斗金，钱江日修一斗银”的说法。但吴越国人民不畏艰难，屡败屡战，仅用三个月就筑成了这条捍卫杭州生命的海塘。其毅力气魄，一时无两，以至于诞生了至今仍广为流传的“钱王射潮”的传说——相传吴越国王钱镠屡次筑塘不成，向潮神乞求也无济于事。气愤的钱镠于是派人打造了3000支利箭，命500名强弩手在潮头每次袭来时向潮头猛射。射至第六箭时，潮被射退，塘工们得以落定海塘基石，终于筑成了捍海塘。《十国春秋・卷七十八武肃王世家下》中对这一传说有较详细的记载：“八月始筑捍海石塘，塘外植滉柱十余行，以折水势。先是江涛汹涌，板筑不时就。王于叠雪楼架强弩五百以射潮，既而涛头趋西陵，潮为顿敛。遂定其基，以铁环贯幢干，用石楗之，而塘成。”钱王以勇武击退海潮自然是吴越人对本国国王的一种神化，但与前人相比，钱镠所筑海塘的确有很多创新，且收到了很好的效果。

此前人们所筑的海塘均是以泥土堆成的，经不起潮水的冲击，往往过不了几年就会崩塌。因此，海塘屡修屡溃，屡溃屡修。反反复复，劳民伤财。而钱镠筑塘采用的是“石囤木桩法”。据《筑塘疏》记载，这一筑塘法是先在离岸二丈九尺的范围内，用采自罗山的粗大树干，打下六层木桩，每层木桩中间都用装有石头的竹笼跟泥土一起填实，交错密排，堆成泥塘。泥塘之内再加石堤，泥塘之外则安插“滉柱十余行，以折水势”。其后，又建造了龙山、浙江两处江闸，用以遏制海潮入河，避免海潮泛滥时淹没土地。这是我国水利工程史上的一大创举。这条庇护了杭州的海塘被人们称为“钱氏捍海塘”，也称“钱氏石塘”。它的建成，标志着杭州劳动人民在千百年来与海潮的斗争中取得了重大胜利。

钱氏捍海塘建成后，“直至吴越灭亡，基本上没有再发生大的潮患”[①]。这条海塘不但保护了城郭的安全，也保护了杭州周边地区的大量农田，为城市扩张以及农业生产发展创造了有利条件。同时，海塘的修筑还稳定了钱塘江航道，为江河联运、江海联运提供了方便，对杭州社会经济的发展起到了积极而巨大的影响。

在治理海潮的同时，钱镠还着手治理钱塘江道，开拓水上贸易航线。钱塘江是五代时期吴越国境内最主要的天然航道，但长期以来被人们称为“罗刹江”。所谓“罗刹”，即西域语中专食人肉的恶鬼。钱塘江之所以得此恶名，缘于一块矗立在江心的巨石。这块巨石在秦望山东南，今杭州江干区南星桥一带，古时也作“岑石”。由于该石横截江流，使得周边江流异常汹涌，江船、海舶经过此处江面时很容易被风浪颠覆，“因呼为罗刹”[②]。白居易诗中就有“嵌空石面标罗刹，压捺潮头敌子胥”之句[③]。可见，这一巨石在唐代时就是航运大患。当时每逢农历八月十八的钱塘大潮来临之际，郡守都要祭祀海神，命乐工们在巨石上歌

---

① 陈国灿、奚建华：《浙江古代城镇史》，安徽大学出版社，2003年，第311－312页。
② 淳祐《临安志》卷八引晏殊语。
③（唐）白居易：《微之重夸州居其落句有西州罗刹之谑因嘲兹石聊以寄怀》。

舞，祈求潮平民安。作为吴越国的开国君王，钱镠对这块横江巨石的态度与唐人迥然不同。他不是向神灵祈求，而是向自然宣战——组织吴越人民凿平了这块江心巨石，使得钱塘江上的商船、海舶畅通无阻，免去了触石倾覆之忧。

海塘的修建与江中障碍的扫除，不仅推动了沿江农业生产的发展，也促进了吴越国海外交通的兴盛。

历代吴越国王都非常重视吴越国与中原政权的政治文化交流以及地区商品流通。五代十国时期，中原地区长期战乱，陆地及内河航运都受到许多阻碍，因而沿海航线成为了吴越国与其他政权联系的主要交通线。由于钱塘江中的罗刹石已被凿平，航路畅通，江海联运的风险大大降低，因而海上政治文化交流和贸易活动全面兴起，杭州成为当时著名的大海港。《旧五代史·钱镠传》注中引了一段《五代史补》所记载的吴越王钱镠与僧人契盈游览钱塘江时的对话："王喜曰：'吴越地去京师三千余里，谁知一水之利，有如此耶？'契盈对曰：'可谓三千里外一条水，十二时中两度潮。'时江南[①]未通，两者贡赋，自海路而至青州，故云三千里也。"可见，钱镠对于吴越国畅通的水上通道是颇为自豪的。

当时吴越国的国内航道大致是由钱塘江经浙东运河到达明州，然后北上，经山东半岛、登州、莱州，再取道开封、洛阳。915年后，吴越国还凭借着这条海上通道，越过辽东半岛，与契丹等国建立联系，进行了较为频繁的贸易活动。史载公元916、920、

① 此处特指南唐。

922、932、939、940、941、943 等年份，吴越国与契丹都有贡使往来。吴越国从契丹输入马、羊、皮毛等江南紧缺物资，契丹则从吴越国输入丝织品、茶、药、酒、瓷器等日常生活用品和奢侈品。繁荣的海上贸易使得杭州湾“舟楫辐辏，望之不见其首尾”[①]。

由于海运贸易繁荣，海洋贸易管理机构也随之建立起来。《新五代史·刘铢传》记载，“是时，江淮不通，吴越钱镠使者常泛海以至中国。而滨海诸州皆置博易务，与民贸易”。《十国春秋拾遗》也称：“梁时，江淮道梗，吴越泛海通中国，于是沿海置博易务，听南北贸易。”这里提到的“博易务”，即官营贸易管理机构。吴越国的沿海地区已经需要设立专门的机构来对海洋贸易进行管理，足见当时的对外商贸交流已经非常频繁。

在与中原各国密切往来的同时，吴越国还积极开拓海外贸易。首任国王钱镠广招海贾，大兴舟楫商贾之利，并“遣使册新罗渤海王，海中诸国，皆封拜其君长”。吴越国不仅与日本、新罗、百济、高丽等国遣使往来，相互通商，其经贸交易还远至西南的大食、波斯。相传候潮门外椤木营、椤木桥所用的椤木，就是日本国献给钱镠的。其后的第二任国王钱元瓘及第五任国王钱弘俶也都延续了钱镠的海外贸易政策，多次与日本等国联系。虽然因日本拒绝承认钱镠是中国之主等原因，两国并没有正式建交，但彼此关系融洽，双方的海上贸易还是得到了很好的发展。随着海外贸易规模的扩大，吴越国对出口货物的需求量也随之增大。瓷器、丝织品、印刷品等大宗出口商品的生产规模不

---

① （宋）陶岳：《五代史补》卷五，《契盈属对》。

断扩大，与海洋贸易相关的造船业也迅速发展。杭州城市商业繁荣，商品经济更为活跃。

作为吴越都城，杭州在吴越国的海外贸易中扮演着极为重要的角色。“吴越杭州通过海道，与日本、高丽等国展开贸易，设‘博易务’管理对外贸易。”[①]发达的海上贸易为吴越国带来了巨额财富。史载吴越国第三任国王钱佐在位时，“近海所入，岁贡百万”[②]。一个疆域狭小的王国，能够从每年的航海贸易中获得百万贡奉，足见吴越国海上贸易之发达，海上航运之繁盛。

在发达的农业、手工业、盐业、航运业支撑下，杭州的城市面貌也发生了巨变。不但城区扩大，而且钱塘江两岸“悉起台榭，广郡郭周三十里，一邑屋之繁会，征山之雕丽，实江南之胜概也”[③]。“钱塘富庶，由是盛于东南”[④]。北宋文学家欧阳修在其《有美堂记》里对吴越国时期的杭州进行了这样的描述：“今其人民幸福富庶安乐。又其俗工巧。邑屋华丽，盖十余万家，环以湖山，左右映带，而闽海商贾，风帆浪舶，出入于江涛浩渺、烟云杳霭之间，可谓盛矣！”

如果说唐代的杭州因港口贸易由一个山中小城发展成为东南名邑，吴越国时的杭州凭海上商贸一跃成为富甲江南的繁华都市，那么宋元时期的杭州则在江运、河运、海运的合力之下，进入了突飞猛进的鼎盛时期，华丽变身为国内最繁华的大都市。

北宋时期的杭州先为两浙路路治，其后于大观元年（1107

---

① 傅崇兰等：《中国城市发展史》，社会科学文献出版社，2009年，第103页。
② （宋）薛居正等：《旧五代史》卷一三三《世袭传·钱佐传》。
③ （宋）薛居正等：《旧五代史·钱镠传》。
④ （清）吴任臣：《十国春秋》卷七八《吴越》。

年)升格为帅府,下辖钱塘、仁和、余杭、临安、于潜、昌化、富阳、新登、盐官九县,领户约20余万,是江南地区人口最多的州郡之一。而南宋时期的杭州则作为宋政权实际意义上的都城,成为南宋境内最繁华的都市。

杭州在宋代的突飞猛进与两宋时期的政治、经济形势有直接关系。众所周知,宋朝是一个重文轻武,在军事上屡屡被动的朝代。就实际控制的疆域面积来说,宋朝远远不能与汉、唐相比。自汉唐以来的陆上丝绸之路的西部到宋代时也已无法通行——一方面,由于气候的变化,西部许多地区已经变得环境恶劣,难以满足商旅们路途中的需求;另一方面,这些地区基本上都落入了西夏国与辽国的手中。宋政权与西夏、辽等少数民族政权时战时和,人们无法在这些地区进行长期稳定的贸易活动。在这种形势下,宋王朝不得不将目光转向了海洋。其突出表现就是两宋政府始终推行积极的海外贸易政策,重视对海外贸易的管理,沿海各地的港口数量大大增加。在江南地区,沿海港口呈片状分布,由北向南自成体系,大小港口并存互补的现象开始出现,海外贸易额也不断攀升。

为吸引海外商贾前往中国贸易,宋太宗曾"遣内侍八人,赍敕书金帛,分四纲,各往海南诸番国,勾招进奉,博买香药、犀牙、真珠、龙脑"①。其后继者也积极保持与海外诸国的商贸联系。为更好地对海外贸易活动进行管理,宋代以"市舶司"取代了五代时期吴越国的"博易务",并实行相应的激励政策,规定:海外

① (清)徐松:《宋会要辑稿·职官四四》,中华书局,1997年,第3101页。

商人到达沿海港口时，市舶机构须以“妓乐”迎送，要准许海外商贾坐轿或乘马①，当地主要官员要接见外商以示欢迎；中外商船出海时，市舶机构还要赠送酒食、设宴饯行。如果市舶司的收入增加，朝廷就会给予官员升职奖励，反之，则要予以降级处分。宋代时，与中国有贸易往来的国家和地区有60多个，范围从东北亚、东南亚、印度洋，直至阿拉伯地区、地中海和东非海岸。对于各国前来进贡的使节，宋政府都给予高规格的招待和礼遇。不但在港口为他们接风洗尘，安排住宿，还回赠丰厚的礼物，希望通过他们增进国家间的贸易交往。对于那些携带大量货物前来贸易，纳税额巨大的海外商人，宋政府还会赐其袍履，以示嘉奖。在这些重商政策的激励下，宋代的经商风气大为盛行。在以杭州为代表的江浙一带，“人们对商业的认识发生了巨大的变化，将商业视为‘末业’、将商人斥为‘贱民’的传统观念受到很大的冲击，重商思想日渐流行。不少浙江学者公开倡导‘农商并重’的思想，强调‘商藉农而立，农赖商而行’，认为士、农、工、商皆‘百姓之本业’。这促使越来越多的人参与商业活动，尤其是南宋时，几乎遍及社会各阶级和各阶层”②。

宋代的杭州港不但是江海相连、沟通南北的国内贸易港，也是中国与东北亚、东南亚部分国家往来的海外贸易港。作为在五代时期就已经表现卓异的港口，杭州在北宋初就受到了政府的高度重视。无论是河道疏浚、港口建设，还是机构设置、船舶制造，都取得了突出的成就。这些基础条件的改善，使得杭州在

---

① 汉代规定商贾不得骑马、乘车；唐代也规定商人不准骑马。

② 陈国灿、奚建华：《浙江古代城镇史》，安徽大学出版社，2003年，第94页。

宋代成为了名副其实的国际贸易大港。

宋代经杭州港出口的大宗商品主要是瓷器、茶叶、丝绸等。这些商品基本上都由杭州及其周边地区出产。为保证这些物产能够顺利运往杭州港，两宋政府曾多次对以杭州为中心的水运网络通道进行疏浚。当时的杭州内河运输业十分繁荣，以杭州为中心，向北沿大运河的上、下塘北上可到达苏州、常州、江宁等地，向南则可以经绍兴到达明州或严州、衢州、徽州等地。因此，苏州的米粮，绍兴的瓷器，徽州的文房四宝等都可以通过河道运至杭州，再运销海外；由出海港进入杭州的货物也可通过这些内河航道运输到各地。水运的便利使得杭州成为东南地区最重要的货物集散地之一，可谓“四方之所聚，百货之所交，物盛人众”[①]。日本僧人成寻曾对杭州的内港航运做过这样的描述：“着杭州凑口，津屋皆瓦葺，楼门相交。海面方叠石高一丈许，长十余町许，及江口，河左右同前，大桥亘河，如日本宇治桥，卖买大小船，不知其数。回船入河十町许，桥下留船，河左右家皆瓦葺，无隙，并造庄严。”[②]南宋吴自牧的《梦粱录》中更有大段对于杭州内河商业景象的描写。可以说，内河运输的畅通既为出海港提供了充足的物资支持，又有效解决了海外商品的内陆运输问题，对于杭州海外贸易的繁荣起到了不可低估的促进作用。

作为海洋贸易大港，杭州在宋代进一步完善了周边的港口服务设施。不但建设了大量官驿和仓库供海外客商使用，还尽可能地在生活上为他们提供一切方便。浙江亭、同文馆、邮亭

① （宋）欧阳修：《有美堂记》。

② ［日］成寻：《新校参天台五台山记》，上海古籍出版社，2009 年，第 21 页。

驿、怀远驿、仁和馆等，都是为海外客商们而设的驿馆。杭州港不仅可供海舶停靠，还能够根据客商需求对货物进行妥善保管。宋人洪迈《夷坚志·夷坚丁志》就记录了一个泉州客商将价值四十万缗的货物交由杭州港仓库保管。管理者“举所赍沉香、龙脑、珠琲珍异纳于土库中，他香、布、苏木不减十余万缗，皆委库外”①。可见，当时的杭州港已经开始根据货物的性质对其进行分类管理了。

由于杭州港的运营管理非常成熟，大量海外商贾纷纷前来贸易。北宋时，由于日本正处于平安时代，实行闭关锁国政策，严禁本国商人泛海贸易，因而杭州港的对日贸易基本上是宋对日的单向贸易。通常，中国商人从杭州港出海后，到日本的博多港进行贸易。南宋时，由于日本已进入平氏政权时代，政府鼓励海外贸易活动，因而中日商贸活动又开始了双向互动。既有日本商人渡海前来杭州贸易，也有中国商人出海到日本博多等地贸易。尽管由于史料阙如，我们已无法考证当时中日两国在杭州港的具体贸易额，但从有关记载中却可见一斑——南宋时方圆三四里的皇宫后苑有用日本所产楠木建成的明远楼，南宋诗人陆游在家训中告诫其子孙节葬时也提到：杭州港的日本商船来时，只需三十贯(缗)钱就可以买到很好的棺木。可见，当时日本的木材出口量极大，而且价格相对低廉。从百姓到皇帝都在使用日本的优质木材。

早在唐代，杭州就是朝鲜半岛与中国联系的一个重要港口。

---

① (宋)洪迈：《夷坚丁志》卷六，中华书局，1981年，第568页。

北宋初，高丽国王曾多次派使者入宋朝贡，接受册封。994年，契丹入侵高丽，高丽向宋求援。北宋自知无力相助，故无所表示。从此高丽向辽称臣，与北宋断绝了往来。但宋政府一直对高丽商贾采取优待政策，规定凡高丽船只在杭州、明州等地遇风浪者，沿海地方政府必须加以慰问，并提供充足粮食助他们平安返航。元丰三年(1080年)，宋政府准许国内商人在杭州市舶司或明州市舶司的许可下前往高丽从事海外贸易。杭州、明州也都建有专门招待高丽使节和商人的驿馆，对前来朝贡或贸易的人进行高规格接待。

除了日本、高丽两国，杭州与南亚、东南亚地区、印度洋地区、阿拉伯地区的阇婆、三佛齐、交趾、占城、真腊、天竺、三屿、大食等国也有频繁的官方或民间商贸往来。如绍兴元年(1131年)，大食使者蒲亚里携带大象牙二百余株，大犀三十五株进行朝贡；绍兴二十六年(1156年)，三佛齐使者蒲晋到杭州朝贡，献贡"龙涎一块三十六斤，真珠一百一十三两，珊瑚一株二百四十两，犀角八株，梅花脑板三片，又梅花脑二百两，琉璃三十九事……乳香八万一千六百八十斤，象牙八十七株，贡四千六十五斤，苏合油二百七十八斤，木香一百一十七斤，……肉豆蔻二千六百七十四斤，胡椒一万七百五十斤，檀香一万九千九百三十五斤，笺香三百六十四斤"①。根据这两次朝贡物品的数量，可以想见杭州港当时贸易吞吐量之大。

宋代时，在杭州定居经商的外国人很多。人们把这些外国

---

① (清)徐松：《宋会要辑稿·蕃夷七》，中华书局，1997年，第4311页。

商人的集中居住区称为“蕃坊”。羊坝头、新四三桥等地均有外国商人的集中居住地，其中城东崇新门内荐桥附近有许多犹太人和基督教徒居住；荐桥以西主要是回回居住，俗称“八间楼”。法国历史学家贾克·谢和耐在《南宋社会生活史》中称：杭州城里居住着“1126年随北宋从开封南迁的犹太人，从中亚、印度来的回教徒，另外有叙利亚人、波斯人、阿拉伯人等”。位于今杭州市中山中路的凤凰寺成为信奉伊斯兰教的海外商人聚集之地。很多外国商人定居杭州后再未离开，在这里度过了余生。当时杭州清波门外的聚景园就是侨居杭州的大食人的埋骨之所。寓居杭州的宋人周密曾感慨道：“今回回皆以中原为家，江南尤多，宜乎不复回首故国也。”①

海洋贸易的发展离不开船舶制造业的有力支持。杭州的造船工艺在宋代时达到了世界先进水平。早在北宋初年，杭州就有多处官营造船场，制造大批专用船只。其后，船场数量又屡有增加。据《梦粱录》卷十载，当时杭州有东青门外北船场和荐桥门外船场。嘉泰三年(1203年)，殿前都指挥司又在“保德门外本司后军教场侧起造船场一所”②。南宋时的杭州能制造重达万石、长二十多丈的巨型海船，可供五六百人乘坐。宋代的船舶也普遍采用了水密隔舱技术，并且船上装有罗盘等导航设备，远航能力和安全性能都处于世界先进行列。因此，宋代的中国船只广受各国客商欢迎。杭州湾内高挂十丈桅杆的大型海船屡见不鲜。

海外贸易的繁荣为两宋带来了巨额财赋。特别是南宋时

---

① (宋)周密：《癸辛杂识》，中华书局，1988年，第138页。
② (清)徐松：《宋会要辑稿·食货》五〇之三二。

期，由于疆域狭小，政府财赋几乎到了“一切倚办海舶”[①]的地步。

随着海洋贸易重要性的提升，政府对于海洋贸易的管理也愈加成熟。北宋太平兴国三年(978年)，宋政府在杭州设立了两浙市舶司[②]，统辖长江口至浙南的沿海港口，管理海外贸易，规定“自今商旅出海外蕃国贩易者须于两浙市舶司陈牒，请官给券以行，违者没入其宝货”[③]，“诸非杭、明、广州而辄发过南海船舶者，以违制论”[④]。端拱二年(989年)之后的一段时间，所有海外贸易权限曾一度都集中到杭州管理[⑤]。其后，由于明州港的海外贸易更为繁荣，为使其抽解和征榷更加方便，淳化三年(992年)，两浙市舶司由杭州迁到了明州定海。但移司后又造成了杭州港抽解和征榷不便，于是第二年又迁回杭州。咸平二年(999年)，宋政府索性在杭州和明州两地分设市舶司，两者同属于两浙市舶司。北宋后期，由于宋政府担心金人会假冒高丽商人来宋刺探军事情报，于是断绝了与高丽的往来，并撤销两浙市舶司。但此举造成了政府财赋收入大减。宋政府不得不在崇宁元年(1102年)恢复了杭州市舶司；在政和二年(1112年)恢复了两浙市舶司。南宋建炎元年(1127年)，宋高宗认为“市舶司多以无用之物，枉费国用”[⑥]，于是采取限制海外贸易政策，再次罢废两浙市舶司。然而不到一年的时间，就再次因政府财赋锐减而被迫恢复。绍兴元

---

① (清)顾炎武：《天下郡国利病书》卷一二〇，《海外诸蕃条》。

② 今浙江省杭州市上城区转运桥街附近。

③ (清)徐松：《宋会要辑稿》，中华书局，1997年，第12268页。

④ (宋)苏轼：《东坡全集·乞禁商旅过外国状》，卷五十八，奏议十二首。

⑤ 黄纯艳：《宋代海外贸易》，社会科学文献出版社，2003年，第20页。

⑥ (清)徐松：《宋会要辑稿·职官四四》“一一”，第八十六册，第3369页。

年(1131 年),杭州升格为临安府,杭州市舶司也随之改为临安市舶务。绍熙元年(1190 年),南宋政府从国防的角度出发,认为杭州作为实际意义上的都城不应允许外国海舶随意出入,于是再次罢废临安府市舶务。但不久就又由于财赋压力而被迫重置。

从上述杭州市舶司(务)、两浙市舶司的几度废置中,我们不难看出杭州港海外贸易税收对于两宋政府财政收入的重要性。

由于海外贸易兴隆,杭州及周边地区的农业和手工业也在巨额利润的刺激下进一步迅速发展起来。人们以更高的积极性投身于海外贸易,宋政府也从中获得了更多收入。宋代杭州及周边地区的百姓生活富庶,社会经济得到了空前发展。北宋时,杭州就已经是“万室东南富且繁”[①]的东南大都市。到南宋时,由于杭州(临安)是实际意义上的国都,在政治优势的强力助推下,杭州一跃成为全国性大都会,甚至连其下辖的海盐澉浦,也凭借着毗邻杭州的优势成为“远涉诸蕃,近通福广,商贾往来”的大港。宋代的杭州辖钱塘、仁和、余杭、临安、於潜[②]、富阳、新城、盐官、昌化九县。在乾道年间至咸淳年间的近一百多年的时间里,钱塘县人口增长 134600 人;仁和县人口增长 151638 人;余杭县人口增长 111489 人。杭州及周边地区的社会经济发展水平由此可见一斑。

值得注意的是,南宋时期包括朝贡贸易在内的海外贸易与明代的朝贡贸易迥然不同。南宋政府对各种海外进口商品始终按照市场价格榷买,既保护了国家的商业利益,又促进了海外商品在国内的流通。因此,南宋时杭州的繁荣虽然有其作为行都

① (宋)欧阳修:《欧阳文忠公文集》,卷十三,律诗五十五首。
② 今属浙江省杭州市临安区。

的政治因素，但主要还是由其兴盛的商贸活动促成的。

元灭宋后，于至元十三年（1276 年）在杭州设置了两浙大都督府，后改设为安抚司。至元十五年（1278 年），升为杭州路，为江浙行省省会。这在很大程度上保持了杭州在东南地区的政治地位，从而巩固了杭州港在江浙沿海港口中的重要地位。

元代的海外贸易比宋代更加繁荣。这一方面是由于国内政局稳定，市场繁荣，商人们有将中国产品销往国外的意愿，而国际市场上对于中国的丝绸、瓷器、茶叶等物资也有很大需求；另一方面则是因为元代的航海技术有了更进一步的发展，而且元政府鼓励开展海外贸易。此外，元灭南宋时对于杭州城的破坏不严重。因而元代的杭州大体上延续了宋代杭州的辉煌，成为当时享誉世界的国际大都会。元初来到中国的意大利旅行家马可·波罗称杭州是“世界上最美丽华贵的天城”。其后的另一位意大利旅行者鄂多立克也在游记中将杭州喻为“天堂之城”。杭州的繁华程度直到元末仍处于世界前列，应元代最后一位皇帝元顺帝之请出使中国的罗马教皇使者马黎诺里称赞杭州是“最有名之城”。

元代的杭州除继续利用杭州柳浦、乍浦等港口外，还很重视周边地区的港口建设。至元十四年（1277 年），元政府在宋代时就已初具规模的澉浦港设立了市舶司。随后，又在至元二十二年（1285 年）在杭州设立了市舶都转运司，专门负责海外贸易与海运管理事务。

元代对海外贸易实行抽解制。《元史·食货志二》载，“元自世祖定江南，凡邻海诸郡国与蕃国往还互易舶货者，其货以十分取一，粗者十五分取一，以市舶官主之”。这些征收到的实物税均须先集中到杭州，再转往各地。因而，杭州在元代实际上又新增了一个中转功能。

元代的海外贸易规模超过宋代。从杭州港出海的货物以种类丰富的丝织品和浙江产瓷器为主，输入的货物主要有高丽的青瓷、铜器、松子，日本的金银、刀剑、螺钿，非洲的花梨木、丁香，菲律宾的黄蜡、帆布，以及各地的珠宝、香料。无论数量还是种类，都超过了宋代，其中日用品的数量明显增多。上自皇族显贵，下至贩夫走卒，都能够接触到来自海外的商品。当时从杭州出发的航海线路主要有南北两条：南线从杭州港出发，经长江以南的沿海港口抵达南洋和西洋地区；北线则经长江口以北海域，到山东半岛的沿海港口或朝鲜半岛、日本列岛等地。

尽管宋元时期的杭州堪称繁华的国际化大都市，但其作为港口的衰落迹象已经隐现。

首先，从港口区位来说，杭州港位于钱塘江入海口，与南洋、西洋诸国距离较远，这些国家的商人来中国的首选登陆地是广州、泉州。而日本则距离明州港比杭州港更近，往来更为方便。因此，杭州虽然城市经济发达，并且有广阔的经济腹地，但由于地理位置的原因，与明州、广州、泉州等出海港口相比没有优势。如，熙宁九年至元封元年(1076～1078 年)，广、明、杭三司所进乳香共计 354000 多斤，其中广州收了 348000 斤，明州收了 4000 多斤，而杭州仅收了 600 多斤。

其次，作为南宋都城的杭州虽然拥有朝贡贸易的地利优势，但由于是京畿要地，必须对外国人加以防范，因而对于民间商贸活动还是有所限制的。杭州在南宋时一举超越苏州成为国内最繁华的大都市，与其作为实际都城这一政治上的优势密不可分。就港口的发展来说，一个有强大竞争力的港口必须拥有良好的交通条件和一定的经济腹地来完成贸易商品的供给和运销。而在这些方面，杭州都不及苏州。因此，在失去了行都这一政治地位后，杭州不可避免地再次被苏州所超越。

此外，宋元时期的杭州港位于钱塘江出海口。由于钱塘江挟带大量泥沙不断冲刷出海口，扩大河口三角洲的面积，日积月累，泥沙沉积，使得原本的港口逐渐失去了停泊海舶的功能，新的海港在下游更靠东岸的位置形成。这对杭州的港口发展极为不利。长江下游的扬州就是因同样的原因而失去了港口优势的。虽然钱塘江径流量与长江相比小得多，对杭州的港口影响尚不十分严重，但仍旧动摇了其对外贸易港的地位。杭州港只能逐渐让位于港口条件更好的明州港。

五、海禁政策下辉煌不再的明清杭州

明代改杭州路为杭州府，为浙江承宣布政使司治所。虽然此时的杭州依旧是江南明珠，但由于政治地位的优势早已丧失，加上海洋贸易的突然衰退，已不得不将江南经济中心的位子让与苏州了。与唐、宋、元等统治者重视发展海洋贸易不同，明太祖朱元璋自建国伊始就宣布实行海禁，严禁沿海居民私自进行贸易。《大明律》中规定：举报私自航海者可以获得“犯人家资之半”，而隐匿不报者则要受到严厉处置。明初之所以出现这种政策，一方面与朱元璋“以农立国”的思想有关，另一方面也与当时

来自海上的威胁有关。在朱元璋看来，农业是振兴国家经济的根本，而海商们“行贾四方，举家舟居，莫可踪迹”[①]，给官府管理带来极大的难度。不仅如此，由于海洋贸易利润巨大，泛海经商者往往可以在较短时间里成为巨富，这对那些专事农耕的百姓会构成不小的诱惑，不利于稳定农业生产。同时，明初的方国珍、张士诚等各路反元武装在争霸战争中被朱元璋击败后，其残部多半逃至海上，对刚刚建立不久的明政权构成一定威胁。因此朱元璋实行海禁也有将这些反明势力彻底剿灭的意图在内。这种海禁政策在明初有一定合理性，然而由于朱元璋的后继者们将之奉为祖训不敢违背，因此海禁在明代成为了一项长期国策。建文元年(1399 年)，燕王朱棣发动靖难之役。1402 年，朱棣在南京登基，改年号为永乐，史称明成祖。尽管朱棣出于多种原因，在登基一个月后就派遣使臣到安南、暹罗、爪哇、琉球、日本、西洋、苏门答腊、占城等地进行政治交流，而且自永乐三年起，六次[②]派遣中官郑和率领浩荡船队下西洋进行政治文化交流，完成了中国古代航海史上空前绝后的壮举，但这并不意味着明政府重新开放海洋贸易。永乐二年(1404 年)，明成祖“下令禁民间海船，原有海船者悉改为平头船[③]。所在有司，防其出入”。

在明代的大多数时期，朝贡贸易是唯一合法的中外贸易形式。所谓“朝贡”，即海外诸国派遣使者携带本国物产到明王朝进贡，然后由明王朝以“赏赐”的方式收购这些物品。其实质是

---

① (明)周忱：《與行在户部诸公书》。

② 郑和第七次下西洋是奉明宣宗之命。

③ 一种不能远航的船。

一种官方贸易形式，是由政府垄断的非市场交换。这种贸易形式对于杭州外贸经济的影响是非常明显的。

首先，由于非朝贡贸易等于非法经营，要受到严厉惩处，人们轻易不敢冒着身家性命的风险出海贸易。尽管在明代的大多数时期里，海洋贸易并未中断。但海商们基本上是以“海寇”的身份，在宁波附近的双屿等远离官府管辖的小港进行的。杭州作为浙江承宣布政使司的治所所在地，监管异常严格，民间很难进行海洋贸易。

其次，朝贡贸易对民间贸易也有很大冲击，导致部分民间对外贸易活动无法开展。明代的朝贡贸易不以经济利益为目的，而旨在“普赉天下”“昭示恩威”，具有高成本、低收益的性质。明政府通常以远远高出市场价的价格大量收购海外诸国所贡货物，如一把在日本只值 800～1000 文的军刀，明政府以 5000 文收购；至于胡椒、苏木等商品，更是以高出市场价数十倍的价格来收购。这严重干扰了市场秩序，导致民间无法经营以往的一些海外大宗商品贸易。杭州自然也不例外。

尽管明代郑和下西洋的船队浩浩荡荡，但从明朝永乐年间郑和航海所需船只成本、贡使招待费用，以及明政府对朝贡国赏赐等项开支来看，政府付出的代价也十分高昂，远远超过了所购回货物的价值，因此这种气势宏大的海上朝贡贸易对于杭州的经济发展并没有产生显著而积极的影响。

尽管明前期的海禁和朝贡贸易都对杭州的发展产生了一定的制约，但由于杭州的海外贸易历史悠久，其在开放海禁的 17 世纪中叶也曾出现过繁荣——“夫漳泉之通番也，其素所有事也，而今及福清。闽人之下海也其素所习闻也，而今乃及宁波。宁波通贩，于今创见，又转而及于杭州，杭州置货便于福清……”[①]许多满载五金产品及香料等物的国外商船来到杭州港或杭州的外港乍浦，而杭州所产的丝绸、棉布、茶叶、漆器、金银箔等也由杭州港或乍浦港出海，直达日本、琉球、安南、暹罗、吕宋、爪哇、文郎、马神诸国。据《乍浦志》记载，乍浦港“珠香象犀玳瑁之属，贾胡囊载而至南关外，灯火喧阗，几虞人满”。尽管如此，终明一代，杭州始终没有能够再现宋元时期的辉煌。

杭州港未能在明代重现鼎盛时期的风貌，与倭寇之患有很大干系。由于东南沿海地区人口稠密而土地相对较少，沿海百姓无法单纯依靠农耕而过上丰衣足食的生活，因此自宋元以来多以航海贸易为生。明代的海禁政策无疑是断了这些地区百姓的致富甚至谋生之路。同时，明代以前中国对外贸易繁荣，海外市场已经形成了对于某些中国商品的强劲需求。由于明政府人为地减少了对国际市场的货物供给，导致国际市场的中国货源严重不足。在强劲的需求下，走私就成了一个值得冒险的暴利行业。

进行走私的海商们出于掩人耳目，避免事发连累家人等方面考虑，往往扮作日本人的样子。而一些大的海商走私集团为了对抗朝廷缉拿以及海盗劫掠，还组建了自己的武装力量，与日本各地军事力量相互勾结。这些拥有武装力量的海商，在明清官书中都被称为“倭寇”。“倭”本来是古代中国对于日本的轻蔑性称呼。元末时，日本发生了后醍醐天皇与幕府之间的战争，形

① (明)王在晋：《越镌》卷二一《通番》，万历二十九年(1601年)刻本。转见于刘士林等《江南城市群文化研究》，第684页。

成许多封建割据势力。这些割据的诸侯为了掠夺财富，经常组织一些没落武士、浪人、走私商人到中国沿海地区进行掠夺。但在元末明初时，这些人并没有对沿海地区的社会安定构成很大威胁。因为他们既不会讲汉语，也不熟识地形道路，难以真正威胁到沿海居民的生活。然而，由于明代实行海禁政策，非法泛海需要承受诸多风险，国内越来越多的海商和不法之徒开始与日本地方武装相互勾结，侵扰沿海地区，给包括杭州在内的江南沿海城市带来了严重危害。曾参与抗倭斗争的茅坤指出："为民御乱，莫若绝斯民从乱之心。今之海寇动计数万，皆托言倭奴，而其实出于日本者不下数千，其余则皆中国之赤子无赖者，入而附之耳。"[①]可见，"倭寇"中真正的日本人并不多，其中绝大多数还是那些勾结日本没落武士及浪人进行航海走私的中国人。

"倭患"对于杭州城市经济的破坏力是相当大的。由于杭州及周边地区向来富庶，这一地区遂成为了倭寇烧杀抢掠的重点目标。人民的生产生活遭到严重破坏，城市经济文化的正常发展也受到阻碍。尽管倭寇对于杭州城的直接侵略并不多，但对其周边的侵扰破坏却非常严重。如嘉靖三十二年（1553 年），倭寇四次侵犯海盐，百姓死亡 3700 多人；嘉靖三十四年，倭寇侵犯乍浦、海宁、崇德、横塘、双林、乌镇等地，并进犯湖州、上虞，一路烧杀抢掠，使这些地区的人民遭受了严重的生命和财产损失。几乎整个吴越东部地区都被卷入到战乱恐慌之中，许多百姓为躲避倭寇而背井离乡，造成了杭州周边地区人口大量减少，百业

---

① （明）郑若曾：《筹海图编》卷一《叙寇原》。

也随之凋敝。失去了经济腹地人力和财力支持的杭州，其城市发展不可避免地受到严重影响。

其次，泥沙淤积和江流改道也对杭州的海外贸易造成了巨大影响。早在宋末，钱塘江所挟带的大量泥沙就已经开始大量淤积在入海口一带，使得杭州港失去了停泊大型海船的功能。明末，钱塘江江道发生了历时数十年的江流改道，江流涌潮从原来龛山、赭山之间的南大门，改道至赭山、河庄山之间的中小门，其后又改道至河庄山与海宁之间的北大门。这些变化使得杭州距离海洋越来越远，逐渐失去了作为海港的地理优势。

到清代，尽管钱塘江仍旧保留着部分通海航运功能，但杭州的海港优势已经全面让位于宁波(明州)，只能靠地区政治中心和大运河最南端城市这两个优势来维持城市繁荣了。

六、关于杭州海洋文化传承的思考

尽管杭州是一座自海而生、因海而兴的城市，然而时至今日，由于海岸线的变迁和历史文化知识的缺失，很多人将其视为一座历史上就与海洋没多少关联的近海城市。杭州历史上曾经辉煌一时的海洋文化如今已经很少有人提及，有关海洋文明的历史记忆也在城市文化发展中越来越淡薄了。2012 年 12 月，杭平申线航道改造工程正式在嘉兴平湖开工，包括杭州当地主流媒体在内的各家媒体纷纷以《杭州终于有了出海口》为题进行报道，并称这一海河联运的工程终结了杭州没有自己的出海通道和码头的历史。这不能不说是非常值得城市文化工作者们反思的。

钱塘潮自古以来就是杭州的一大奇观。杭州萧山美女坝至今仍是一处绝佳的观潮点。其回头潮的壮观丝毫不弱于海宁盐官镇的一线潮，亦足可与海宁老盐仓的回头潮相媲美。然而由于宣传不到位，目前为止这一观潮景点的知名度与影响力完全无法与海宁境内的两处观潮点相比，也没有能够充分发挥其应有的经济文化影响力。这是非常可惜的。

海洋文化在杭州城市文化发展中没有得到足够关注的原因是多方面的。其中最重要的原因应是由于浙江省境内的宁波、舟山等地都有世界级大港，而杭州市所拥有的四通八达的铁路、航空、高速公路交通网使得杭州与各港交流通畅，将杭州没有海港这一弱点基本弥补了。然而，在“长三角”一体化已经上升为国家战略的今天，海港对于杭州城市发展的重要性与必要性已经日渐突出。可喜的是，杭州市政府近年来已经充分认识到了海洋航运对杭州的重要性。2013 年 7 月，杭州首个出海码头——萧山临江海港码头工程正式竣工。自 2016 年起，杭平申线航道改造工程各段也相继竣工。这些出海通道的打通，使得杭州重新拥抱海洋成为现实，对于形成通江达海、海河联运的水运大格局，进一步提升内河航道运输能力和立体交通规划布局，都具有重要意义。

第三节　江海连通的江南首邑——苏州

一、“姑苏”与“勾吴”

今天的苏州，先秦时名为“姑苏”。一般认为，“姑苏”之名缘于今苏州市西南郊的姑苏山。但人们对于“姑苏”的解释却一直存在较多争议。一种观点认为:“姑”为古时此地的土音,并无实际意义,只是作为构词前缀而存在;而“苏”则是由上古音中与其发音极其相似的“胥”演变而来——“苏”在上古音为 saa,而“胥”的上古音为 sa,只有元音长短的区别。相传胥为夏代名臣,精通天文地理,深受禹王器重,其封地在吴。另一种说法则认为“姑苏”不是来自于汉语,而是源自古越语。中国社会科学院语言研究所的郑张尚芳先生在其《人间天堂“苏杭”的语源本义》中认为:周以前,江浙一带都是说古越语的。姑苏的上古音 kra-saa,在古越语中有“称心满意的地方”之意。春秋时,越国灭掉了吴国。战国时,楚国灭掉了越国。之后,秦国又灭掉了楚国。随着一系列的政权更迭,汉语逐渐替代了此地原来通行的古越语。

上面两种说法究竟哪种更符合实际,如今已难有定论。但无论哪种说法,都说明苏州地区的文化历史非常悠久。然而苏州地区的文明起源,比“姑苏”这一名称的出现还要早得多。现当代以来,考古工作者们先后在苏州发现了许多远古文化遗址,如著名的赵陵山遗址、少卿山遗址、绰墩遗址、草鞋山遗址、罗墩遗址,等等。

关于苏州地区的最早记载,是商末武乙年间(公元前 1152～前 1118 年),覃公之子泰伯、仲雍为顺从父意让位给弟弟季历,从陕西岐山一路南奔,最终在长江下游的梅里停留下来,与当地土著居民结合,建立了带有部落性质的“勾吴之国”。这也是苏州被称为“吴”的最早记载。多数研究者认为,“勾吴之国”的“勾”与姑苏的“姑”词性相似,都是没有实际意义的土音前缀。至于为何定名为“吴”，说法不一。有人认为“吴”是张大嘴巴喘气的样子，应是泰伯等人初来此地时，看到古越人喜欢边奔跑边张大嘴巴呼喊，感到非常惊讶，于是就造了“吴”字来代表这些古越人，并以此为国名。然而这种说法遭到很多质疑。毕竟，千里迢迢一路南奔，已经在途中见多识广的泰伯、仲雍，见到古越人张大嘴巴喘气都觉得怪异，甚至以此来为这块新寻得的安身立命之地命名，委实令人难以理解和接受。据笔者考证，在吴越一带的土音里，直至近代，“吴”的发音都与“yu”极为相似①，而作为吴国第二代君主的仲雍，又被称为虞仲、吴仲，可见当时“吴”与“虞”是相通的。虞，古通“娱”，为“安乐”之意。从这个角度分析，“姑苏”与“勾吴”的含义基本一致。因而，“吴”这一国号体现了以泰伯、仲雍为首的南奔之人对于这块土地的充分肯定。可见，无论是“姑苏”，还是“勾吴”，都反映着先秦人对于这片土地的热爱。其含义与后世的“上有天堂，下有苏杭”已经非常接近。

公元前11世纪中叶，周灭商。周武王封仲雍在吴地为君的五世孙夨为吴君，将吴地纳入了周王朝的版图。周简王元年（公元前585年），仲雍的十九世孙寿梦登上吴国王位。从此，吴国开始有了明确的纪年。

二、别名繁多的吴地明珠

吴王寿梦很重视与中原国家的联系。在继位的当年，他便亲自到洛邑朝见刚刚登基的周简王，并沿途访问了不少诸侯国，

① 据笔者调研，今江苏省苏州、南浔、无锡等地高龄老人的发音依旧如此。

开始了吴国与中原各国的交往，使吴国逐渐跻身于列国争霸的行列中。

周灵王12年(公元前560年)，吴王诸樊将国都迁到了如今的苏州城址。周敬王6年(公元前514年)，诸樊之子光先后派刺客专诸、要离刺杀了吴王僚和僚的儿子庆忌，登上王位，史称吴王阖闾。所谓“阖闾”，在吴语中有“首船”之意①。这一有着浓郁水乡特色的称呼，体现着吴国人对舟船的重视。公元前514年，吴王阖闾令伍子胥在诸樊所筑城邑的基础上进行大规模扩建，由此揭开了苏州古城的历史序幕。其后，经过伍子胥的数年规划经营，理水为河，垒土为墙，终于建成了周长达四十七里的阖闾大城，即今天的苏州古城。由此，“阖闾城”也成为苏州古城的名称。

尽管自1936年起，一些考古工作者们陆续在无锡的胡棣镇湖山村和常州武进雪堰桥城里村之间发现了春秋时期的古城遗址，无锡市政府与部分考古学家宣布该古城遗址就是阖闾所建的阖闾大城，然而就史料记载，以及苏州古城和无锡春秋古城的结构、规模来看，无锡春秋古城遗址就是“阖闾大城”这一说法非常牵强，而苏州古城为“阖闾大城”则有史料和城址考古成果为支撑。因而，苏州古城建于阖闾时代这一传统观点至少在目前来说仍是难以动摇的。

与命途异常多舛的扬州不同，苏州在城市发展史上极少大起大落。公元前473年，吴国被越国所灭。公元前334年，越国

① 也有研究者认为“阖闾”为“光”之意；还有人认为“阖闾”为“天门”之意。

又被楚国所灭。楚考烈王元年，即公元前262年，楚相春申君黄歇被封于江东，包括苏州在内的吴地成为了春申君的封地。秦始皇统一中国后，将天下分为三十六郡，吴地属会稽郡，郡治在吴国故都，即今天的苏州城区。同时，在郡治所在地设吴县，为所辖各县之首，因此苏州又得名吴县。刘邦建汉后，曾封从兄刘贾为荆王，以吴为国都。不久，刘贾被叛将英布所杀。刘邦平叛后，将吴地复为会稽郡，又封侄儿刘濞为吴王，将会稽郡划归吴国。刘濞谋反被诛后，吴地复为会稽郡，而吴县仍为会稽郡首邑。汉末三国时期，吴县被孙吴政权所占据。西晋灭吴后，将天下分为十九州，吴地由扬州刺史管辖。东晋咸和元年(326年)，晋成帝封其弟司马岳为吴王，改吴郡为吴国。虽然其后司马岳改封琅琊王，但吴国的名称却一直沿用到东晋末。南朝刘宋武帝永初二年(421年)，废吴国之名，复称吴郡。其后，尽管南朝王权更迭，时有战乱，但苏州一带大体上还算安定。

开皇九年(589年)，隋灭陈后在这里设吴郡。因吴县城西有姑苏山，于是改吴州之名为"苏州"，下辖吴县、昆山、常熟、乌程、长城五县。此后，这里的地名虽然在"吴郡"与"苏州"之间反复，但"苏州"之名还是逐渐稳定下来。贞观元年(627年)，唐政府分全国为十道，苏州属江南道。其后，又先后归属江南东道、浙西道。五代十国期间，苏州屡易其主。公元978年，吴越国纳土归宋，苏州转属两浙转运使。政和三年(1113年)，苏州因人口众多，被升格为平江府，于是苏州又有"平江"之称。元代实施行省制，苏州先后属江淮行省等行省。明代，朱元璋改平江路为苏州府，隶属江南行中二书省。永乐十九年(1421年)，明成祖朱棣迁都北京，以南京为陪都，以江南为南直隶省，苏州由其管辖。清代，又改南直隶省为江南省，苏州仍为府级，隶属江南省右布政使。顺治十八年(1661 年)，江南省右布政使从江宁迁到了苏州。雍正二年(1724 年)，太仓州升为直隶州。雍正三年，分江南省为安徽、江苏两省。江苏巡抚府、江苏布政使、苏州府治均在苏州城。咸丰十年(1860 年)，太平天国将领李秀成攻入苏州，以苏州为省会建立了苏福省。同治二年(1863 年)，清军攻陷苏州，恢复旧制。

从上述的城市变迁历程可以看出，在整个古代时期，除两宋交替期间以及太平天国运动时期外，苏州虽然因政局变化而在名称、隶属方面屡有变化，但并没有如扬州那般遭受到毁灭性的破坏。这是苏州发展史上的一大幸事。

世人提及苏州，往往以"鱼米之乡"来赞誉，似乎苏州天然就是一个富庶繁华的所在。然而纵观其历史沿革，我们不难发现：尽管苏州地处江南，有着良好的耕种条件和丰富的物产资源，但其在隋唐之前的经济地位并不高。西汉史学家司马迁在述及包括苏州在内的江南地区时曾做了这样的描绘："江南出�、梓、姜、桂、金、锡、连、丹砂、犀、玳瑁、珠玑、齿、革"，"江南卑湿，丈夫早夭"，"地广人稀，饭稻羹鱼，或火耕而水耨，果隋蠃蛤，不待贾而足，地埶饶食，无饥馑之患，以故呰窳偷生，无积聚而多贫。是故江淮以南，无冻饿之人，亦无千金之家。"可见，丰富的物产，适宜耕作的土地并没有让包括苏州在内的江南地区很早就富庶、繁华起来。其主要原因，应是当时江南地区的农业生产方式极为落后。西汉时期，早已在中原地区得到普及的铁制农具在江南地区还是非常少见的。落后的农具和耕作技术使得江南地区的人们难有盈余，更遑论贸易。直到东汉时期，西汉武帝时搜粟都尉赵过所推广的“代田法”和牛耕才在江南得到较大范围的实施。东汉马臻做会稽太守时，把水利灌溉推行到了会稽，指导人们引湖水灌溉农田。此后，江南地区的农业才逐渐发展起来。农业生产力的提高促进了江南人口数量的增加，也带动了江南手工业、商业等行业的发展。由于苏州建城很早，在江南城市中具有较高的政治地位，同时又拥有四通八达的天然河运网络，于是成为周边地区盐、铜、鱼等物资的集散地，开始朝着经济城市方向发展起来。

南朝时，大批北方农民南迁。不但为人口匮乏的江南带来了大量的农业劳动力，更带来了先进的农耕技术。太湖西北、东南、南部等地势较高的地区率先得到了农业开发，地区人口大量增加，一些原属吴郡的地区也因人口的增加而纷纷从吴郡分离出来单独立郡。如晋陵、吴兴、杭州等郡，都是从吴郡中分离出的。而地势低洼的太湖以东地区则因土地难以开发，人口增长缓慢，依旧维持着秦汉时期的设置规模。

苏州以鱼米之乡的姿态走进人们的视域，是在隋代以后。此前，由于太湖东部地区地势低洼积水，很难得到开垦。而隋炀帝开凿大运河后，随着江南运河的疏通，太湖湖堤的兴建，湖东低洼地带的浅滩加速淤塞，为人们大规模圩田提供了可能性。到盛唐时期，由于长期的和平环境，苏州一带的人口有了很大幅度的增长，为大规模圩田提供了充足的劳动力，加快了苏州等湖东地区的开发。特别是安史之乱后，由于唐政府对地方的控制能力大大降低，全国财赋多倚靠南方。因而政府对于太湖东部地区的开发也给予了必要的政策支持，重视水利建设，使得大量低洼浅滩被陆续开垦为农田。正是经过这些开发，苏州才呈现出了鱼米之乡的新气象。

然而，如果仅凭鱼米之乡的魅力，苏州在江南都市中是不会占有权威话语权的。毕竟，江南大地上的鱼米之乡星罗棋布，苏州除了拥有较为悠久的建城历史外，并无太多优势。真正让苏州以繁华富庶之地的形象走入人们视域的，还是江海之利。

三、凭借河海之利而成功登顶的苏州府

苏州地区天然拥有密集的河流，河运资源丰富，水道四通八达。京杭大运河开通后，作为江南地区长期以来的区域政治中心和商品集散地，苏州城内万商云集，热闹非凡。尽管还不能与当时的国际化大都市扬州相比，但在东南地区来说已经是一个少见的繁华都市了。唐末，曾经兴盛一时的扬州因江海航运地位的下降而逐渐走向了衰落。而苏州却凭借河海之利，在两宋时期迎来了又一个发展高峰期。

宋代的苏州西南临太湖，北依长江，东接上海，西连无锡，南接嘉兴、湖州。京杭大运河南北纵贯，与苏州原有的河运网络交汇，构成一张巨大的水运网，交通极为便利。优越的地理位置，富庶的经济腹地，四通八达的水运网络，使得苏州在北宋时就已经发展成为东南第一大都会。

位于苏州城西北的阊门外，是上塘河(京杭大运河古河道)、山塘河、苏州外城河、内城河汇聚的地方，河(运河)运、江运优势明显。往来船舶可以直接将各地物资输入苏州，苏州的各种农

产品、手工业品也可以直接从城门装船，通过四通八达的水运网络运往全国各地。

宋初，苏州城外的水运业已经十分可观。曾任长洲县令的王禹偁就在其《献转运使雷谏议》一诗中以“江南江北接王畿，漕运帆樯去似飞”赞美苏州城水上运输的繁忙景象。北宋中期的书学理论家、苏州名士朱长文对苏州也有许多充满自豪的评价——“为东南大州，地望优重”[①]，“井邑之富，过于唐世。郛郭填溢，楼阁相望，飞杠如虹，栉比棋布，近郊隘巷，悉甃瓦以甓。冠盖之多，人物之盛，为东南冠”[②]。其中虽有对家乡的偏爱，却也是符合事实的。

由于苏州是宋徽宗赵佶即位前的节镇，因而徽宗政和三年(1113年)，苏州被升格为平江府。随后，浙西的重要府衙也相继设置于此。这些举措巩固了苏州的东南地区政治中心地位，对于促进苏州经济的发展起到了重要作用。

北宋末，尽管苏州也遭到金兵洗劫杀戮，但其受损程度远远小于扬州。到南宋时，仍是一片繁荣景象。《吴郡志》卷二对劫后的南宋平江城有这样的评述：“吴中自昔号繁盛，四郊无旷土，随高下悉为田。人无贵贱，往往皆有常产。以故俗多奢少俭，竞节物，好游遨。岁首即会于佛寺，谓岁忏。士女阗咽，殆无行路”[③]。南宋时，苏州等地社会安定，农业生产发达，粮食产量在国内举足轻重，故而当时有“苏湖熟，天下足”的民谚。南宋名

---

① (宋)朱长文：《吴郡图经续记》卷上，江苏古籍出版社，1986年，第6-7页。

② 同上。

③ 转见于方健：《两宋苏州经济考略》，《中国历史地理论丛》，1998年第4期。

臣、吴县人范成大更自豪地称“天上天堂，地下苏杭”[1]。

以运河商贸为主的河运经济和周边地区发达的农业生产撑起了宋代苏州的繁盛，也进一步推动了苏州地区手工业、造船业等行业的发展。

然而，苏州能在明代进入全盛时期，并成为江南乃至全国的经济中心城市，还是由于海洋的缘故。

众所周知，苏州并不临海。然而在元明清时期，苏州城却有一条便捷的出海通道。

位于苏州城东北的娄门，有一条穿城而出的娄江。娄江发源于苏州西面的太湖，明末以前河道深广，水流量很大。娄江出娄门后一路向东，至太仓境内改称浏河，最后汇入长江入海口。而在入海口那里，有一座当时最负盛名的深水海港。这就是在元明时期被誉为“六国码头”的刘家港。

刘家港位于苏州太仓的浏河镇，因而也被称为浏河港。“浏河”也作“刘河”。相传南宋建炎年间，有句容县民刘、姚两姓为避战乱而逃到这里。刘姓居西沙，姚姓居东北沙，成为这里的早期居民。当时娄江水量缩减，逐渐将太仓以东四十多里淤塞成陆地。刘姓家族捐出一半家资，将娄江的下游开凿成港口，并引娄江水入海。既避免了江水泛滥成灾，又可以使船舶停泊通海，便于物资流通。乡民们感念其恩德，便将这一地区称为刘家河、浏河镇，其港口也被称为刘家港、浏河港。

浏河的西端连通江苏的内河航道网，东端与长江口相连，可

---

① (宋)范成大：《吴郡志》卷五十，江苏古籍出版社，1986年，第660页。

以直达东海。在地理位置上，南接上海，北靠苏州，离长江口和东海都不远。可以说，这是继扬州之后的又一处集江运、河运、海运优势于一体的天然港口。刘家港在元代以前仅有百余户人居住，到元代时却迅速兴起，成为一座繁华市镇。其速度之快，令人咂舌。

刘家港的兴起，可以说完全是得益于元代大规模的海上航运业。

元朝定都大都①后，京城的粮食消费全部依赖江南地区供给。然而由于长期战乱，大运河的部分水道已经淤塞，难以满足南粮北运的要求。由于京城的粮食供给问题直接影响到政局的稳定，元政府不得不高度重视漕粮运输问题。元世祖至元十三年(1276年)，崇明海盗出身的元水军将领朱清、张瑄曾通过海路将劫掠到的南宋皇室所藏图籍、档案等顺利运送到京师。因而丞相伯颜认为可以尝试利用海路来运送漕粮到京师。而恰在此时，位于娄江入海口处的刘家港"不浚自深，潮汐两汛，可容万斛之舟"②。沧海之变与时事所需的完美结合，给刘家港带来了前所未有的发展良机。于是，至元十九年(1282年)，伯颜命上海总管罗璧与朱清、张瑄等人打造60艘平底沙船，尝试通过海路将四万六千余万石粮食运到京城大都。

对航海路线早有研究的朱清、张瑄为满足漕运之需，首先对浏河进行了疏浚，而后开启了一条在当时较为安全的漕粮海运

① 今北京市。

② 弘治《太仓州志》卷1《山川》。

路线——自平江府[1]刘家港入海，经扬州路通州海门县黄连沙头、万里长滩开洋，沿山墺行驶，到淮安路盐城县，再历西海州、海宁府东海县、密州、胶州界，放灵山洋，再到成山，最后转入直沽[2]，卸船后再将漕粮运到大都。元人赵世延的《大元海漕记》中记载了这次航行，“当年（至元十九）八月有旨，令海道运粮至扬州……风泛失时，当年不能抵岸，在山东刘家岛历冬，至二十年三月，经由登州放莱州洋，方到直沽”。

尽管这次漕粮海运前后历时达7个月之久，但对于元统治者来说却是一个可喜的消息。因为首航前不仅需要多方筹备，而且会受到经验不足等因素制约，用时较长是正常的。首航的成功至少说明了漕粮海运的可行。此后，漕粮海运成为常态，海运也成为沟通南北的一大途径。

由朱清、张瑄开辟的漕粮海运航线从至元十九年（1282年）一直沿用到至元二十八年（1291年）。至元二十三年（1286年），元政府在平江府（苏州）设都漕万户府，专门负责海运。由于朱清、张瑄所辟的海运路线主要是傍海岸航行，受北洋海底多暗沙的影响，船只不仅容易遇沙搁浅，还容易遭遇寒流的阻碍，加之水程有13350里之长，航期达2个月以上，因而其后做过两次较大的调整。第二条漕粮海运路线由长兴人李福四开辟。其路线为：刘家港——万里长滩——青水洋、黑水洋——刘岛——芝罘——沙门岛——莱州洋——界河口。由于这条路线在出了万里长滩后，从远洋航行，避开了暗礁、浅滩的困扰，而且夏季在黑水洋面航行时

① 今江苏省苏州市。

② 今天津市内狮子林桥西端旧三汊口一带。

可以利用北太平洋西部流势最强的“黑潮暖流”做推力，比第一条路线节省一半时间。《海道经》中说这条线路“远不过一月之程，顺不过半月之限”就可到达。由于这条航线主要依靠远洋航行，必须使用吃水更深、吨位更大的船只，因而运粮船的装卸量也比过去大大增加了。至元三十年(1293年)，千户殷明略又开辟了一条新航道，其路线为：刘家港——崇明岛——黄海——青水洋——黑水洋——成山——刘岛——芝罘——沙门岛——界河口。这条航线省去了刘家港到万里长滩的一段，可以更早地进入黑水洋，从而更早借助黑潮暖流和西南信风的助力，最快只需10日就可到达目的地。因此辟出后就成为了元代的海漕主线。

由于刘家港海运规模日益扩大，漕运吞吐量也逐年增加。每年漕运前后，数万名的船夫、官兵集中于刘家港，其生活用品均需在周边地区采购。而刘家港在元初是一个只有百余户人家的小镇，根本无法满足这一采购需求。因而苏州城便成为了保障漕运官兵供给的主要基地。这无疑为苏州的商贸活动增添了一股不小的活力。

负责漕粮海运的张瑄、朱清两人在做海盗时就与海外诸国进行海上贸易活动。归顺元廷后，他们因运粮有功，被元世祖加封为浙江参政和浙江盐运司督运。两人把府邸建在了刘家港，在主持海上漕运的同时，开始以刘家港为商贸港，大力开展与海外诸国的贸易活动——“浚娄江达海，大通番舫，琉球、日本、高丽诸国咸萃焉”[①]。元末明初太仓诗人姚文奂的《舶上谣·送伯

① 嘉庆《直隶太仓州志》卷59《杂缀》。

庸以番货事奉使闽浙》中也提及了元代时刘家港与海外诸国的贸易情况——“流求真腊接阇婆，日本辰韩葳貊倭。番船去时遗碇石，年年到处海无波”。正是以漕粮海运为发展契机，刘家港从“田畴半辟”“居民尚不满百”的沿海村落迅速发展成“万家之邑”和“番汉杂处，闽广混居”的“六国码头”，甚至“天下第一码头”。

当时江南地区海外贸易的主要输出品有江南出产的丝绸、瓷器等传统手工业产品，以及金银饰品、铜铁器具、钱币之类的金属制品，漆器、草席之类的日用品，还有笔墨纸等文化用品。刘家港海外贸易的活跃极大地刺激了周边地区的经济转型，使苏州等地的经济由自给自足式的小农经济开始向外向型经济过渡。同时，由于出口产品在港口周边附近采购不但省时省力，而且节约成本，苏州的商贸活动也随之更加活跃。

运河、浏河、太湖，东海，加上江南地区的其他江河，共同织就了一张以苏州为中心的四通八达的江海水运网。便捷的交通，发达的经济腹地，使得苏州在元代时进入了快速上升期。

明初，刘家港虽然远远不如元代时那般兴盛，但江海航运依旧繁忙。

由于燕王朱棣和中山王徐达所统帅的征北大军在攻占大都后继续挺进辽东作战，需要大量军粮，因而自洪武二年(1369 年)起，朱元璋继续将刘家港作为粮食海运基地，将大量的江南粮米运往辽东等地。洪武五年(1372 年)后，每年由刘家港出发的漕粮船运量都在七十万石以上。其中洪武二十一年(1388 年)，在航海侯张赫等督运下，八万二千余人一同出海运粮，共动用了一千一百七十七艘海船。其规模之大，令人震惊。明初太仓诗人陈伸曾目睹过其壮观，有感而吟道："古娄江上浪掀空，万斛楼船苇叶同。"另一首《海运辽饷》也描绘了明初漕粮海运的壮观景象——"辽东咫尺持云帆，巨舰联翩接尾衔；倘得南风吹十日，不须次第转巉岩"。如此大规模的漕粮海运，对于苏州城的经济发展无疑具有非常积极的作用。

继向辽东等地运送漕粮后，永乐年间，刘家港又一次迎来了百年难遇的发展机会，也更有力地拉动了苏州等周边城市的经济发展。这就是史上著名的"郑和下西洋"活动。

出于炫耀国威、昭示皇权等目的，从永乐三年（1405 年）到宣德八年（1433 年），明成祖朱棣前后六次派内官监太监郑和以正使太监、总兵官的身份"下西洋"；明宣宗也在宣德五年（1430 年）命郑和下西洋。这些下西洋活动，多数以刘家港为起碇港。郑和下西洋的船队规模浩大，史无前例。其首次出洋的队伍中，就有宝船 200 余艘，官兵 27000 多人，另有大量其他类型的船只和水手、翻译、杂役等船队成员。这些下西洋的人员在出发前和返回后都要在刘家港集结，需要消耗大量的生活用品。此外，下西洋的船队在开洋前还要大量采购船员们在航行中所需的各种生活用品，以及丝绸等大量具有中国特色的手工业品作为随船携带的馈赠礼物。作为丝绸之都的苏州自然是理想的首选货源地。

刘家港不仅是郑和下西洋的出海港，也是明朝朝贡贸易的指定港口。明太祖朱元璋出身农户，始终坚定地认为农业乃国之根本。其建国后不久，就宣布实施严厉的海禁政策，任何百姓不能私自出海贸易。在这一政策下，刘家港成为了当时中国东南海岸线上仅有的几个可以公开停泊海外船只的港口之一。这无疑为整个苏州地区带来了得天独厚的发展机遇。

明代中前期，由于政府实行海禁政策，朝贡贸易几乎是唯一合法的对外贸易形式。尽管朝贡贸易早在宋代时已经出现，但明代的朝贡贸易与宋、元两代明显不同。它几乎完全脱离了市场规则，采取“厚往薄来”的政策，对海外国家的物产以高出市场价数倍的价格予以收购，以示大国之宽厚富强。由于有利可图，诸多海外国家频繁地到明帝国进行朝贡。郑和下西洋期间，海外诸国随郑和返航船队到港的各国朝贡使节更是络绎不绝。明人称颂其盛况道：“今永乐承平之岁，薄海内外。靡敢不服，九夷百番，进贡方物，道途相属，方舟大船，次第来舶。”①为彰显天朝恩厚，明政府还规定每位来华朝贡的使者都可以得到一份特别的赏赐，并且允许他们在回国时夹带私货，免征商税。在这些政策的刺激下，各国使团不但朝贡频繁，而且使团队伍异常庞大。如永乐九年(1411 年)，苏禄国朝贡使团有 540 人；永乐二十一年(1423 年)，古里偕忽鲁谟斯等国的朝贡者竟然多达 1200 多人。

这些朝贡使团与郑和船队都在刘家港停泊。由于朝贡需要经过各种复杂的审批手续，航行需要等候合适的季风和洋流，采购那些准备回国销售的中国物资也需要不少时间，因而这些朝贡使团的成员们通常要在刘家港附近停留 1 年左右才乘船回国。刘家港常年华夷纷杂，俨然一个小型的国际化城市。明初诗人袁华的《别市舶司》中写道：“诸番之国南海阴，岛居卉服侏离音；

---

① (清)金端表：《浏河镇记略》卷 1《发源》。

雕足椎髻金凿龈，犷鸷如鲁那可训。巨艘万斛樯桅林，夏秋之间来自南。”由于外国贡使来华属于国际交流，在这些使团到来或告别之际，明朝官员们还要在刘家港举行盛大活动来迎接或送别他们。此外，为图方便省事，明政府用来赏赐给使团成员的物品也多数是就近采购。这些活动所需要的大量农副产品和手工业品，绝不是小小的刘家港所能够提供的。更何况，刘家港本身就是一座以消费为主的城镇。因此，以苏州为代表的周边地区毫无疑问地成为了这些农副产品和手工业品的主要来源地。

南宋时，苏州是全国最著名的鱼米之乡，民间向来有“苏湖熟，天下足”的美誉。然而由于刘家港的特殊地位，以苏州为代表的江南地区经济从元代起逐渐由自给自足的小农经济转为了商品经济，经济发展呈现出明显的外向趋势。由于有着广阔的海外市场，木棉供不应求，苏州太仓的绝大多数耕地由种植粮食改为了种植棉花，而且几乎家家纺纱织布。随着桑、棉的种植面积不断扩大，从明中期起，苏州等地就从鱼米之乡变成了严重缺粮的地区，每年需要从长江中上游地区调拨大量的粮食。曾经广为流传的“苏湖熟，天下足”到明代时也演变成了“湖广熟，天下足”。因此，苏州从粮食输出地转变为粮食输入地实际上是当地经济转型的一个标志。这一转型与刘家港海洋贸易的兴盛密不可分。

四、刘家港的几度沉浮与苏州的让位上海

尽管明代的刘家港占尽了地利、人和因素，然而其繁荣程度始终没有能够超越元代。由于朝贡贸易自身存在违背市场规律以及地方政府招待使团开支过大等弊端，地方政府及民间不堪

其苦，颇有怨言，群臣态度也有很大分歧。明成祖朱棣在晚年时也对自己命郑和六下西洋之举颇有悔意，认为此举劳民伤财，于国家并无大的裨益。永乐二十二年(1424 年)八月，朱棣驾崩。洪熙皇帝[①]即位，下令罢停下西洋，查封西洋船队，对外国使团的来期、人数等也作了限定。其后，尽管明宣宗曾命郑和再下西洋，但仅有一次。此后，朝贡贸易的规模受到严格限制，刘家港的繁荣也因此而逐渐消退。

到了嘉靖年间，由于倭患严重，为防止倭寇与沿海居民相互勾结作乱，明政府下令毁去所有大船，并实施连坐法，规定凡沿海军民私下进行外贸活动者都要受到严厉处罚，其邻居如果知而不报也要受罚。作为"海洋之襟喉，江湖之门户"[②]，刘家港也是海禁重点监控地区，海洋贸易由此一落千丈。

此外，浏河河道的变化也是刘家港衰落的一个重要原因。由于刘家港在元代及明初时极为繁荣，浏河口一带几乎寸土寸金。当地豪强竞相圩田，使得浏河河道逐渐缩窄，水流不畅，泥沙淤积严重，海舶难以停泊。特别是到了明中期，由于东南沿海倭患严重，为防止倭寇自入海口侵入，刘家港地方官员竟然"海口之河望其淤塞，使倭匪不能直入，是以百年水利不修"。将河道淤塞作为阻止倭寇自海上侵袭的一项措施，故意不对浏河进行疏通，导致浏河河道不断缩窄淤塞。天启四年(1624 年)，应天巡抚周起元在奏疏中指出："刘河一线，仅通吐纳，而吴淞与白茆

① 即明仁宗。
② (明)张寅：《〈太仓州志〉旧序》。

二水则淤为平陆”。[①] 到明末时，“娄江河口涨沙，致泥沙日积，疏漏不讲，积重难返”[②]，曾经深广可通海舶的娄江仅存涓涓细流了。

河道的淤塞，不仅使刘家港失去了海港地位，失去了广阔的海外市场，也使得这里与其他太湖周边地区的联系不再畅通。苏州城市经济失去了这条重要的水运航线后，进出城的南北货物多数只能仰仗阊门外的运河及护城河辗转其他地区。尽管阊门由此成为了苏州最繁华的商业区，但苏州的城市经济发展活力却大大减弱了。

明末至清初，由于浏河入海口突涨阴沙，刘家港较前更为淤浅。不但无法通航，连河流泄洪抗旱的功能也受到严重影响。康熙九年(1670 年)，江南遭遇大水，浏河泛滥成灾。灾后，在苏州布政司慕天颜的主持下，对浏河进行了较大规模的疏浚，但也只能够发挥泄洪和调节功能。

康熙二十二年(1683 年)，“三藩之乱”被平定；同年，清军收复台湾。由于国内政局已稳，海上反清势力也已被肃清，清政府逐步废除了自明代以来长期实行的海禁政策，允许各地与海外诸国通商，并先后于康熙二十三年至二十四年间(1683～1684 年)设立闽、粤、江、浙四大海关，分别管理对外贸易事务。其中江海关在云台山[③](后迁至上海)。刘家港作为江海关的分关，成为关东、山东等地海舶收口之所。山东、辽东、江南等地的海运商人纷纷来此开设字号，刘家港可谓百货云集。乾隆二十九年

---

① (明)周起元：《请兴江南水利疏》，《明臣奏议》卷三十七(《四库全书》本)。

② 乾隆《镇洋县志》卷三，水利。

③ 今江苏连云港境内。

(1764年),在江苏巡抚庄有恭的主持下,浏河再次得到疏浚,基本恢复了海运功能。不过,疏浚后的刘家港海关也仅能收停沙船,而沙船只能在长江出海口以北的海域航行。因此,尽管海运功能有所恢复,刘家港却还是失去了其重要外贸港口的地位,基本上仅作为我国南北商品交流的港口而存在。

从海港吞吐量来看,失去了南洋海舶的刘家港虽然无力与宁波港一争雌雄,但作为南北物资交流港,仍然是江南地区最重要港口之一。关东、胶东、徽州、宁波、崇明、昆山等地的商贩们纷至沓来,把北方的杂粮和长江中下游地区的粮食从刘家港经娄江运到苏州,又将苏州一带的土布、棉花等经密集的水运网运到刘家港,出海转运至全国各地。刘家港成为苏州地区农副产品和手工产品的主要进出港。在海洋贸易受限的清代江南沿海地区,这已经是一个得天独厚的巨大优势了。

不过,这种受限的海港功能也没能持续太久。由于海洋贸易相对活跃,海盗也随之猖獗起来。面对日益严重的"海寇"侵扰和西方势力在东亚海域的潜在威胁,康熙五十六年(1717年),清廷再次宣布禁海,即南洋禁海令。尽管雍正五年(1727年),由于担心闽粤地区会因海禁而引发海患,清廷废除了南洋禁海令,但到乾隆年间,因东印度公司开始拓展中国市场,并引爆了洪任辉事件,乾隆帝勃然大怒,一举撤销了闽、江、浙三个海关,只保留广州海关一口通商。江海关的废除使得刘家港彻底失去了作为分关的优势,其作为南北商品交易港的优势也逐渐失去了。

刘家港的兴衰对于苏州城的影响是不可忽视的。清前期,刘家港在沟通苏州与华北、东北的海运联系中发挥了独特作用。

大江南北的商人们将出售货物的资金集中输往苏州，推动了以苏州为中心的江南金融业的发展，巩固了苏州作为江南最大工商城市的地位。道光年以前，苏州既有大运河与长江相通，又有浏河与海洋相连，是水上交通网络的枢纽。而道光、咸丰年间，由于苏州城的入海通道浏河已经多年没有进行过大规模疏浚，河道泥沙沉积严重，连长江的船只都无法进入，更不要说海舶了。那些原本由海路运往苏州枫桥的豆类、杂粮等纷纷改运上海，转由上海运往浙江、福建等地。苏州的交通枢纽地位由此遭到动摇。

1855年，黄河泛滥，大量泥沙淤积在大运河的华北段，导致运河无法通航。而此时的清政府忙于平定太平天国运动，根本没有精力和能力去疏浚运河，只能采用海运的办法运输漕粮。然而此时的刘家港已然荒废，清廷只得将漕粮先运到上海，再由上海的轮船、沙船等运往天津。这样一来，苏州原本的河运优势也失去了一半。

不仅如此，晚清时期的苏州与长江这条黄金水运线也失去了联系。由于长江与运河的交汇点是镇江，那里地势偏高，不易蓄水，因而经常出现断航情况。原本为其补充水量的练湖在清末时由于百姓围湖造田，淤塞严重，补水功能越来越弱，无法为运河输送足够水量，从而严重影响了苏州的水上运输。

海运、河运、江运优势的相继丧失，使得苏州最终失去了其江南交通枢纽的地位，继而使得周边城市和地区的工商业发展受到很大制约，经济实力骤减。吴元炳在同治《苏州府志》序中这样感慨道："胥门郛郭，曩时列肆如栉，货物填溢，楼阁相望，商贾辐辏，故老颇能道之。今则轮船迅驶，北自京畿，南达海徼者，又不在苏而在沪矣，固时势为之，有不得不然者乎。”曾经喧嚣的古城在清末变得冷寂起来。而太平天国运动的爆发，又给本已江河日下的苏州经济以致命的一击。此前苏州虽然不再是全盛时期的景象，但由于建城历史悠久，城市经济基础好，仍然是江南地区最大的工商金融城市。太平天国运动使得苏州城岌岌可危，本地资本不得不仓皇出逃。大量江浙地区的官僚、地主、富商纷纷卷产逃往上海。

资本的东流为上海城市经济的崛起注入了大量资产，奠定了日后上海腾飞的经济基础，但对于苏州来说则无疑是釜底抽薪。同时，苏州城市经济的繁荣主要依靠的是江南市镇经济集聚的方式，是建立在江南农村经济繁荣基础上的。如，苏州是丝绸棉纺织行业的技术创新中心和贸易中心，其经济主要靠丝织业和棉纺业。销往全国各地的布匹都要在苏州经过整染加工，而这些布匹多是从周边的吴县、常熟、嘉定、昆山、太仓、松江府收购而来。苏州丝绸享誉天下，但苏州本地的蚕丝产量极为有限，所需原料蚕丝大多来自吴江、湖州一带。随着海运、河运、江运优势不再，苏州集聚劳动力及输入原材料、输出手工业产品等能力都大幅下降。其后，在湖广、江西等国内棉纺织业崛起及西方纺织品倾销的冲击下，苏州的支柱性产业——棉纺织业很快衰落了。丝织业虽然因原料优、工艺好而避免了被迅速淘汰的命运，但随着海外诸国对中国丝织品征以重税，苏州的丝织业也无可救药地走上了与棉纺织业同样的衰落之路。交通枢纽地位的丧失，支柱产业的衰落使苏州经济大幅衰退，最终被新兴的海港城市上海所取代，由全国经济中心跌落为江南地方性经济中心。

综上，苏州虽然有着优越的农业生产条件，但令其在明清时期走上巅峰的却不是农业，而是集江运、海运、河运于一身的水上交通枢纽地位。其中刘家港海运贸易对于苏州经济的影响是非常巨大的。正因如此，在失去了各种水上运输的优势后，苏州只能将江南第一繁华都市的位子让与集海运、江运以及新兴的铁路运输优势于一身的上海。

五、关于苏州城市海洋文化传承的思索

由于距海较远，加之苏州城的出海通道失去已久，苏州往往是被人们作为内陆城市来看待的。“鱼米之乡”等美誉更遮掩了它在历史上与海洋航运的联系。然而就苏州的城市历史发展轨迹来看，无论是它在明清之际成为江南最重要的商业都市，还是在晚清时黯然让位于上海，江海航运都是其中极为重要的影响因素。尽管在当代，航空、铁路等交通方式已经在交通中扮演起重要角色，江运、海运等水运方式的重要性大为减弱，但对于沿海地区的经济发展及城市建设来说，江运、海运等水运的开发与完善仍然是地区经济增长的巨大推力。

近年来，在苏州市属的各区县中，太仓市的经济发展表现颇为亮眼。尽管一个地区的经济发展受制于很多因素，但不可否认，太仓经济的腾飞与其港口建设有极大关联。改革开放后，随着苏南地区外向型经济的发展，港口建设的重要性日益凸显。自 1992 年起，太仓市提出了“以港强市”的发展战略，成立了太仓

港经济技术开发区，在刘家港故址开启了太仓港建设。由于太仓港地处长江经济带与沿海经济带的交汇处，具有通江达海的区位优势，同时又具备集装箱枢纽港的各种条件，因而经过20余年的建设，如今的太仓港已经是上海国际航运中心北翼集装箱干线港，其吞吐量居全国港口前列，成为依托苏南、苏中地区以及苏州工业园区、昆山开发区等众多国家级开发区而高速发展的外贸大港，对拉动苏州乃至江苏的经济都起到了不可忽视的作用。太仓港的建设与发展，既是对苏州历史上海洋文化的一种传承，也是对新形势下“长三角”一体化战略的具体实施。太仓经济的腾飞，彰显着江南海洋文化在新时代的蓬勃活力。

第四节　海洋孕育的东方明珠——上海

相较于濒海而兴的扬州、苏州，上海与海洋的关系近乎是血乳交融的。这座几乎位于中国整个大陆海岸线中点的城市，完全可以说是一座从海洋里生长出来的城市。6000多年前，如今的上海地区仅有西部地区部分成陆，市区的绝大多数区域还处于浊浪滔天的海洋之下。几千年来，上海一直随海岸线的东移而不停地“生长”着——4000多年前，上海地区的海岸线位于今奉贤、闵行、青浦、松江、嘉定一带；1000多年前，海岸线才移到现在的浦东新区西部；800多年前，海岸线东进到今浦东新区南部的惠南镇附近；直到明代中叶，上海才基本形成了我们今天所看到的地形地貌。

上海不但是自海而生，更是因海而兴。纵观上海地区的发展历程，会发现在不同历史阶段里，上海不同区域的兴衰都与海洋有着极为密切的关联。渔业、盐业、航运业，始终是推动上海城市不断向前发展的关键因素。

一、上海的生命屏障与文明摇篮——冈身

六七千年前，今上海市的大部分区域还处于茫茫大海之下。由于海岸线长期稳定在今上海中部偏西北一带，在长江与海浪的共同冲击下，数条呈“西北—东南”走向的沙堤逐渐凸出了海面，这就是古冈身。南宋《绍熙云间志》载，“古冈身，在县东七十里，凡三所，南属于海，北抵松江[①]，长一百里，入土数尺皆螺蚌壳，世传海中涌三浪而成。其地高阜，宜种菽麦”。冈身并非上海所独有。从江苏常熟福山起，经太仓、嘉定方泰、上海马桥、奉贤新寺，直至金山漕泾一线及其以东地区，都可见冈身的存在。冈身通常高出周边地面数米，宽度达 2～5 千米。

上海地区的冈身自“吴淞江以北，自西向东有浅冈、沙冈、外冈、青冈和东冈 5 条贝壳沙带和沙带，吴淞江以南自西向东有沙冈、紫冈、竹冈和横泾冈 4 条贝壳沙带”[②]，几乎纵贯了现在上海的嘉定、青浦、松江、闵行、金山等五个区。由于上海地区海岸线是逐渐东移的，因而冈身的形成也呈现出明显的渐进性。这是上海滩逐渐成陆的有力佐证。

冈身的形成阻隔了海水的侵袭，将曾经的海底变为了草木萋萋的沼泽和适宜耕种的土地。由此，原始先民们才能够在此

① 今吴淞江。
② 《上海通志》，上海社会科学院出版社，2005 年，第 526 页。

聚集,从事渔猎耕种。上海地区的文明薪火也得以点燃,并世代相传。因此,上海人民对于冈身是充满感恩情怀的。成书于元丰七年(1084 年),由北宋书学理论家朱长文所撰写的《吴郡图经续记》中就饱含感激之情地写道:“尝闻濒海之地,冈阜相属,俗谓之‘冈身’,此天所以限沧溟而全吴人也”。冈身不但是上海先民们的生命保护屏障,更是上海古文明的摇篮。迄今为止,上海地区发现的先秦文化遗址有 30 处左右,其中以上海地名来命名的有三处,即崧泽文化遗址、广富林文化遗址、马桥文化遗址。而这些遗址全部位于上海的“冈身”地带。

崧泽文化是目前所发现的上海地区最早的文化类型。其遗址位于上海市青浦区城东约 4 公里处的崧泽村。崧泽文化类型并非上海所独有。除上海青浦崧泽村一带以外,江苏吴县草鞋山和张陵山,常州圩墩、浙江吴兴邱城、海宁坟桥港等地,也都存在这种文化类型。因此,这是“长三角”地区共有的一种文化。它上承距今约 6000 年的马家浜文化,下接距今约 5000 年的良渚文化,是长江下游太湖流域的重要文化阶段。

上海境内发现的崧泽文化距今约 5800～4900 年,介于以嘉兴为中心的马家浜文化和以余杭为中心的良渚文化之间,处于新石器时代母系社会向父系社会过渡的阶段。据考古学家们考证,如今的青浦区一带在 7000 年前刚刚成陆不久。当时的崧泽村濒临东海,是一片沼泽之地。由于海拔较低,地下水位很高,其西部、南部等处有山陵、林木等,水草茂盛,非常适合远古人类生存繁衍。崧泽遗址先后发掘了 100 多座古墓,出土了大量石器、玉器、骨器、陶器和兽骨、稻种等,证明崧泽一带在距今 6000

年前就有人类居住活动，崧泽人是上海地区最早的人类。崧泽文化的出现不仅标志着上海地区史前文明的崛起，也为上海文化的进一步发展奠定了坚实的基础。

在上海市松江区广富林村发现并以之命名的“广富林文化”是冈身地带上的又一文化类型遗址，距今约4000年。这一文化类型不仅包含了来自南方的良渚文化痕迹，也有来自北方黄河流域的龙山文化印记，是上海地区最早的具有移民特色的文化类型。广富林古墓随葬品很丰富，有鼎、壶、盘、罐等陶器及漆器等，说明当时先民们的生活水平比较高，并形成了一定的丧葬习俗。从广富林遗址出土的周代青铜器是上海地区考古发掘出土的第一件青铜礼器。通过这件青铜礼器的风格及工艺，可以推断出4000年前的广富林地区已经有来自黄河流域的移民居住，并且出现了高度发达的社会文明。

马桥文化也是冈身古文化中的一种类型。其遗址位于上海闵行区马桥镇。马桥文化的范围并不仅限于上海地区。它以上海市松江区佘山镇的广富林村为核心，西至太湖西岸的江苏宜兴，北与江苏兴化南荡及王油坊连接，南至浙江余杭、萧山一带。根据碳-14和热稀光测定的数据分析，马桥遗址第四层出土的陶片距今有3030±333年。从年代上来讲，马桥文化紧接着良渚文化，然而两者在文化面貌方面却截然不同。马桥文化是一种开放包容的古文化。它是由浙西南山地的原始文化、山东地区的岳石文化、中原地区的二里头文化，以及上海本地留存的良渚文化相互交融而成。它既是远古上海走出历史低谷的起点，也是远古上海开始向近现代国际大城市进发的原点。马桥文化开放、多元的文化融合特征，在某种程度上成为现代上海城市精神“海纳百川”的源头。

可以说，由海贝泥沙堆积而成的冈身是上海古文化的发源地。崧泽文化、广富林文化、马桥文化共同创造了上海古文化的辉煌，为上海文化的发展奠定了深厚扎实的基础，并且在地域文化形成之初就一定程度地显现出了海纳百川的气度。

二、先秦至南朝时期的上海海洋社会状貌

在先秦时期，上海地区的生存条件是非常艰苦的。大约成书于战国时期的中国第一篇地理著作《禹贡》将天下分为九州，又根据土地的肥瘠程度将各地的土地分为九等。上海地区属于《禹贡》中所说的“扬州”，其土地被列为最差的下下等，土壤种类为“涂泥”，即湿泞的沼泽地。这是由于当时的人们还没有掌握排水技术，无法对刚刚成陆不久的土地进行改造。这样的土地显然是不适宜耕种的。因而，在先秦时期，已经成陆的上海西部地区基本上处于一种海隅蛮荒的状态中。少数地区虽有人群聚集，但生产方式落后，生活水平较低。“火耕水耨，食稻与鱼，衣麻与葛，既无冻饿之人，也无特别富裕之家”[①]。然而就是在这种情况下，由于濒海的缘故，上海地区还是出现了一座城池。这就是迄今为止上海地区第一座有记载的古城——金山古城。

金山古城的位置在今大金山岛的北部、小金山岛两侧的河谷平川上。传说该城是西周时期周康王[②]东巡大海时所建。南

① (汉)司马迁：《史记》。

② 周康王，生于公元前1020，卒于公元前996年。

宋《云间志》卷上“古迹”云：“金山城在县南八十里，高一丈二尺，周围三百步。旧经：昔周康王东游镇大海，遂筑此城，南接金山，因以为名。”与今人不同，中国古人以迈出一足为一跬，迈出两足为一步。因此“一步”的长度大约在1.3～1.5米之间，“三百步”则有390～450米长。也就是说，这座城的周长还不足1里。显然，这样的城市面积远远达不到居民正常生活的基本要求，只能作为军事堡垒。结合《云间志》中的记载来看，这座城应是西周初年周康王为防御来自海上的侵扰而修建的一座军事防御工程。尽管这座古城在南宋绍兴至乾道年间因长江入海口附近的地质变化而沉入了海底，但作为上海地区出现的第一座古城，其对于上海地区的文化发展来说仍具有重要意义。

春秋战国时期，上海地区先属吴，后属越、楚。由于这里是楚国春申君黄歇的封地，故后世称上海为“申”。这一时期的上海地区虽然仍是海疆僻壤，但由于地处吴越边境，其军事战略地位十分重要。春秋末期，吴越两国都具有一定的海上军事力量。吴国为了防止越国从海上进犯，在吴淞江入海口处修筑了一座军事堡垒，定名为南武城。对于这座城池，许多史料中都有记载。如，东汉《汉书·地理志》称“娄县有南武城，阖闾所筑以备越”；唐代《吴地记》称“吴中有南武城，在海渚，阖闾所筑，以御见伐之师”；北宋《太平寰宇记》《吴郡图经续记》也对此进行了记录，只不过在城的名称上采用了当地民众的称呼——阖闾城。南武城的出现，是上海地区海洋社会历史的又一纪录。

然而，南武城并没有令吴国边境长治久安。春秋末期，越王勾践趁吴王夫差率吴国精锐北伐之时攻吴，一举灭掉了吴国。

上海地区于是归属了越国。其后，越国又被楚国所灭，上海又被并入楚国的疆土，继而成为楚国春申君黄歇的封地。正因如此，上海地区有很多关于春申君的传说。不过据考证，这些传说大多为后人所杜撰。如，上海地区普遍流传着春申君黄歇开凿黄浦江的传说，称黄浦江因此被称为春申江。但实际上，在春申君生活的战国时期，今上海市的大部分区域还处于浪翻潮涌的海水之下，黄浦江更是杳无踪迹可循。

秦代是上海地区取得显著发展的时期。秦灭楚后，秦始皇实行郡县制，将全国分为了 36 个郡。其中的会稽郡辖区内有缪县、由拳县、海盐县。这几个县的辖区即是今上海市的嘉定区、闵行区，以及青浦区、松江区的大部和部分中心城区。其中海盐县是上海地区最早的县之一，其辖地在今金山区的大、小金山岛附近，县治离金山古城不远。由于当时的这一地区"海滨广斥，盐田相望"，因而得名为"海盐"。这一名称非常明显地标注了上海地区早期社会经济发展的支柱产业——海盐业。从中可以看出：这里的海盐产量在当时来说是相当可观的。令人遗憾的是，汉惠帝二年(公元前 193 年)，海盐县发生地陷，大量的海水涌入凹地，形成了柘湖。海盐县被迫迁徙，没有太多文字记载以及历史文物留存下来。

尽管远离位于北方地区的政治中心，但秦代的上海已然不能算作荒僻之地了。秦始皇统一六国后，修筑了多条驰道。其中一条驰道由咸阳经湖北、湖南，直通到今江苏及上海一带。该驰道宽 50 步，每隔 3 丈植一株树。驰道通过今松江的西北部，经过青浦古塘桥，向西通往吴城。史载公元前 210 年，秦始皇率丞相李斯、少子胡亥等南下巡游，曾经到过松江西部和青浦南部的横山、小昆山、三泖等地，看到当地人划着船在水上交易。可见，此时的上海虽然大部分还是水乡泽国，但已经有较多的人在此居住，并进行一些简单的交易了。正如研究者们所指出的，“由春申君带来的当时最发达的江南文化，和以秦始皇为代表的当时最发达的北方文化，很早就在上海境内开始传播和相互交流。为这片原本落后的海滨渔村吸收多样而又高度发达的文化因子提供了可能。在以后漫长的岁月里，直到开埠以前，江南文化与中原文化始终是上海文化发展与创造中两股最重要、也最活跃的力量”①。

上海地区在汉代也取得了较大发展。自西汉时期起，这里原本的火耕水耨耕作方式逐渐为犁耕所取代。同时，由于人们治理海患、改良土地的能力不断提高，这里的农业生产也得到了较快发展。今上海西部地区的先民们在汉代时已经开始栽桑养蚕，缫丝织帛，种麻织布。这里所产麻、葛细布质量很高，被称为“越布”。西汉初，上海地区是吴王刘濞的封地，也是吴国重要的产盐地区之一。但今上海中心城区及东部地区仍旧隐没于一片广阔的海域之下。这片海域，被称为“华亭海”。

“华亭”一词始见于史志《三国志》卷五十八。三国时期，东吴大将陆逊在公元219年大破荆州。因其为华亭谷人，故被封为华亭侯。据《云间志》记载，“华亭谷，在县西二十五里。陆抗宅在其侧，故逊封华亭侯”，“华亭谷水东有昆山”。这里所说的昆

---

① 刘士林、朱逸宁、张兴龙、严明：《江南城市群文化研究》，高等教育出版社，2015年，第733页。

山，是今松江九峰之一，位于佘山南。可见，在2000年前，九峰地区还是一片深山峡谷。当时吴淞江江面广阔，其出海口与今钱塘江出海口颇为相似，都呈向东敞开的喇叭口形。其“吹嘴”在今青浦区的青龙古镇附近，而喇叭口形的出海口则位于今浦东地区。由于出海口处一望无际，宽阔如海，因而得名“华亭海”。在陆逊受封华亭侯时，今天上海老城区的大部地区还是一片汪洋。但华亭在陆氏家族等文化大家族的影响下，文化日渐昌明，为这一地区的进一步发展奠定了良好的文化基础。

此外，三国时的吴主孙权为了加强水上军事力量，曾在今青浦区青龙古镇附近驻扎水军，并在此打造青龙战舰。这一军港在后世得以发展为兴隆一时的青龙港。

晋代时，今上海地区分属于吴郡辖下的海盐县、娄县、嘉兴县。这里人口较少，主要以从事渔盐生产为生。由于当时的吴淞江入海口附近盛产大黄鱼、小黄鱼及带鱼、鲳鱼、乌贼、梭子蟹等海洋水产，因而在今松江、青浦等当时的入海口附近有渔民专门从事渔业生产活动，渔业经济相对发达。南朝萧纲的《浮海石像铭》中就明确记载：“晋建兴元年癸酉之岁，吴郡娄县界松江之下，号曰沪渎，此处有居人，以渔者为业。”将吴淞江口称为“沪渎”，这也是“沪”作为上海别称的由来。

“沪”通“扈”，亦作“簄”，是一种竹编的捕鱼工具。隋朝僧人灌顶在其《隋天台智者大师别传》中记录了簄的具体使用方法：“天台基压巨海，黎民渔捕为业。为梁者断溪，为簄者藩海。秋水一涨，巨细填梁。昼夜二潮，嗷炭满簄。”这里的“簄”与“沪”含义相同，是一种用绳子将竹条编在一起，利用海潮涨落来捕鱼的工具。“簄”一般呈篱笆形，作上松下紧状排列。捕鱼时，要先将它插在落潮的滩涂上。潮水上涨时，海水挟带鱼虾漫过这些滩涂，待潮水退后，一些鱼虾被下面排列紧密的竹条拦住，渔民只需上前收采即可。关于这种捕鱼法，五代梁陈时期的顾野王也在《舆地志》有所描述：“插竹列于海中，以绳编之，向岸张两翼，潮上即没，潮落即出，鱼随潮碍竹不得去，名之云扈。”不仅如此，这种作为渔具的簄还在唐代诗人们的笔下出现过多次。如唐代诗人陆龟蒙的《鱼具诗序》中有“列竹于海澨曰扈，盖取鱼具也”的记述，皮日休《奉和鲁望渔具十五咏》中也有一首专门吟咏簄的诗：“波中植甚固，磔磔如虾须。涛头倏尔过，数顷跳鯆鲟。不是细罗密，自为朝夕驱。空怜指鱼命，遣出海边租”。可见，簄在古代时是一种很常见的海洋渔具。由于簄（沪）一般被布置在形似喇叭口的河道中，水发源而注于海为“渎”，因此吴淞江入海口处被称为“沪渎”。此即唐代诗人陆龟蒙考证“沪”字时所说的——“列竹于海澨，曰扈。吴之沪渎是也”。此外，《吴郡志》称“松江东泻海，曰沪海，亦曰沪渎”。从这些记载可知，最晚至晋代时，“沪渎”就已经成为上海地区的一种别称了。

沪渎在晋及南朝时期颇不太平。由于其地处东南沿海的重要位置，屡受战乱侵扰。东晋咸和年间（326～334年），为防御来自海上的侵袭，吴国内史虞谭在吴淞江入海口修筑了“沪渎垒”。东晋隆安三年（399年），会稽郡五斗米道的士族孙恩作乱。叛军攻破上虞、会稽等地，并试图从沪渎登陆抄袭吴郡。朝廷任用袁崧为吴郡太守，到吴淞江镇守。由于孙恩的叛军惯于从海路发起进攻，为了抵御其可能来自海上的大规模进攻，袁崧对沪渎垒进行了加固重修。然而重修后的沪渎垒还是没能抵挡住孙恩水军的强大攻势。次年,沪渎失守,袁崧等寡不敌众,全军覆没。南朝时,梁代的侯景之乱也曾波及到沪渎。几番战乱后,"沪渎"这一地名渐为人知,其地理位置的重要性也引起关注。

南朝时期的上海在行政区划方面有所变化。大同元年(535年),梁分割原海盐县地域,分置青浦县和前京县。天监七年(508年),前京县城筑成。据南宋嘉定年间王象之所编纂的《舆地纪胜》卷三"嘉兴府古迹"载:"前京城在华亭县东南,旧经云,以近京浦,因以为名。其城梁天监七年筑。"前京县先属梁,后属陈,共有70余年的历史。其遗址在南宋淳熙年间还依稀可见。宋人许尚在其《华亭百咏》中就有《前京城》一首:"庐落皆无有,依稀古堞存。登临认遗迹,林莽暮烟昏。"但由于金山一带的海岸线不断坍塌,海盐县、前京县最终都淹没于滔滔海水之下了。

由于地质状况不够稳定,加之南朝时期的王朝更迭频繁,上海地区在梁以后的很长一段时间内都没有新的县城设置。但经过汉、晋及南朝时期的发展,上海地区在南朝末期已经成为人口密度较高的地区,而且在江南地区也具有较高的知名度,为这一地区在唐宋时期腾飞做足了经济、文化方面的准备。

三、唐宋时期海洋产业全面繁荣的上海

唐宋时期的上海地区无论渔业、盐业,还是海洋航运业,都取得了令人瞩目的成就。随着经济的繁荣,这里不但出现了正式建立的县、镇,还一度成为地区经济中心。

上海地区的渔业历史十分悠久。唐代时，渔业生产已经在这里的沿江、沿海地带广泛展开。各种江海鱼鲜非常有名。而其中最为著名的莫过于松江鲈鱼。松江鲈鱼栖身于近海，也常逆流上溯到淡水中生存。因此，通海的吴淞江为它提供了非常理想的生存环境。松江鲈鱼的鲜美自晋代起就已闻名南北，到唐代时更与莼菜、菰菜一起被人们称为"江南三大名菜"。唐代诗人陆龟蒙还写下了"君住松江多少日？为尝鲈鱼与莼羹"[①]的动人诗句，对松江鲈鱼的鲜美极尽赞誉。只是鲈鱼虽然美味，捕获却相当不易。宋代诗人范仲淹的《江上渔者》一诗就写出了渔民们的艰辛——"江上往来人，但爱鲈鱼美。君看一叶舟，出没风波里"。

盐业也是唐宋时期上海地区的主要支柱产业之一。如前所述，上海地区的盐业生产至少可追溯至秦代。从秦代这里已有用"海盐"命名的县来看，当时这里的海盐产量还是比较大的。西汉时，刘濞任吴王。他非常重视盐业生产，在吴国诸多地区都设有盐场，上海地区也不例外。因而海盐生产保持了良好的发展态势。"七国之乱"后，汉朝对于盐业生产及流通的管控较为严格，汉政府专门设了海盐盐官来管理盐政，实行食盐专卖。唐代则不同。唐初，由于政府财赋收入主要来自田赋，因而从唐高祖武德年间一直到景云末年，唐政府都没有征收过盐税。开元初年，尽管恢复了盐税征收，但税额很低。政府对于海盐生产的态度相当宽松，鼓励沿海人民制盐。安史之乱后，由于财政紧

---

① （唐）陆龟蒙：《润州送人往长洲》。

张，唐中央政府在开始对盐业征以重税的同时，也加强了食盐的生产管理。唐代宗宝应年间，即刘晏任东南盐事期间，东南沿海曾设有 4 个盐场，其中隶属于嘉兴盐监的徐浦盐场就位于华亭。这个盐场在当时来说属于大型盐场。

到了五代十国时期，钱镠在建立吴越国后，鼓励百姓煮盐致富，先后设了不少著名盐场，其中有几个就在今上海境内。如在原金山境内的浦东盐场，在原奉贤境内的华亭五场等。海盐业为吴越国带来了巨大财富。

两宋时期，上海沿海的盐场几乎成片分布，每年出产大量海盐。陈金浩《松江瞿歌》中的"都台浦外尽盐场"可以说是对这一时期上海盐业生产的一个形象写照。当时上海地区的盐场主要隶属于秀洲盐场。史载北宋年间，华亭县每年的产盐量高达 1368 万公斤左右。不仅产量大，这里的散末盐还以色白、味淡而享誉海内，被人们称作"吴盐"。北宋词人周邦彦的《少年游·并刀如水》中就曾以"吴盐"来比喻少女手指洁白，可见人们对它的喜爱。

到南宋建炎年间（1127～1130 年），由于盐业对于政府收入的影响巨大，政府对于制盐业的发展也更加重视。史载绍熙年间，华亭县的 5 个盐场共有 17 个分盐场，管理着 3500 多家盐户①。可见华亭盐业生产之兴旺。当时最著名的下沙（亦作"下砂"）盐场建于南宋建炎年间，其辖区包括下沙捍海塘以东的全部地区。该盐场额定的年产盐量为 562.2 万公斤，是东南沿海地

① 《上海通志》编纂委员会：《上海通志·大事记》，上海社会科学院出版社，2005 年。

区的 34 个大盐场之一[①]。南宋乾道、淳熙年间(1174～1189 年)，华亭下辖的下沙、青村[②]、袁浦、浦东[③]、横浦等 5 个盐场，每年产盐高达 3240 万斤，海盐生产已然成为南宋时上海地区的一个经济支柱产业。故而南宋绍熙年间的《云间志》中"物产"下称华亭县"其有资于生民日用者，煮水成盐，殖苇为薪，地饶蔬茹，水富虾蟹，船货所辏，海物惟错兹，土产大略也"。

不但大陆的海岸沿线设有盐场，就连刚露出海面不久的崇明岛也开始了大规模的盐业生产。南宋嘉定年间，由于三沙等处盐场的海盐产量可观，盐民日渐增多，政府在三沙设置了天赐盐场。该盐场隶属于通州，由淮东制司管理。

大量的食盐需要经贸易流通才能转变为财富，而水运历来是古代江南地区的运输首选。因此，盐业生产的发展也带动了江海航运的发展。上海地区的港口建设也逐渐兴旺起来。

唐宋时期的上海地区曾经出现过多个通海商港。其中以位于今青浦区白鹤镇(旧青浦镇)的青龙港最为著名。这一港口的兴起与吴淞江水道的地位变化有很大关联。《尚书・禹贡》中有载："三江既入，震泽底定。"这里的"震泽"就是今天的太湖，而"三江"则是当时太湖通海的三条主要水道——娄江、吴淞江、东江。江南地区的海盐、谷物等通过这些水道得以便捷运出，促进了地方经济的活跃。随着江南人口越来越多，人们开始大量围垦三江两侧的滩涂，导致三江水道越来越窄。到隋唐时期，娄

① 《话说上海》编辑委员会：《话说上海・南汇卷》，上海文化出版社，2010 年，第 13 页。

② 今青浦境内。

③ 今金山境内。

江、东江已经严重淤塞，难以通航。由此，吴淞江水道对于太湖流域的重要性开始凸显出来。

青龙港位于吴淞江口的青龙镇，即今上海市青浦区的白鹤镇一带。当时的上海地区海岸线与现在有很大差异。如今的黄浦区、浦东新区等大片土地在唐以前还是海洋。唐代的吴淞江面非常广阔，约有20里宽，入海口在吴淞江与东海之间的沪渎。沪渎之外，则是前面所说的华亭海。青龙镇坐落于这里，其地理位置的优越性是显而易见的：

> 青龙镇北临吴淞江，东濒大海，踞江瞰海，构成内航海运的优越位置。临镇有一条与吴淞江相通的青龙江，是海舶停泊的理想港口。作为中国鱼米之乡太湖流域三大水道之一的吴淞江，在公元8世纪唐代以前，流量丰沛，江面浩瀚，“深广可敌千浦”。南北两岸“塘浦阔者三十余丈，狭者不下二十余丈。深者二三丈，浅者不下一丈”，“其深可负千斛之舟”。溯江向西，径达郡城苏州。宋时苏州为东南沿海雄郡，各地珍货远物毕集于此。青龙镇与南面华亭县，均有水运畅达。1042年（北宋庆历二年）章砚《重开顾会浦记》中称：“直（华亭）县西北走六十里趋青龙镇，浦曰顾会，南接漕渠，下达松江，舟蝗去来，实为冲要。”①

但青龙港最初并不是作为商港来使用的。明弘治年间修订

---

① 熊岳之、周武：《上海：一座现代化都市的编年史》，上海书店出版社，2007年，第5页。

的《上海志》称："青龙镇，称龙江，在四十五保，去县西七十里。瞰松江，上据沪渎之口，岛夷闽越交广之途所自出。昔孙权造青龙战舰于此，故名。"《吴郡图经续记》也称"昔孙权造青龙战舰，置于此地，因以名之"。可见，青龙港在三国时期既是东吴政权管辖下的一个军港，也是建造青龙战舰的场所。正是由于这里具有重要的军事防御和经贸地位，天宝五年（746年），青龙镇正式设镇①②。这是上海地区最早设立的镇。

自唐代起，随着大一统局面的出现，社会趋于安定，青龙港作为军事港口的功能大大减弱。由于经过了秦汉两晋及南朝的开发，唐代时的上海地区已经是原野衍沃，盐田绵延，水陆之产兼而有之的富饶之地。大量剩余农产品、海产品需要运往各地贸易，同时也需要从其他地区输入一定量本地没有的各类商品。因此，商贸交易较为频繁。青龙港也就顺势转成为了商港。

唐政府对于海外贸易十分重视，而太湖流域各县不仅农业发达，手工业也十分兴旺。太湖流域出产的各种做工精美的手工业品在国际市场上广受欢迎，因而青龙港的贸易量日渐增大。至今，在上海西部青浦区境内的吴淞江南岸还矗立着一座始建于长庆年间的七级残塔，即青龙塔③。作为宗教性建筑，塔是那个时代的重要标志，见证着当时上海海洋贸易的繁荣。

随着青龙港贸易的繁荣，上海地区的人口也大量增加，为行政管理带来不小的难度。《元和郡县志》载，天宝十年（751年），

---

① 起初民间称青龙镇时，没有国家设置的行政编制。

② 正德《松江府志》卷二"水上"条。

③ 亦称报德寺塔、隆福寺塔、青龙雁塔。

苏州太守赵居贞请求割昆山南境、嘉兴东境、海盐北境置华亭县。新设立的华亭县治所在今老松江县城内。这是上海地区首次出现独立的行政区划。华亭置县后，上海地区的经济、文化得到了迅速发展，行政地位也得以巩固和提升。由此，上海地区进入了发展的快速通道。

五代十国时期，吴越王钱镠非常重视发展海洋贸易。青龙港得到了很好的利用，与日本、高丽、契丹、大食等地均有商船往来。到宋代时，青龙港的贸易规模进一步扩大。据嘉祐七年(1062年)的《隆平寺宝塔铭》记载，青龙镇周边的杭州、苏州、湖州、常州等地几乎每个月都有船只前来青龙港贸易，稍远的福州、建州、漳州、泉州、明州、越州、温州、台州等地船只，一年至少来两三次，两广、日本、新罗的商船也每年来一次[①]。此外，南宋《云间志》称："青龙镇瞰松江上，据沪渎之口，岛夷闽广之途所自出，海舶辐辏，风樯浪楫，朝夕上下，富商世贾，豪宗右姓之所会。"可见，宋代的青龙港是一个海上运输十分忙碌的港口。而港口贸易的兴旺又促进了当地城镇建设的发展。

青龙港海上贸易的繁荣引起了朝廷的关注。政和三年(1113年)，北宋在华亭县设立了管理海上贸易的机构——市舶务。市舶务是隶属于两浙市舶司的分支机构，专门负责管理外商船舶，征收商税，收购政府专卖品以及管理外商等事务，类似于后世的海关。

发达的海洋贸易与人员往来，不仅使青龙镇成为"人烟浩

---

① 正德《松江府志》卷二十"寺观"条。

穰，海舶辐辏”的水运枢纽，还极大地提升了华亭县与青龙镇的城镇化水平。北宋时期，华亭县不但下辖17个乡，还在县城外设有青龙、金山、戚崇、杜浦四个巡检司，兼有监盐、监酒、监税、造船场等官廨，是两浙路下领的苏州、常州、润州、杭州、湖州、秀洲、越州、明州、台州、婺州、衢州、睦州、温州和江阴、顺安等14州的对外贸易中心。据徐松的《宋会要辑稿》记载，熙宁十年（1077年），青龙镇单是上交朝廷的商税就达1.5万余贯，在当时全国的11个沿海港口城市中排名第7。虽然不如广州、杭州、泉州等大商港，但其贸易规模已经相当可观了。华亭也因此而成为“富室大家，蛮商舶贾，交错于水陆之道，为东南第一大县”①。至此，这个原本在江南地区默默无闻的小县，在社会经济与城镇建设高度发达的古代江南城市群中占据了重要一席。

作为镇一级的行政单位，青龙镇的城镇化水平也非常高。据梅尧臣的《青龙杂志》记载，当时的青龙镇有二十二桥、三十六坊，还有“三亭、七塔、十三寺、烟火万家”，时人纷纷将其与杭州相提并论。对此，明弘治年间编纂的《上海志》中也有较为详尽的记述——“（华亭）宋政和间改曰‘通惠’。后复旧称。市舶提举司在焉。时海舶辐辏，风樯浪楫，朝夕上下，富商巨贾豪宗右姓之所会也，号‘小杭州’”。

南宋初，华亭县没有遭到战争的破坏。大量掌握各种技能的北方难民南渡，进一步促进了华亭的繁荣。

随着青龙镇的海外贸易规模不断扩大，南宋建炎四年（1130

① （宋）孙觌：《宋故右中奉大夫直秘阁致仕朱公墓志铭》，《鸿庆居士集》卷三四。

年),原设于华亭县的市舶务被迁到了青龙镇。两年后,政府又将两浙市舶司从杭州迁到华亭县。市舶管理机构的不断升级,标志着青龙镇作为海洋贸易港的地位不断提升。南宋绍兴元年(1131年),青龙港被称为"江南第一贸易港"。而随着青龙港等港口贸易的繁荣,华亭县的社会经济文化等也都蒸蒸日上,呈现出典型的江南港口市镇的社会形态。

然而,青龙港与青龙镇的繁华并没有一直延续下去。如前所述,青龙港的兴起与唐代"大一统"的政治局面有很大关联。也正因如此,当政治形势发生剧变后,青龙港的衰落也在所难免。靖康之难后,由于地理位置的缘故,青龙港的军事功能再次得到重视。《宋史·韩世忠传》载,建炎三年(1129年),韩世忠与金国大将金兀术交战于秀洲,其水师就驻扎于青龙镇。军港性质的恢复对于青龙港商贸港地位的影响几乎是致命的。作为军事重地,青龙港显然不宜再接纳各国商船。因而,乾道二年(1166年),南宋撤销了设在华亭县的两浙路市舶司,其下辖的市舶事务改由两浙路转运使兼任[①]。淳熙年间(1174～1189年),青龙港成为了南宋水军的船队营地。尽管其商贸港的性质并没有完全消失,但繁华景象却已不复存在了。

在遭受政局影响的同时,青龙港本身的港口条件也开始恶化。由于人口的持续增加,吴淞江沿岸滩涂被大量开垦,再加上气候、地质发生了巨大变化,吴淞江水量大幅减少,导致泥沙沉积,江道开始淤塞,江面也迅速收窄。吴淞江面在唐代时有二十

① (清)徐松:《宋会要辑稿》卷一八七"职官"。

里宽,到宋代时已经收窄到九里。同时,由于江河泥沙的冲击,吴淞江出海口处也开始淤塞,海船难以继续沿吴淞江上溯至青龙镇,海洋贸易难以维持。

在政局与环境的双重阻碍下,繁华一时的青龙港自南宋中叶起走向了衰落。而随着青龙港海外贸易繁荣期的基本结束,青龙镇也失去了往昔的繁华景象。

在青龙港衰落之际,位于长江口南岸的黄姚港兴起了。黄姚港坐落于黄姚镇,其故址在今上海市宝山区西北的盛桥镇北。关于黄姚的得名,说法不一。一种说法称由于此地沙土间有黄色,且居民以烧窑、煮盐为业而得名,因而“黄姚”亦作“黄窑”;另一说法则称是由于本地居民大多是黄、姚二姓而得名。北宋时,黄姚镇设有盐场,因而这里的经济基础较好。在青龙港走向衰落的同时,黄姚的地理优势得到了关注。据《方舆纪要》卷二四载,黄姚港“西接新泾,东北合五岳塘入海”。凭借着良好的经济基础与优越的地理位置,黄姚港在宋代成为上海地区继青龙港之后的又一贸易大港。据《宋会要辑稿·食货》载,黄姚税场“系二广、福建、温、台、明、越等郡大商海船辐辏之地,南擅澉浦、华亭、青龙、江湾牙客之利,北兼顾泾、双浜、王家桥、南大场、三槎浦、沙泾、沙头、掘浦、萧泾、新塘、薛港、陶港沿海之税,每月南货商税动以万计”。可见,当时黄姚港的海洋贸易活动十分活跃。政府曾因此而在这里设置税场,对往来的各地商船征收赋税。

与黄姚港几乎同时兴起的港口还有位于长江口南岸,但更靠近吴淞江口的江湾港。这些港口的出现,使得上海地区在青龙港衰落后仍旧保持了社会繁荣。令人非常惋惜的是,由于长江南岸内坍不断加剧，黄姚港及江湾港先后在明清时期坍塌入海，没能保持长期的港口繁荣。

在青龙港、黄姚港、江湾港历经兴衰的同时，吴淞江的另一港口上海港也悄然兴起了。

“上海”在宋代最初是浦名，继而为机构名，最后成为镇名。据北宋郏亶《水利书》记载，吴淞江南有上海浦、下海浦等纵浦 18 条。这是关于上海浦的最早记载。今之上海市即因上海浦而得名。关于上海浦港（上海港），许多研究者认为其是因青龙港、黄姚港等港口的衰落才发展起来的。然而就历史资料来看，情况并非如此。

从历史上看，因港口繁荣而设镇是中国沿海地区城镇发展的一个常见规律。因而上海港的兴起与上海镇的设立具有一定的因果关系，上海港兴起的时间也理应早于上海镇的诞生。

关于上海究竟何时建镇这一问题，历史学界曾有过相当长时间的争论。尽管明清时所修撰的上海方志都有相关记载，但说法不一。明代《嘉靖上海县志》载“上海为松江县属……迨宋末……即其地立市舶提举司及榷货场，为上海镇”。清初顾祖禹《读史方舆纪要》卷二十四则称上海县“宋时海舶辐辏，乃立市舶提举司及榷货物，为上海镇”。清乾隆年间褚华的《沪城备考》中明确上海在北宋熙宁七年（1074 年）建镇，“宋神宗熙宁七年立镇”。而清《大清一统志》则称“宋绍兴中于此地置市舶提举司及榷货场，曰上海镇”。由于记载不一，长期以来人们对此莫衷一是。由于《上海市地图集》的“上海镇”下标注有“南宋咸淳三年”，因而许多研究者认为上海镇于该年（1267 年）

设置。

2018年，上海市在进行城区改造时，在浦东新区高行镇曹家宅发现了一本《平阳曹氏族谱》。该族谱卷首有《范溪旧序》，落款为“咸淳八年岁次壬申秋七月既望郡人谢国光拜手书”。《范溪旧序》载，“沪渎曹氏……因宋室多故，而迁居跸临安，族从而徙者，凡十有余人，遵而家于上海镇（熙宁七年置上海镇于华亭）者，则济阳之裔也”。而《上海通志》第45卷关于居民姓氏来源的记载表明，曹氏确是于南宋初入沪后分居于青龙镇等地。可见《范溪旧序》的记载是真实可信的，其所注的“熙宁七年置上海镇”是目前发现的唯一载明上海建镇确切年代的宋代史料，为“熙宁七年说”提供了有力的证据。此外，北宋熙宁十年（1077年），秀洲（今嘉兴）所辖的酒务名单中已经出现了“上海务”的名称，也说明彼时的上海浦已经设镇。

上海浦能够在北宋熙宁七年（1074年）建镇，说明当时这里已经有相当数量的人口，赋税也达到了一定的要求。

在关于上海建镇的史料中，几乎都提到了这里设有市舶提举司及榷货场。市舶提举司，是古代管理对外贸易的机关，负责检查进出船舶蕃货、征榷、抽解、贸易等事宜。宋代时，只有杭州、明州、温州等规模较大的港口才会设置这样的机构。可见，当时上海浦的海外贸易活动已经非常繁荣了。同时，榷货场是政府专卖货物的场所，也不是普通市镇所能拥有的。据此推测，早在北宋中期，上海浦就已经是一个著名的港口城镇了。大概是由于同时期青龙港的光环太过耀眼，这一时期的上海港及上海镇才没有受到太多关注。

自南宋起，上海港开始一步步地走上了上海地区港口的核心位置。由于青龙港恢复了其军港的最初属性，不宜停泊太多海外商船，加之河道淤塞等原因，前来贸易的众多海外商船不得不在上海地区寻找新的港口。黄姚港虽然具有“西接新泾，东北合五岳塘入海”的地理优势，但由于距离江岸太近，而且没有避风港，不利于海舶停泊。因此，位于吴淞江支流的上海港就成为了海外商船的最佳选择①。咸淳年间（1265～1274 年），南宋政府在这里设置了上海市舶提举司。

上海港的发展，坚定了上海港口城市的发展方向。作为吴淞江支流的上海浦，其南段后来被黄浦江所吞并，其位置大致在今外白渡桥以南的黄浦江段；其北段则是如今的虹口港，在宋代时与吴淞江古道相通。参照清康熙、乾隆年间编撰的两部《上海县志》中记载的“上海浦即大黄浦下合江处”，可知上海浦的走向应是从今董家渡以南，经大小东门，接虹口港，在今嘉兴路桥附近注入吴淞江。上海浦的西段河道后来成为淞北水网连接黄浦江的主要泄水道之一，并最晚在清康熙年间出现了“虹口”这个地名。尽管两宋时期的黄浦江还未形成，但后世黄浦江港口港基的位置已经由当时的上海港基本确立。可以说，北宋时期上海浦的发展已经为现代上海港做了初步定位。

综上，从隋唐到两宋，港口的发展是带动整个上海地区高速发展的最重要动力之一。上海地区的港口是分散性的，不限于某一地，只是由于地理位置而产生了某些天然分工。青龙镇、上

---

① 参见王文楚：《上海市大陆地区城镇的形成与发展》，《历史地理》第三辑，上海人民出版社，1983 年。

海镇、华亭县的设置,归根到底都是港口兴起和发展的结果。

唐宋时期,无论是盛极一时的青龙港、黄姚港,还是低调出位的上海港,都带动了上海地区的社会发展,为这一地区带来了丰富的航海文化、商贸文化。海内外不同地区的风土人情为上海这片从海洋中诞生的土地带来了迥异于内陆地区的文化因素。实际上,上海城市文化中“海纳百川”的文化性格自唐宋时代起已开始形成。正如研究者们所指出的,“在相当长的时间内,尽管上海境内也有很大发展,但不仅在中国城市中没有地位,自身的性格与模式也相当不明显。正是在以青龙镇为中心的发展中,上海才逐渐有了自己的城市结构与性格”①。尽管在唐宋以后,由于政治形势及地质变化等原因,青龙港走向了衰落,黄姚港、江湾港也相继坍塌入海,但是上海的航贸航运地位及其国际化特征,在唐宋时期就已经流露出端倪了。

唐宋时期,在今上海市范围内,还诞生了一块远离大陆的土地,这就是崇明。

崇明是一座自海中“长”出来的岛屿。关于其出现时间的文献记载较多,如《苏州府志·沿革·崇明县》记载,“崇明在东海间。……旧志云,唐武德间,海中涌出两洲,今东、西二沙是也”。明万历年的《崇明县志·沿革》称“盖崇起于唐武德中也,……名东、西两沙,渐积渐阜,而利渔樵者土著焉”。《读史方舆纪要·苏州府崇明县崇明旧城》也载“唐武德间,吴郡城东三百余里忽涌二洲,谓之东、西二沙。渐积高广,渔樵者依之,遂成田庐。杨

① 刘士林、朱逸宁、张兴龙、严明:《江南城市群文化研究》,高等教育出版社,2015年,第726页。

吴因置崇明镇于西沙”。从这些记载中可以看出，崇明岛的出现时间是在唐武德年间(618 年～626 年)。

关于崇明岛的得名，也有多种说法。一种说法称长江口的沙洲刚露出水面时，随着潮汛时隐时现，像鬼怪一样，因此住在江边的人就把这块沙洲称作“祟明”。其后，由于人口增长，户部尚书奏请皇帝设祟明镇。结果皇帝把祟看成了崇，祟明也就成了崇明。但这一说法的可信度不高。另一说法称“崇明”出自《后汉书・樊準传》中“故虽大舜圣德，孳孳为善；成王贤主，崇明师傅”一段，“崇明”即尊崇之意。这一解释虽然很有文化内涵，但与崇明岛的联系很是牵强。还有一种说法，认为“崇明”之名是吴越国王钱镠视察领地时所取。但从有关“崇明沙”(即崇明岛)的史料来看，这一说法显然也不成立——南宋王象之的《舆地纪胜》引用《通川志》的记载：“杨吴天祚三年(937 年)，姚彦洪建静海都镇，修葺城郭，设东洲为丰乐镇、布洲为大安镇、顾俊沙(西沙)为崇明镇、狼山西为狼山镇。”这是“崇明镇”的名称首次出现在可信的正史之中，可见崇明地区最早的行政建置是五代十国时期，属吴国领地。尽管在天祚三年(937 年)，吴王杨溥被迫将王位“禅让”于徐知诰(李昪)，吴国变成了南唐，但崇明沙的归属也只是在吴国与南唐之间变化，并不涉及吴越国。

虽然关于“崇明”这一名称的由来至今尚存争议，但其在五代十国时就已经发展成为市镇却是有据可查的。众所周知，无论县还是镇，除了特殊的军事需要之外，都须在人口及税收方面达到一定要求才能够设置。而当时的崇明岛由于成陆时间尚短，土地并不适宜耕种，而且也没有重要港口。其能够在五代时期正式建镇，除地理位置上有一定的军事防御功能外，应该与崇明的海盐生产业有很大关联。

唐宋时期的崇明岛东北部临东海，土壤含盐量高，很适合作为盐场。崇明岛上究竟从什么时候开始有人煮盐，如今已无法考证。然而从太平兴国五年(980 年)，宋政府就在崇明岛开设官办盐场来看，岛上的海盐生产应是有较长历史的。当时的崇明岛属于极为偏远的地区，为北宋政府发配重犯的地方。由于居民很少，难以满足海盐生产的需要，自宋太宗时起多以官府发配判死罪的囚犯来此充当盐场灶丁。《宋史・刑法志》载，配犯押到通州后，分发两处从事官煮盐劳役——“豪强难治者隶崇明镇；懦弱者隶东州市”。对这一记载，马端临的《文献通考》中有更为详尽的解释：“先是(北宋)国初以来，犯死罪获贷者，多配隶登州沙门岛、通州海门岛。而通州岛凡两处豪强难制者隶崇明镇，懦弱者隶东布洲，两处悉官煮盐”。也就是说，北宋时把崇明镇作为关押死缓犯人无偿煮盐的地方。

南宋时，由于崇明岛远离大陆，很少受到军事威胁，因而居住于杭州的权贵们纷纷在崇明岛建立庄园，囤积粮食，储藏贵重之物。嘉定十五年(1222 年)，由于崇明岛三沙等处的盐场十分兴旺发达，盐民日多，南宋政府为便于管理，将崇明岛姚刘沙已废弃的韩侂胄庄园改设为天赐盐场，隶属于淮东制置司，并配备专门的盐丁、盐户从事盐业生产。天赐盐场的规模相当大，时有盐田 92420 亩[①]。从此，崇明盐业生产迅速发展起来。

---

① 数据见上海地方志官方网站。

四、元代上海地区的海洋社会状貌

元代时，今上海市辖区的南部和北部分属于不同的政区系统。上海南部地区的华亭县在至元十四年(1277 年)升格为华亭府。这是上海地区的第一个府级行政单位。次年，华亭府改称松江府，同时复置华亭县，为松江府属县。上海北部地区则属于嘉定、崇明二州。

元代的上海地区可谓进入了新一轮的辉煌发展时期。农业方面，松江府塘浦交汇，水利资源丰富，土地在经过长期的改良后已经变得适宜耕种。因而，松江府不但是当时最重要的产棉区，也是重要的粮食产区。大德年间(1297～1307 年)，松江府每年供粮高达 70 万石。但就整个地区的社会经济发展来说，农业生产的影响力远不如港口航运业。

在华亭县升格为华亭府的过程中，上海港的繁荣起到了关键作用。由于青龙港自南宋中叶起因军事防御及泥沙淤积等原因日渐衰落，到元代时已经没有海商往来于青龙镇了。尽管当地作为曾经辉煌一时的大镇而尚存一定的贸易规模，但对华亭县的发展影响不大。而上海港则处于上升期。此时的上海港已经完全取代了青龙港曾经的港口地位，其港口贸易继续保持繁荣，成为全国重要的对外贸易港。至元十四年(1277 年)，元政府在上海镇设立市舶司，与广州、泉州、温州、杭州、庆元、澉浦合称全国七大市舶司。上海市舶司的设立，标志着上海港口地位的稳固。也就是在这一年，华亭县升格为华亭府。

上海港的繁荣也带动了整个上海南部地区经济的发展，华亭府人口增长迅速。早在宋代,上海镇已经是一个有市舶,有榷场,有酒库,有军隘、官署、儒塾、佛宫、仙馆、甿廛(居民区)、贾肆的大镇。到了元代,上海镇除航运、渔盐、蚕丝、稻米外,又大力推广棉花种植,继而带动了棉纺手工业的发展,促进了商业贸易的兴盛,成为富甲一方的大镇,完全具备了独立设县的条件。至元二十七年(1290年),松江知府仆散翰文以华亭地大户多,民物繁庶难理为由,提议另外设置上海县。至元二十八年(1291年),元划出华亭县东北的长人、高昌、北亭、新江、海隅五乡,分设上海县,于上海镇立县。次年,上海县正式成立,领72500多户。从此,上海成为一个县级的独立行政区,而曾经辉煌一时的青龙港则隶属于上海县。

沙船运输业的兴起是上海在元代继续保持繁荣的重要原因。沙船是一种大型航海木帆船。该船型的名称在明代时才出现于史籍,但据考证,沙船的起源其实可以追溯到唐代。传说唐代鉴真和尚东渡日本时,所乘坐的就是沙船。乾隆《崇明县志》载,“沙船以出崇明沙而得名”。可见,这种船最初产自上海的崇明岛。

由于上海处于长江入海口附近,几乎位于中国海岸线的中点,因而人们称上海港出海口以北到辽东的海域为北洋,上海港出海口以南的海域为南洋。北洋近岸水下多沙滩,宜用船底平阔,可在沙面自如行驶的海船;南洋水下多暗礁,水深流急,宜用尖底海船。而元代时,上海乃至整个江南地区的港口都以往来于北方地区的航运为主。

沙船的特点是平底、多桅、方头、方艄,具有航运性能良好、吃水浅、航行轻捷、能坐滩等优点。由于沙船多桅，并设有披水板，即使风向不顺，也能借之行船。此外，沙船的船体坚固，行驶平稳安全，装载货物十分可靠。其船舱设有夹底，比船底高出不少，可以一定程度地防止因船底破损而发生危险。同时，船的两旁还设有水槽，水槽下面有水眼。船在海上航行时，即使有海水涌上船舷，也能够顺水槽而下，从水眼处流出。因此，沙船在北洋航线航行的安全性非常高，被人们称为“北洋船”。从元到清，沙船始终是中国南北航海贸易的主要船型。由于其使用范围较广，也被日本人和欧洲人称为“南京船”“北直隶贸易船”。

元代时，京师所需漕粮多仰仗江南地区供给。但因运河时常淤塞，陆运耗时长、花费大，粮食损耗严重。至元十九年(1282年)，元世祖忽必烈接受丞相伯颜的建议，令上海总管罗璧及朱清、张瑄等造 60 艘大型沙船从海道运输漕粮到京师。首次漕粮海运自刘家港出发，历时四五个月，辗转抵达直沽(再转运至京师大都)。首航成功后，江南漕粮经海路运往直沽的数量逐年增加。每年北运的漕粮少则几万石，多则三百多万石。尽管上海港在元代漕粮海运中的地位远不及当时的刘家港，但也是重要的漕粮海运基地之一。仅至元二十八年(1291 年)，由上海港运出的漕粮就多达 152.7 万石。

海运的畅通使得上海港与海外各国的商贸联系也日益密切。从这里进出的不仅有来自日本、朝鲜、东南亚等地的海外商船，也有来自闽、广等地的国内贸易商船。此外，上海本地也有庞大的海船队。众多不同地区的船舶聚集于上海港，大大活跃了这里的社会经济。

元贞年间(1295～1297 年),松江乌泥泾人黄道婆对棉纺技术进行了革新,使得松江乌泥泾等地的棉纺织业日益兴旺,松江府成为了全国棉纺织业的中心。这里所产的各种棉布也成为海内外市场上广受欢迎的商品。由于北方地区对于松江棉布的需求量最大,因而上海的沙船除了运输漕粮之外,也源源不断地向北方地区输出棉布等地方特产。

元代的漕粮海运还带动了乌泥泾镇的发展。由于海运受风向、洋流等因素影响较大,为航行顺利,运粮船需待季风及洋流对航行有利时出洋。因而大量的待运漕粮须在港口附近集中贮藏。为解决这一问题,至元十八年(1281 年),元政府在乌泥泾镇建立了大型的漕粮中转场所。四年后,又在这里建成了可储粮二三十万石的太平仓,并开凿仓河,使乌泥泾与吴淞江相通。由此,乌泥泾镇也成为了水陆重镇。一时间市面繁荣,人文荟萃。元中期以后,由于泥沙淤塞,乌泥泾漕运逐渐不畅。泰定元年(1324 年),在松江水利专家任仁发的主持下,元政府对乌泥泾进行了大规模疏浚。在乌泥泾河口及临近的潘家浜上各建两座石闸,阻止海潮裹挟的泥沙进入河道,并利用闸内清水冲刷河床,以增加河道的深度。此后又进行过多次疏浚,其中仅见于史册的就有四次。如此反复治理,可见乌泥泾在元代漕粮海运中地位之重要。

元末,上海地区的港口及航道普遍因泥沙淤积而呈现出明显的衰败状态。屡次疏通的乌泥泾航道最终还是因泥沙的大量沉积而淤塞了,青龙港也因河道干涸而彻底失去了航运功能。

至正十六年(1356年),元政府取缔青龙镇的市舶司,青龙镇由此结束了它作为重要港口的历史。上海港也未能独善其身。由于上海浦航道也渐渐淤浅,原来往来于此的海船只得纷纷转往苏州太仓的刘家港。

五、元代上海的海盐业生产

上海地区的海盐产量在元代时达到了最高峰。由于盐利和田赋是国家财政收入的两大支柱,因而元政府十分重视盐的生产和流通。至元十五年(1278年),即元攻取江南后的第二年,就在杭州设立了两浙转运盐使司,加强对两浙盐场的管理。

元代盐场的生产和管理组织单位也有了变化。此前制盐的组织单位——"灶",被归并为"团",成为新的盐业生产组织单位。为了扩大盐业生产,元代大量组灶立团。为了提高生产效率,元代盐场还采取了"聚团公煎"的生产方式,按照制盐工艺流程对盐业生产人员进行分工,有柴丁、火工、验工等专职。这种分工使得劳动效率大大提高,对于盐业生产的促进作用是非常显著的。史载,元代松江府盐场每年产盐量高达2000万公斤。当时以世袭特权把持上海县盐场的瞿氏家族也因此而暴富,到延佑二年(1315年)时成为元代浙西地区最大的地主,占地多达7300顷。

上海地区制盐业的发达还催生了海盐生产专著的问世。瞿守义是上海县下砂盐场的盐官,他曾绘制长卷,记录海盐生产的全过程,取名为《熬波图》。后来,陈椿任下砂盐场盐司时,在瞿守义所绘长卷的基础上进行修改、增补,并配以文字,于元统二年(1334 年)完成《熬波图咏》一书。这是我国第一部关于海盐生产的专著。

元代的崇明岛也有了新发展。岛上农业发达，盐场规模扩大，人口也有较快增长。至元十四年(1277 年)，崇明由镇越级升格为州，隶属于扬州路。其下辖的三沙、西沙、东沙也一并升级为县。

从总体上看，元代上海地区的经济主要是在航运业及海盐业生产的带动下而取得了高速发展。上海县已经开始由港口镇朝着港口城市转变了。当然，这种转变与当时整个江南地区农业发达，手工业兴旺有直接关系，是建立在整个地区商品贸易繁荣这一基础上的。

六、明代的上海海洋社会状貌

明初，上海地区的行政区划与元代大体相同。以吴淞江为界，下游南北岸分属于不同的政区系统。南部为松江府华亭县，北面则较为复杂——嘉定县属苏州府太仓州，宝山属嘉定县，崇明属苏州府。明代中晚期，松江府区划略有调整。嘉靖二十一年(1542 年)曾置青浦县，后撤销。至万历元年(1573 年)才复设青浦县。自此，松江府拥有上海、华亭、青浦三县。而今上海境内的嘉定、崇明、金山卫则仍属苏州府。

尽管元明政权更迭之际，江南大地广受蹂躏。但上海地区的人口数量并未大量减少。洪武二十四年(1391 年)，上海县已有 114326 户，人口达 532803。人口数量的稳定有力地保证了农业及手工业的持续发展。

明代上海地区的农业非常发达，是全国重要的粮棉生产基地。据《大明会典》记载,洪武二十六年(1393年),全国共有田地8507623顷,其中苏州、松江二府合计有田149829顷,占全国的1.76%。该年全国的总赋税粮为2943万石,苏州府实征税粮为294.4万石,松江府实征税粮为129.9万石。就辖地面积来看,松江府仅为苏州府的十分之三。因此,松江府大致上是以全国0.6%的田地承担了全国4.1%的赋税粮,其农业之发达可想而知。而松江府的上海县税粮又占了松江府税粮的5成以上,足见其粮食产量相当惊人。因此,上海县有"东南壮县"①之誉。

明代的上海棉纺织业基本延续了元代的繁荣。松江府所产的棉布除了运往国内各地,还继续销往国外。史载早在明初郑和下西洋时,其船队所携带货物中就有上海所产的各种土布。万历年间(1573～1620年),松江所产的龙华尖、七宝尖、三林标布、飞花布等棉布行销海外,受到国际市场的青睐。当时国内市价0.2～0.3两/匹的松江府棉布,运到日本长崎等地竟然可以卖到50两/匹。由于海外贸易利润巨大,尽管明政府屡次实行海禁,但往返于上海和日本之间的走私船仍屡禁不止。到明代中叶,上海已经发展成为全国最大的棉纺织业中心,有"木棉文绫,衣被天下"之称。

明代上海的港口航运业在经济发展中处于农业、手工业这两大支柱产业的从属地位。这种地位与明代的国策有直接关联。明太祖朱元璋自建国伊始就宣布实行海禁,严禁沿海居民私自进行贸易,并强行将沿海地区的居民大规模迁徙到非沿海

① 熊月之:《上海通史》,上海人民出版社,1999年,第2卷,第78—79页。

地区。为了严格执行海禁政策，一些地方甚至严禁百姓下海捕鱼。如《明太祖实录》记载，“信国公汤和巡视浙江、福建沿海城池，禁民入海捕鱼”。《大明律》中规定：举报私自航海者可以获得“犯人家资之半”，而隐匿不报者则要受到严厉处置。在朱元璋看来，农业是振兴国家经济的根本，必须维护其在百业中的绝对优势地位。明代高官们也普遍认为海商难以管理，对维护统治不利。如宣德年间任江南巡抚的周忱在《与行在户部诸公书》中就指出：海商们“行贾四方，举家舟居，莫可踪迹”，给官府管理带来极大的难度。不仅如此，从事海洋贸易且经商有道的海商们往往能够在几年内就成为巨富。这对那些世代从事农耕的百姓也构成不小的诱惑，对于稳定农业生产相当不利。此外，朱元璋制定海禁政策也与当时的政治军事形势有一定关系。元末，江南反元武装中方国珍、张士诚等武装集团的实力很强大。元朝灭亡后，方国珍、张士诚成为了朱元璋称帝的主要竞争对手。尽管他们最终在争霸战争中失败，但并未被全部歼灭。其残余部队多逃亡海上，对刚刚建立不久的明政权仍构成一定的威胁。因而，明初实行海禁也有将这些敌对势力彻底剿灭的意图在内。

由于东南沿海地区人多地少，人们无法单纯依靠农业生产而过上优裕的生活。宋元以来，沿海百姓多以航海贸易为生。海禁政策的施行无疑是断了这些地区人民的致富甚至谋生之路。同时，朱元璋出于对吴地百姓拥戴张士诚极为不满等原因，对吴越地区征以重税。吴地税粮在全国占比较大，除农业发达之外，也有赋税过重的原因。在这种情况下，吴越百姓的生活愈加艰难。更为重要的是，明代以前中国对外贸易繁荣，海外市场已经形成了对中国部分商品的依赖。由于明朝政府人为减少了对国际市场的供给,造成供货不足,国际市场对中国商品的需求强劲。在生存困境与暴利诱惑的双重作用下,走私成为了明代东南沿海地区的"新兴"行业。为了对抗官府缉拿和海盗劫掠,一些海商走私集团还组建了自己的武装力量。这些拥有武装力量的海商集团,在官书中被称为"倭寇"。他们与日本列岛上的封建割据势力相互勾结,经常引日本浪人、武士等到东南沿海地区进行掠夺,从而造成了明代沿海地区的"倭患"。"倭患"的爆发,以及日本割据势力为争夺朝贡权而引发的"争贡之役"等,令明统治者甚为担忧。因而,明政府严禁民间与日本进行海上贸易往来。这对于从唐宋时期起就以日本、新罗(朝鲜)为主要海外贸易对象的上海地区来说影响巨大。

在遭受海禁政策阻碍的同时,上海地区港口的水利条件也开始恶化。

青龙港在元代就因河道淤塞而彻底失去了海港地位。元末明初的战乱更加速了青龙镇的衰落。明嘉靖年间,曾将青龙镇作为新置的青浦县县治所在地。但嘉靖年间倭患严重,青龙镇多次遭到倭寇焚烧掳掠,建筑设施损毁严重,人口纷纷外迁,往昔的繁华景象几乎荡然无存。青浦县县治也不得不移至唐行镇。因而青龙镇也被称为"旧青浦"。在河道淤塞与倭寇侵扰的双重打击下,青龙镇这个曾经人声喧闹,百货杂陈的港口所在地沦为人烟稀少、荒草丛生的废墟。明万历年间的青浦知县屠隆在其《孟冬行部经青浦旧县》中哀叹:"昔号鸣驺里,今为牧豕场。田夫耕废县,山鼠过颓墙。"清初诸嗣郢的《重修隆福寺记》也慨叹——“镇在寺里余，地位历朝所重，寺亦东南雄胜名区，岂顾问哉？不知其废在何时，所巍然存在，独一塔也。”[①]

同样因淤塞而消失的港口城镇还有元代重要的漕粮储运地——乌泥泾。这里曾是太平仓漕粮经仓河辗转入海的起锚地。由于泥沙淤塞严重，虽屡经疏浚，但收效甚微，在明代初期就失去了通海航道。永乐年间，明政府放弃了乌泥泾，转而开浚范家浜——长江——东海这条新的入海通道。乌泥泾镇就此沦为默默无闻的江南小镇。

上海港是明代上海地区一枝独秀的港口。由于上海居于全国海岸线中点这一有利位置，而且以上海浦[②]为中心的上海港水文条件上佳，很少受到海潮和风浪影响，加之常年不冻，可以全年通航，因而成为南北货船的理想交汇点。自元末起，泥沙淤积不仅令唐宋大港青龙港和元代漕粮输运大港乌泥泾港逐渐陷入沉寂，也严重威胁着上海港的发展。

明初，吴淞江下游淤塞严重，水患频繁。永乐元年（1403年），户部尚书、著名水利家夏元吉主持太湖流域水利工程。他制定了以疏导为主的治理方案，下令疏浚淀山湖吴淞江支流黄浦下游范家浜等河道，形成一条黄浦江水道，上接泖湖，下达东海。其后，又经过多次整治，黄浦江成为河道宽深、水量充沛的出海航路，取代了吴淞江的干流地位，并成为太湖下游重要的泄水通道。黄浦江的形成，对于上海港的发展具有重大意义。

---

① 邬烈勋：《青龙镇与青龙塔》，吴贵芳主编《上海风物志》，上海文化出版社，1982年，第23－28页。

② 晚清起，称“十六铺”。

改造后的上海港附近水势大增，海舶可以直抵上海县城下，极大地改变了上海港的条件。明朝中叶以后，上海港逐渐形成了内河航运、长江航运，以及沿海的北洋、南洋航运和国际航运等5条航线，展现出明显的地理优势。上海港的船舶可以通过黄浦江进入整个长江三角洲地区的水运网络，继而转抵南北各地。如，通过长江支流可以南下湖南，北上湖北、河南；通过运河，可南达杭州，北经扬州、临清、济宁，可达天津；走沿海航线，则可北达山东、辽宁，南到福建、广东。

明代上海港的海上贸易分国内和国外两种。国内贸易十分兴旺，北通齐、鲁，南达浙、闽。由于明代多数时期实行海禁，因而上海港的贸易以国内贸易为主。明初，上海港继续作为漕粮海运的重要集散点，向辽东等地输送大量粮食。上海地区出产的手工棉纺织品，也多由沙船走海路销往北方各地。沙船自北方返航时，又装载药材、杂粮等北方物产，满足江南地区的物资需求。

江海之上往来不息的沙船推动着上海地区经济贸易的发展。至明中叶，上海已有“小苏州”的美誉。永乐十年(1412年)，为方便船舶进出长江，上海还在今川沙高桥镇北临海处构筑土山，设有瞭望堡垒，时称“宝山”。

在明代的多数时期，朝贡贸易是唯一合法的对外贸易形式。尽管民间贸易始终不绝，但多以走私形式为主，规模不大。明中叶后，随着海禁的取消，上海的海外贸易才稍有起色。海舶常由福建泉州、漳州等地出发，将香料等海外物资运到上海，再将上海的棉布等运回泉州、漳州，转运南洋。上海的海商也有直接去菲律宾等海外国家从事贸易的。但即使在开放海禁的时期，上海港的海外贸易规模也不大。万历中期，全国海外贸易额有100万两白银，而上海地区在海外贸易活动最活跃时的海外贸易额也最多只有十几万两白银，在全国港口中可谓表现平平。这主要还是由于地理位置所限。尽管上海港水利条件上佳，但其北有号称“天下第一码头”的刘家港，南面则有乍浦、宁波[①]诸港。刘家港、宁波港是朝贡贸易的指定港口，既有地缘优势，又有政治优势。此外，宁波港外的双屿是民间走私船只的聚集之地，民间私自出海的船舶大可不必从上海港出洋。因此，尽管上海港的内河航运较为兴盛，县城大小南门外薛家浜、陆家浜、肇家浜一带已成为当时最主要的内河航运驳岸码头，城内百姓也因商贸活动的活跃而普遍生活富庶，但上海港作为江南口岸的地位并不突出。明中叶的上海人陆楫对上海有很中肯的评价：“自吾海邑言之：吾邑僻处海滨，四方之舟车不一经其地，谚号为小苏州。游贾之仰给于邑中者，无虑数十万人。特以俗尚甚奢，其民颇易为生尔。”

繁荣的海内外贸易，长期太平安定的社会环境，使得上海人惯于以一种开放的、不设防的态度来接纳海内外的来客，上海县也因此成为一座立县200多年都没有过城墙的独特县城。嘉靖年间，倭患严重。嘉靖三十二年(1553年)五六月间，倭寇入侵上海县达5次之多。每次侵扰，必焚烧抢掠，导致半数的上海街市被毁。于是，该年九月，上海县开始修筑城墙。在各方协力之下，上海县仅用了2个月的时间就筑成了高2.4丈，周长达9里

---

① 明代以前称明州。

的城墙，保护了城市的安全。

南宋末期就已被视为宝地的崇明岛在明代可谓屡经沧桑。据《正德姑苏志》记载，元至正十六年（1356年），崇明州脱离元朝统治，归降张士诚。至正十九年（1359年），朱元璋麾下徐达的部下攻打崇明，崇明州又主动投降了朱元璋。朱元璋兴奋之余，赐崇明以“东海瀛洲”的匾额。通常认为，这是崇明岛又被称为“瀛洲”的开始。

受海洋地质变化影响，崇明岛在整个明代的变化较为频繁。洪武二年（1369年），朱元璋将崇明州降为了崇明县。崇明降级的主要原因有两个：一是元末战乱致使大量人口流失。元初至元年间，崇明居民有12789户；而到了元末至正年间，只剩下了2786户。正如《正德崇明县志》所载：“逮于季年，荡拆衰耗，十去八九”；二是由于江流潮水及海洋地质变化的缘故，崇明东西沙、姚刘沙、三沙等渐渐坍没，盐场随之坍塌，盐丁逃亡，崇明的产业经济地位大幅下降。由于明初人口锐减的主因是战乱，因而在和平时期，崇明的人口恢复也很快。洪武二十四年（1391年），经过短短二十几年的休养生息后，崇明户数就恢复到了14320户，人口多达86842人。

在崇明由州降为县的同时，由于长江流水改向，崇明与扬州路的距离越来越远。洪武八年（1375年），崇明县由扬州路辖地改为苏州府所有。弘治十年（1497年），太仓州建立，崇明又改属太仓管辖。

元末明初，长江口附近河口和海域的地质变化都十分频繁。建文年间（1399～1402年），崇明在三沙西南30余里处涨起一块沙地，被称为太平沙。永乐十八年（1420 年），崇明县城地面发生大面积坍塌，县城被迫迁到县城以北的秦家符；正德年间（1506～1521 年），长沙开始露出水面；嘉靖八年（1529 年），秦家符发生地陷，崇明县城坍没于海，县城又迁到了三沙的马家浜；嘉靖二十九年（1550）年，三沙也发生坍塌，崇明县城不得不进行第四次迁移，在平洋沙建城。万历十一年（1583 年），平洋沙又开始坍塌；万历十六年（1588 年），崇明县城被迫第五次搬迁，到长沙建城。至此，崇明县城才得以稳定。

崇明的造船业和水上交通运输业都十分发达。元明清三朝使用数量最多的就是原产于崇明的沙船。

上海的海盐生产在明代时较宋元时期有较大衰退。

明初，上海地区的盐场由两浙都转运盐使司管辖。该使司下辖嘉兴、松江、宁绍、温台四个分司。松江分司的官署在上海县，下辖八大盐场，即浦东、袁部、青村、下砂、下砂二、下砂三、青浦、天赐。后天赐盐场因崇明岛姚刘沙发生坍塌而撤销。由于元末时，大量盐丁因极端困苦而逃亡，严重影响了盐业生产。因而明初实行了一系列鼓励盐业生产的措施。“明初仍宋元旧制，所以优恤灶户甚厚，给草场（荡）以供樵采，堪耕者许开垦，仍免其杂役。又给工本米，引一石”①。也就是由官府提供柴草地给盐民，供他们砍柴煮盐，还允许他们开垦荒地种植农作物贴补生活，并免除其杂役。盐民每完成一引②盐课，就可以得到一石的工本米。此外，明代盐民在交纳额定盐课之后，还可以将手中

---

① （清）张廷玉：《明史》卷八〇《食货四・盐法》。

② 元明时期，一引为 400 斤。

剩余的盐以工本米价的 2 倍卖给官府。这些措施无疑使盐民们得到实惠，因而盐民数量回升较快，且较为稳定。此外，明代还将死缓犯人也编入盐户，令他们无偿煮盐。在种种优惠政策下，明代前期的上海盐业生产保持了一定的规模。当时上海县有三个下砂盐场，下设 11 个团，有 3047 多顷专门供煮盐采薪所用的草荡，灶丁达 15761 人，每个人丁每年可缴纳 1072 斤海盐①。

明中叶以后，沿海的海滩逐渐由西向东延伸，原有盐场离海越来越远，引水制卤困难，煮盐成本增加，产盐量大幅下降。部分盐场被迫向东南迁移。《上海县竹枝词》中“盐利东南产海疆，鹤沙地涨徙新场”所描述的就是下砂盐场因海岸南移而不得不迁往南部的石笋里，建立新盐场。由于建了新盐场，石笋里也被更名为“新场”②。

尽管明代上海的盐业生产较元代有所衰退，但仍旧有力地推动了上海地区社会经济的发展。许多过去默默无闻的村落因盐场而知名，一些小市镇也因盐业而变得繁华起来。如周浦镇由于靠近下砂盐场，成为人口集聚、百货罗列的繁华市镇；新场镇则因靠近新盐场而成为歌楼酒肆鳞次栉比的富强市镇。青村、高桥、大团、北仓等地，也因盐业生产而带动了所在地区的城镇建设。此外，为了把生产出的海盐快速集散转运，上海地区的官员们都较为注重河道的疏浚，在客观上促进了沿海水道的开

① 明弘治《上海志》卷三，转见于毕旭玲《古代上海：海洋文学与海洋社会》，上海社会科学学院出版社，2014 年 9 月第 1 版，142 页。

② 今上海浦东新区新场镇。

发，为航运业的发展创造了良好条件。

明代的海禁政策自明中叶起就不断受到很多有识之士的反对。许多反对海禁的官员、学者们著书立说，阐发思想。其中以任崇祯朝礼部尚书兼文渊阁大学士的上海县人徐光启对后世影响最大。徐光启生于上海县太卿坊①。万历年间（1573～1620年），他先后结识了耶稣会士郭居静、利玛窦等人，初步了解了西方的科学及思想。因此，他虽然保留了中国传统的“以农为本”思想，但并不故步自封。其《海防迂说》系统地论述了中国和外国进行正常贸易的必要性与重要性，对明王朝的海禁政策给予系统批评，显示出超乎时代的开明与通达。

七、清代鸦片战争前的上海

上海成为鸦片战争后第一批被侵略列强指定开放的口岸在许多人看来是难以理解的。与同期被列强指定开放的广州、厦门、福州、宁波相比，上海的知名度实在太低。然而考察清代鸦片战争之前的上海港，我们却不能不佩服西方列强在选择开放口岸时目光之精准。

清代的上海地区分属江苏省松江府和苏州府太仓州。由于人口不断增加，松江府不断分置新县。至雍正四年（1726 年）时，松江府已有华亭、上海、青浦、娄、奉贤、福泉、金山、南汇 8 县。而今上海地区的嘉定、宝山、崇明则属于苏州府太仓州。到嘉庆十年（1805 年）时，今上海地区分属于松江府的华亭、上海、青浦、

---

① 今上海市黄浦区乔家路。

娄、奉贤、金山、南汇 7 县，以及川沙抚民厅和苏州府太仓州的嘉定、崇明、宝山 3 县。

清代，上海地区的棉花种植面积非常大，棉布产量堪称国内第一。清前期，松江府棉田就已占耕地面积的 51%。朱泾、吕巷、七宝、黄渡等地成为家庭手工棉纺织品集中产地。清中叶，上海地区年产棉布四五千万匹，年贸易额约七八百两白银。上海继续着"衣被天下"的荣誉。由于大量的棉布需要输往各地进行贸易，沙船航运业也保持了兴旺。

但是，清初的东南沿海颇不安宁。明朝时期就有的"倭患"仍有残余，郑成功等海上反明势力与大陆沿海地区的抗清武装合作，也一度对清朝统治构成较为严重的骚扰。为了巩固满清政权，肃清沿海反清力量，封锁据守台湾的郑成功等反清势力，顺治十二年(1655 年)六月，清政府下令："海船除给有执照，许令出洋外，若官民人等，擅造两桅以上大船，将违禁货物出洋贩往番国，并潜通海贼，同谋结聚，及为向导劫掠良民，或造成大船赁与出洋之人，分取番人货物者，皆交刑部治罪"①，"沿海省份，应立严禁，无许片帆入海，违者立置重典"②。顺治十八年(1661 年)，郑成功进占台湾后，清王朝又颁布了"迁海令"，实施比明王朝更为严格的"围海迁界"政策，强令沿海居民内迁三十里。其后，康熙十八年(1679 年)又连续进行了三次大规模的迁界移民。此外，清王朝还对民间制造海船进行严格限制，规定沿海各省船舶只许用单桅，且梁头不能超过一丈，舵工水手不能超过 20 人，

① 光绪《大清会典事例》卷 629，"兵部"。

②《清世祖实录》：卷 92，顺治十二年六月壬申。

甚至连出海船只所带船员的粮食也有严格的限量规定。海禁政策对沿海地区的经济造成了极大破坏，上海地区也不例外。

康熙二十三年(1684 年)，由于清军已占领台湾，大陆以外的反清力量已告瓦解，清政府开始部分开放海禁，允许民船进行沿海南北运输。次年，又在江苏、浙江、福建、广东 4 省设立海关，管理海外贸易。其中江苏海关(江海关)初设于连云港，后移至上海。江海关初到上海时，其大关设在漴阙[①]，不久就因处所狭促而移驻上海县城。海关关署设于县城小东门旧察院行台衙门，大关设于小东门外，统辖吴淞、刘河等处 22 个海口分关。江海关的设立，为上海港带来了不可忽视的竞争优势。由于江海关统辖长江入海口南北 600 余里海岸线，且清政府规定由江海关收泊闽粤商船，因而绝大多数来江浙贸易的闽粤商船停泊于上海港。从此，以上海为中心的南北洋航线，尤其是北洋航线，其商品贸易获得了合法地位，流通格局和规模都迥异于前，各地商人纷纷以上海为据点进行商业活动。上海由此迅速崛起。

尽管在开海之初，因长期的海禁和迁海政策，沿海贸易极度萧条，连海船所需的舵工水手都“久无其人”。但这一时期上海还是出现了不少具有强大影响力的海商，其中以“声名甚著，家拥厚资，东西两洋，南北各省，倾财结纳”的上海船商张元隆最为著名。当时每造一艘海船大约需要用银七八千两，而张元隆名下的海船有几十艘。每年随张元隆名下海船出洋的舵手、水手、合伙商人等人数众多。张元隆宣称要以百家姓为序造一百只海

---

① 位于今上海市奉贤区。

船,足见其财力雄厚。民间也传说其每艘船上的货物都价值万金,可见其海上交易额非常可观。

上海地区的海外贸易对象以日本、朝鲜、南洋各国为主。当时每年从中国驶往日本的船约有80艘,多数从上海出发。上海的主要输出品为稻米①、棉布、丝、绸、茶叶、纸、瓷器、土产等。但此时的上海港与宁波、广州、泉州等港相比,还存在较大差距。如乾隆十八年(1753年)的年收关税,粤海关为51.52万两,闽海关为31.44万两,浙海关为8.77万两,而以管理上海地区港口为主的江海关,年收关税仅为7.75万两。

乾隆二十二年(1757年),乾隆帝将"四口通商"改为"一口通商",撤销了江苏、浙江、福建三大海关,将对外贸易限制在广州一处。上海的海外贸易再度受挫,但与日本、南洋的贸易交流并未因此断绝。当时进口的主要物资是清廷特准供铸钱用的洋铜,以及乌木、香料、染料、海味、药材,出口物资则仍以棉布、瓷器、丝绸、茶叶等商品为主。

虽然对外贸易受到很大限制,但鸦片战争之前的上海港仍然是一片繁荣景象。嘉庆年间编纂的《上海县志》称:"上海,为华亭所分县,大海滨其东,吴淞绕其北,黄浦环其西南。闽、广、辽、沈之货,鳞萃羽集,远及西洋暹罗之舟,岁亦间至。地大物博,号称繁剧,诚江海通津,东南都会也。"凡远近贸易,"辄由吴淞口入舣城东南隅,舳舻尾衔,帆樯如栉,似都会焉"。

由于襟江带海的地理位置和曾经作为海关所在地的优势,

---

① 康熙四十九年"张元隆案"发后,清廷严禁向海外输出稻米。

加之拥有内河航运、长江航运、南北洋航运和国际航运等多条航线，清代中前期的上海港既是棉布进出口量最大的港口，也是海上贸易的中转站。当时聚集在上海港的船舶多达3000余艘。

上海港在清代的兴旺与刘家港、乍浦港的衰落也有很大关系。位于太仓的刘家港与江南首邑苏州城有娄江（浏河）直接相通，“凡海船之交易往来者必经刘家河，泊州之张泾关，过昆山，抵郡城之娄门”①，因而刘家港的运输业一度极为兴旺。然而由于泥沙淤积，地方官府疏于治理，刘家港的港口条件持续恶化，“乾隆五年开浚之后，浅段未深，深处亦浅”②。于是昔日进出于刘家港的江南沙船多转舶上海。康雍时期，清政府对江南口岸实行上海县城大关与刘河镇，南洋鸟船、北洋沙船分口收舶政策，规定由刘家港收放北洋沙船，上海港收放南洋海船。尽管当时的上海港实际上也违规收放沙船，但毕竟数量有限。到了嘉庆、道光年间，由于浏河河道淤塞以及河口处海底隆起沙丘，刘家港失去了港口功能。航行于北洋航线的沙船几乎全部改由上海收放。上海港由此获得了大发展的契机，其口岸地位也得到很大提升。

清晚期，运河不畅。漕粮海运的实施以及内河运河贸易的改道，为上海港在鸦片战争之前的繁荣提供了难得的机遇。

嘉庆年间，由于运河水量不足，清政府一度采取了饮鸩止渴的办法，引黄河水入运河，导致运河河床泥沙淤积。至道光初年，运河已严重淤塞，河面宽处只有五六丈，河水浅的地方还不

---

① 嘉靖《太仓新志》卷三。
② 道光《刘河镇记略》卷五，“盛衰”。

到5寸深,大型船舶根本无法通航。海运遂成为南北埠际贸易的主要输运方式。上海地区生产的棉花、土布、瓷器、丝、茶等主要通过海路由上海港输往东北、华北及华南沿海地区。北方地区的大豆、豆饼,南洋来的蔗糖、鱼翅、燕窝之类,也由上海港转运各地。因而《上海乡土志》称:“本邑地处海疆,操航业者甚多。通商以前,俱用沙船……由南载往花布之类,曰南货;由北载来饼豆之类,曰北货。当时本邑富商,均以此而获利。”道光十一年(1831年),上海豆业公所44个大小豆行和33家浙江慈溪帮号商成交的大豆达473.6万余担。其中大多由上海转运长江三角洲各地。到开埠前,上海虽不及苏州繁荣,却也是四海客商汇聚之地了。

除民间商船在上海港云集、进出外,清政府的漕船也为上海港增添了繁荣景象。由于运河淤塞而清政府无力整治,“彼时河务、运务实有岌岌不可终日之势”①,当时聚集于上海的以沙船为主体的民间航运业又有相当的运输能力,于是魏源等人提出了由上海地区的民间海船运输漕粮的设想。道光四年(1824年),黄河泛滥,向来起调节运河水位作用的洪泽湖发生漫堤,导致运河高宝到清江浦一段的大量船只搁浅。在万般无奈下,道光帝只好同意尝试漕粮海运。道光六年(1826年)春,“江苏海运试办,在上海之黄浦招集商船兑运苏省所属四府一州漕米一百六十三万三千余石,由吴淞至崇明十滧候风放洋达天津”②。此次

---

① 民国《山东通志》卷一二二《河防志》,“黄河”,第3412页。

② 《太仆寺卿柏寿奏》(同治六年九月二十日),《军机处录副奏折·财政类》,中国第一历史档案馆藏。

海运，前后共征集调用沙船等1562艘船只。事实证明，魏源等人的建议确为良策。这次海运漕粮不仅缩短了运期，使得漕粮霉变损耗大幅减少，而且由于招集商船海运，省去了许多周转开支。然而，由于此举有违海禁传统，并且侵害了漕粮河运官民的利益，反对声日渐高涨。道光帝终究还是在守旧派的压力下取消了漕粮海运。尽管如此，海运仍是咸丰等晚清时期间或采用的漕粮运输手段。《清代日记汇抄》中记载了江苏巡抚李星沅的一段话："上海号称小广东，洋货聚集……稍西为乍浦，亦洋船码头，不如上海繁富。浏河亦相距不远，向通海口，今则淤塞过半"，而上海则"适介南北之中，最为冲要，故贸易兴旺，非他处所能埒"。可见，鸦片战争前的上海已经是中国埠际贸易及海外贸易的重要港口了。

南北贸易及海外贸易的活跃，促使上海的沙船运输业、钱庄业日趋兴旺。由于埠际民间贸易交易量大，漕粮也偶经海道运输，上海的沙船运输业十分兴旺。上海口岸常年停泊的北洋沙船达3500艘左右，南洋海船近千艘。乾隆年间，上海县已有钱业公所。乾隆五十一年至嘉庆二年（1786～1797年），上海县先后开办钱庄124家。

商贸的繁盛也推动着城市的发展。嘉庆年间（1796～1820年），上海县城的街巷已达60余条。街巷数目的增多标志着城镇规模的扩大和人口的增加。道光年间（1821～1851年），上海县行号、店铺林立，在小东门到海关大街之间，还出现了一条专门售卖舶来品的洋行街。

尽管上海港多以日本及南洋各国为贸易对象。但其优越的地理位置与航运基础还是引起了英国等西方列强的注意。道光十二年(1832 年),英国人林赛率一艘东印度公司的“阿美士德”号商船从澳门出发,沿中国大陆海岸线北航。其目的就是搜集情报,寻找新的通商口岸。经过几个月的考察,林赛发现,上海港的年货运量完全可以与欧洲的一些大港相抗衡。在回国后的报告中,林赛几次提到上海,认为“这个地区的自由贸易对于外国人,尤其对英国人的好处是不可估计的”①。因此,当鸦片战争的炮火轰开清帝国大门的时候,上海很自然地被列为了通商五口之一。

开埠前的上海远远落后于苏州。其主要原因是上海的港口建设和城市发展受到人为束缚。清中叶后,由于各种社会矛盾日趋尖锐,清朝政府为巩固统治,重新加强了对海外贸易的限制。在“四口通商”变“一口通商”后,上海港失去了海关优势。虽然仍旧维持着与日本和东南亚诸国的往来,但贸易的货物种类和规模都非常有限。1832 年,据目击者观察,每天来往于上海港的南洋海船只大约有三四十艘②,其余都是北洋沙船。海外航线在上海港贸易总量中占比甚微,大约只有 3%—4%③。上海港的繁荣主要依靠上海与内地的经济联系来维持。

上海的海上明珠崇明岛在清代基本定型了。清初,崇明东西各沙开始出现相互连接的趋势,并且持续涨积。顺治年间,郑成功和南明武装力量都曾经攻打过崇明岛,但都被清军击退。

---

① 见于浦东史志官方网站。

② [英]胡夏米:《阿美士德号 1832 年上海之行记事》,《上海研究论丛》第二辑,第 286 页。

③ 上海港史话编写组:《上海港史话》,上海人民出版社,1979 年,第 20 页。

因而岛上没有遭到大的战争破坏。雍正二年(1724 年),崇明县隶属于太仓州。

上海的另外几个大岛在清代时也都基本形成。其中长兴岛成陆于咸丰年间(1851～1861 年),至今已有 170 年左右的历史;横沙岛形成于光绪年间(1875～1908 年),至今只有 130 年左右历史。晚清时,崇明岛以平洋沙、长沙为主体,基本形成了现在的形状。

上海盐业生产在清代仍保持一定规模。但与前代相比,无疑是大大衰落了。对此,将在"江南海盐文化"一章中予以阐述。

八、鸦片战争后的上海

中英鸦片战争失败后,上海于道光二十三年(1843 年)被辟为商埠。开埠后的上海,无论是贸易对象、港口条件,还是港口地位,都发生了巨大变化。上海县的城市面貌也随之发生极大改变。

开埠后,由于欧洲、美洲商人纷至沓来,从根本上改变了上海开埠前以日本、朝鲜和南洋诸国为主要贸易对象,贸易活动较为单一的状况。五口通商以前,内地出口的物资以及广州输往内陆地区的各种货物都需要经过长途运输,耗时耗力。五口通商后,由于上海处于丝、茶等大宗出口商品的主要产地中间,上海口岸的地缘优势以及市场潜力吸引着各国商人。广州原有的优势开始减弱。1843 年,上海开埠后的第一个月里,上海港就有 6 艘外国商船抵达①。其后,船舶不断增加。到 1849 年,外国商

① 《江苏巡抚孙善宝奏报办理上海开市情形折》,道光二十三年十一月初九日,《鸦片战争档案史料》第 7 册,第 370 页。

船已达133艘[1]。在广州的英、美洋行也迅速到上海设置分行。英国取代日本、朝鲜等国，成为上海外贸的主要对象。同治六年(1867年)，英国在上海出口值中占73.1%，在进口值中占39.7%。此后，美国、日本、欧洲大陆各国的比重逐年上升。在光绪二十年(1894年)的上海出口值中，英国仅占14.7%，欧洲大陆各国占32.2%、美国占19.4%、日本占12.5%；进口值中，英国占30.1%、香港22.6%、印度20.6%、美国9.2%、日本8%、欧洲大陆各国占5.5%。

除了地缘优势及市场潜力外，经商环境也是吸引外商前来贸易的重要因素。中国的国门被打开后，英、法、美等国在一些口岸的活动并没有他们预想的那样顺利。广州、福州等反对外国人进入广州城的斗争非常激烈，使之不得不放弃进城要求，经济活动也遭遇阻碍。上海则不同。开埠不久，英、法等国就在上海县城附近建立了面积很大的居住区，其后演变为租界。同时，上海作为条约商埠，赋予了外商许多特权。如赁房买屋，租地建屋，设立栈房，深入沿海内地，参与协定关税，受领事裁判权庇护等。这些特权也是吸引外商来沪的重要因素。

随着外国商船的涌入，经由上海港输入的大宗进口商品数量逐渐超过广州。道光二十四年(1844年)，上海出口的茶叶在全国所占比例仅为2%，而广州占98%。至道光三十年(1850年)，上海出口的茶叶数量上升到占全国44%，而广州则下降到了23%。道光二十六年(1846年)，上海出口生丝几乎是广州的

① [美]马士：《中华帝国对外关系史》第1卷，生活·读书·新知三联书店，1957年，第89页。

4.27倍。咸丰三年(1853年),上海港的丝、茶出口量分别是广州的11倍和2倍。此后,上海港的丝、茶出口数量始终超过广州,并最终全面超越了广州。

开埠前,上海港所泊的基本都是以沙船为主的木帆船。港口设施简陋,货物装卸全靠人力。开埠初,抵港的外国商船吨位大,吃水深,没有码头可以卸货。只能先在黄浦江抛锚,用小船分装货物运到岸上。为此,英国人于1845年率先在外滩主持建造了驳船码头。到1853年,外滩边上已经有十余座驳船码头。19世纪60年代,轮运业开始兴盛。外商又在近岸水位较深的黄浦江虹口、浦东段兴建了新式的码头和仓栈,可以直接把货物运到轮船上。虽然这些码头、仓栈多为外国人所有,但客观上使上海有了近代化的港口设施,上海港的吞吐能力显著提高。

导航设施是港口发展的必要条件。长江、黄浦江每年都有大量泥沙随江而下,在江口淤积,给进出上海港的海船带来诸多隐患。1846年,上海港在进出港的要道长江口铜沙浅滩处设立了一艘木制灯船。其后,又在长江口到吴淞口设置了浮筒灯标指示航道。这些设施为进出港船只的航行安全提供了基本保障。

1895年后,进出上海港的大型船舶增多,吴淞港淤塞问题愈加突出。于是,在沪外商自组了一个委员会,着手计划处理黄浦江的疏浚事宜,并将该事项塞入了《辛丑条约》,规定疏浚黄浦江的费用由中国和有关各国对半分担,而包括疏浚在内的黄浦江航道管理权则全归外商所有。后经反复磋商,改由清政府承担全部费用,事项亦由清政府的江海关道和税务司管理。1905年12月,黄浦河道局成立。次年,黄浦江疏浚工程开工。1906～

1910年,吴淞口内外沙的治理工程共耗银700万两。疏浚后的航道在低水位时水深也有19～20英尺。自此,上海港有了一条比较稳定的深水航道,可供5000吨级的船舶常年通行,保持了港口的良好发展势头。1924年,黄浦江整治工程告一段落,万吨级船舶可进出上海港。

随着上海港国内外贸易的繁荣,港区的布局也随之拓展变化。20世纪初,形成了南片港区、北片港区、浦东港区和内河港区四大部分,组合成港岸线长、各有侧重、内外贸衔接、江海内河航运配套的基本格局,展现出了作为中国近代枢纽港的风采。

当然,上海港的繁荣也离不开全国货源的支持。据专家估算,在光绪二十年(1894年)的5842万关两出口额中,来自长江流域各城市的达3729万关两,占64%;来自长江以北沿海各港的有1127万关两,占19%;来自长江以南各埠的有478万关两,占8%。在进口货值的9326万关两中,转口长江流域的3995万关两,占43%;转口北方各港的2143万关两,占23%;转口南方各港的123.6万关两,占1%。可见上海的繁荣归根到底是建立在全国物资交流贸易这一基础上的。

列强政府和外国商人虽然为上海港带来了先进的科学技术和管理经验,促进了这里商业、金融、纺织、轻工业和交通运输的发展,但外国资本的入侵也一度垄断了上海及东南沿岸的手工业,加速了江南农村自足经济的破产,使上海成为国际殖民地。欧美、日本等外国人在上海享受着超国民待遇,而绝大多数中国民众却处于上海社会的中下层。

从清末到1949年前夕,江南乃至整个中国长期处于动荡之中。然而，除抗日战争期间外，上海的发展并未受到很大阻碍。第一次世界大战前后，由于西方列强忙于战争，上海的民族工业等发展较快，在诸多领域都有长足进步。上海的全国对外贸易中心地位也得到了巩固。

抗日战争期间，上海被卷入战争的动荡之中。特别是太平洋战争爆发后，上海港成为由日军控制的殖民地港口，码头、仓库、装卸设备等都遭到了严重破坏。抗日战争、解放战争胜利后，上海港开启了新的篇章。特别是改革开放以来，上海港的航运业、对外贸易都进入到了快速上升通道。如今的上海港已经发展成为世界第一大港。

从冈身的第一缕文明曙光出现，到今天举世闻名的国际化大都市，上海的发展和繁荣始终离不开海洋。如今，海洋文明的印记已经深深烙印在了这座自海而生、因港而兴的城市的文化当中。

1990 年，上海市人大常委会审议通过了象征着上海城市文明的上海市市标。上海市市标是由沙船、螺旋桨和上海市市花白玉兰组成的三角形图案，其中的海洋元素占到了 2/3！上海市市标图案的中心是扬帆出海的沙船，象征着上海是一个历史悠久的港口城市；三角图形的螺旋桨，象征着上海是一座不断前进的城市，而作为沙船背景的早春白玉兰，则象征着这座城市的勃勃生机。

上海市市标

第二章　江南海盐文化

食盐是人类不可或缺的生活必需品。明代著名科学家宋应星在其《天工开物·作咸》中有一段著名的论述——“天有五气，是生五味。润下作咸，王访箕子而首闻其义焉。口之于味也，辛酸甘苦经年绝一无恙。独食盐禁戒旬日，则缚鸡胜匹，倦怠恹然。岂非‘天一生水’，而此味为生人生气之源哉？四海之中，五服而外，为蔬为谷，皆有寂灭之乡，而斥卤则巧生以待。孰知其所以然”？五味之中，缺少了辛酸甘苦，也不过口味单调，而无损于健康。但缺少了盐，却会让人身体乏力，无法生活。我国的《黄帝内经》《神农本草经》《扁鹊方》《圣惠方》《千金方》《唐本草》《宋本草》《本草纲目》等一系列史书及中医学著作中，都提到盐具有清热、凉血、润燥、通便、抑菌、明目、坚齿等功能，对人体健康极为重要。因而《晋书》称之为“食肴之将”“国之大宝”。正是由于人类的生命维系和繁衍都离不开盐，自远古时期起，盐就是人类争夺的主要资源之一。

江南大地东临海洋，无论江苏、上海，还是浙江，自古以来就是海盐的重要生产基地。盐业的兴衰与江南沿海城镇的兴起、变迁有着极为密切的关联。如果说,扬州港、杭州港、刘家港、上海港、明州港(宁波港)等带动了其港口周边地区的发展,并使其成为令人瞩目的明星城市的话,那么江南沿海地区盐业的辉煌则是促进了整个江南沿海地区城镇的形成和发展,其意义绝不在江海航运之下。

海盐生产不仅在江南大地上创造了丰富的物质文化,更对江南沿海地区人民的精神特质产生了重要影响。可以说,伴随着海盐生产而诞生的海盐文化是江南海洋文化的重要组成部分。

第一节 古代江南海盐业的地位

一、煮海为盐的缘起

中国的海盐生产至少已经有5000多年的悠久历史。传说在神农时代,夙沙氏就已经开始煮海为盐了。夙沙,也做“宿沙”“质沙”,是今山东胶东地区的古部落名,其部落首领被称为夙沙氏。有关夙沙氏煮海为盐的传说,《世本》《鲁连子》《淮南子》等典籍中均有记载。相传,夙沙部落煮海为盐,首领凶悍不服管束。神农氏不用武力去征服他们,而是通过文德教化使夙沙部落成员主动归附,最终使夙沙氏臣服于神农氏,为人们生产海盐,造福百姓。夙沙氏也因此而被人们尊为盐宗。这就是左树珍在《中国盐政史》中所说的:“世界盐业,莫先中国。中国盐业,发源最古。在神农时代,夙沙初作,煮海为盐,号称盐宗。此海盐所由此。煎盐之法,尽始于此。”

传说黄帝的史官仓颉在造字时,根据夙沙氏煮盐的经过及其为神农氏之臣的身份,造出了“盐”字。盐,旧作“鹽”。该字由“臣、人、卤、皿”四部分构成。“臣”代表着煮盐的夙沙氏是神农氏的臣子;“人”字意味着煮盐期间必须有人在一旁守候;“卤”是用于制盐的卤水;皿则代表煮盐所用的器具。不过,目前所见的商代甲骨文和金文中都没有“盐”字,而只有一个与之密切相关的“卤”字。对此,东汉文字学家许慎在其《说文解字》中做过解释:“盐,卤也。天生曰卤,人生曰盐。”即,卤和盐实际上所指的都是同一种物质。卤是天然形成的,而盐则是人工提取的。可见,在远古时代,人们多依靠天然形成的盐卤获取维持生命所需的盐分。其后,随着生产技术的进步,人们才炼卤为盐。

在上古时代,特别是在远离海洋的内陆地区,盐是极其难得的。因而,盐在很多场合下是身份的象征。《左传·僖公三十年》中记载:周天子曾派周公阅到鲁国聘问。鲁国宴请周公阅的食物里有形盐①。周公阅一见,急忙推辞,说形盐是一国君主对另一国君主表示尊崇的贡品,自己不该享用。

周代时,我国已经出现了盐官和食盐的管理制度。《周礼·天官冢宰·盐人》中规定:“盐人掌盐之政令,以共百事之盐。祭祀,共其苦盐、散盐;宾客共其形盐、散盐;王之膳羞,共饴盐。”这

① 虎形盐块或大的盐块。

一记载说明当时不仅已经有了专门负责食盐供给的盐官，而且在食盐的使用方面已经形成了一套根据使用目的和使用人员而制定的用盐制度。

二、江南海盐业的历史地位

江南沿海地区的海盐生产历史极为悠久。位于今浙江省杭州市萧山区的跨湖桥文化遗址曾出土了许多“黑光陶”。为分析这些陶器的黑亮之谜，考古学家对40件黑光陶陶片的表面和内部化学成分进行了测试，发现这些陶片基本上都是夹碳陶，而且氧化钾和氯化钠的含量非常高。正是由于“黑光陶”成分中的盐和氧化钾经过化学反应后形成了钠钾铝硅酸盐玻璃相，才使得这些陶器看起来又黑又亮。然而海水中的盐含量远远低于黑光陶表面所测出的盐含量，因此这些黑光陶中含量很高的氯化钠成分不可能是陶土中天然自带的，而是古人在制陶时有意加入了一些利用古老海水制盐法制作出来的原始食盐。跨湖桥文化距今约8000～7000年，由此可以推定，浙江地区至少在7000多年前就已经开始用海水制盐了。

在整个中国古代时期，大部分位于今江苏省的两淮盐区和主要位于今浙江省的两浙盐区是全国最重要的海盐生产基地。

江苏东部濒临黄海，自古就是最重要的海盐生产基地。由于苏皖大地有淮河横贯而过，这一地区被分为了淮南、淮北，因而人们习惯将这一地区称为两淮地区。江苏沿海地区所出产的海盐也因此被称为淮盐。

有学者考证，早在周代以前，就已经有先民在今江苏沿海一带搭灶煮盐了。当时盛产海盐的盐渎[①]地区很可能向周天子进贡过海盐。春秋战国时期，今江苏沿海一带先属吴，又属越，最后属楚。据司马迁《史记·货殖列传》记载："夫吴自阖庐、春申、王濞三人招致天下之喜游子弟，东有海盐之饶，章山之铜，三江、五湖之利，亦江东一都会也"，说明江苏沿海一带早在春秋时期就已经开始了较大规模的海盐生产。

古代的浙江沿海地区也同样以盐业兴旺而著称。由于东临东海，且滩涂广袤，海水及柴薪资源丰富，浙江生产海盐的历史也十分悠久。史载越王勾践在被吴王夫差放回后，励精图治，积极组织各种生产，而制盐就是其中一项富民强国的主要措施。《越绝书》卷八载："朱余者，越盐官也。越人谓盐曰余，去县三十五里。"可见，在春秋时的浙江沿海地区，盐业生产已经开始由政府部门负责管理了。

西汉初，今江苏省的大部分地区为吴国封地。这里"自淮北、沛、陈、汝南、南郡，此西楚也，……通鱼盐之货"，"彭城以东，东海、吴广陵，此东楚也，……东有海盐之饶"[②]。尽管自然资源丰富，但此时的吴国人口很少，农业生产方式落后，与中原地区相比还有相当大的差距。由于当时的西汉中央政府允许地方自由经营盐业，于是吴王刘濞"招致天下亡命者盗铸钱，煮海水为盐"[③]，两淮地区的海盐生产由此获得了突飞猛进的发展。巨额的盐利使得吴国在短短几十年间就从一个人烟萧瑟、百姓贫瘠的落

① 今江苏省盐城市。
② (汉)司马迁：《史记·货殖列传》。
③ (汉)司马迁：《史记·吴王濞列传》。

后封国变成了四方来归,"国用饶足"[1]的强国。刘濞也成为了虽只有诸侯之位,却富比天子的汉初第一富豪。当时吴国所产之盐以质优、粒大、色白而闻名全国,深受人们的喜爱,被称为"吴盐"。

因盐业而富强的吴国令西汉中央政府看到了盐利的可观,而由吴国发起的险些令皇权易主的"七国之乱"更令西汉中央政府不能不对各个封国采取控制手段。汉武帝元狩四年(公元前119年),中央政府开始实行盐铁专卖。盐的生产、运输、销售均由国家直接管理,寓税于价。从此,盐税成为封建时期国家的重要财政收入之一。

为扩大盐业生产,增加财赋收入,西汉政府相继在江苏地区的盐渎、海陵[2]等地立县,并设立盐铁官署,招募流民从事海盐生产。其后,历代统治者也都非常重视这些地区的海盐生产,不断扩大盐业生产规模。到南北朝时期,江苏沿海一带已经是海滨广斥、盐田相望了。

在两淮地区盐业大发展的同时,浙江地区的海盐生产也从海盐、海宁扩大到了浙东的宁波、宁海、温州、黄岩等地。海盐业成为这些地区的支柱性产业。

海盐生产对于江南沿海地区城镇发展的带动作用是非常明显的。由于江苏、浙江沿海地区盐业的发展,大量的海盐需要运销外埠,于是江海运输业兴旺起来。而盐业、航运业的发达,又促进了这些地区商贸活动的繁荣。随着人口密度大大增加,这些地区自然而然地从海盐的生产地、集散地、运输地,发展成为市镇。

---

① (汉)班固:《汉书·卷三十五·荆燕吴传第五》。

② 今江苏省泰州市海陵区。

江苏、浙江两地的盐业生产对于隋唐以后各封建帝国财政收入的影响是非常突出的。在汉及六朝时代，海盐生产所带来的财政收入虽然可观，但在政府财政总收入中的地位尚不十分突出。自唐代起，特别是“安史之乱”后，由于河北、河南等农业发达地区的社会生产力在战争中遭到极大破坏，中央政府的田赋收入锐减。而各地割据的藩镇又不受中央政府控制，导致中央财政长期困难。在这种情况下，东南沿海地区的海盐盐税就成为了唐政府重要的财赋来源。中唐时期，“天下之赋，盐利居半，宫闱服御、军饷、百官禄俸皆仰给焉”[①]。据研究，唐代中后期的海盐产量约有 600 万石，池盐产量约 41～54 万石，井盐产量只有 20～27 万石[②]。显然，这居天下赋税之半的盐税中至少有70%以上来自于海盐。而江浙地区的海盐产量在中唐时期已经是位居全国前列了。元和年间，全国盐产量最高的地区是今江苏的海陵，为 60 万石。而浙江地区仅兰亭、嘉兴、临平三地的盐年产量就达到了 100 万石。可见，当时江浙一带的海盐盐税在唐中央政府赋税中具有相当重要的地位。

宋元时期，盐税同样是中央政府财赋的重要来源。宋代时，“三冗”[③]问题严重，中央政府财政开支巨大，宋政府不得不竭尽全力开辟财源。因此，宋代对于食盐生产及运销等环节的管控更为严格。政府通过对食盐实行强制配售，虚抬盐价、横敛盐赋等各种手段获取巨额收益。宋初，政府的食盐专卖收入为 1000

---

① (宋)宋祁、欧阳修等：《新唐书》卷五四。

② 数据参见李青淼，韩茂莉：《从唐代盐利看唐代中后期各地之盐产量》，《首都经济贸易大学学报》，2012 年第 4 期。

③ 即：冗员，冗兵，冗费。

万贯上下，略高于唐朝末年。到元丰年间，收入翻了一番，成了2000万贯；到北宋末时又翻一番，高达4000万贯。这还只是政府出卖专卖权的所得。如果算上盐业生产者的附加利润，百姓在食盐上的总支出恐怕不会少于5000万贯。而当时的农业两税也就在5000万贯上下。可见盐税对于宋朝政府财政之重要。

明清两代，政府对于江南盐利更加倚重。明朝时，中央政府每年的财政收入约为400万两白银，“其半则取给于盐”。其中两淮盐课收入每年为68万两白银，约占整个中央财政收入的1/6①，故而有“淮南禺策②所入，可当天下租赋之半”之说。盐利的地位不言而喻。清代，两淮盐业上交盐税银约600万两以上，占全国盐课的60%左右③。不仅如此，朝廷每逢重大行动，如天灾年荒赈济、帝王巡幸典庆等，盐商们还要捐银报效，相当于变相交纳盐税，大大缓解了政府的财政压力。

可见，江南地区的盐业，特别是淮盐，在唐以后历代政府财政收入中的地位是举足轻重的。“自古煮海之利，重于东南，而两淮为最”④之说并非夸大。

在支撑起封建帝国财政收入半壁江山的同时，江浙人民在盐业生产中还创造了丰富多彩的海盐文化。由于近年来国内学者们关于盐政及盐民制度方面的著述颇丰，为避免重复，本章不

---

① (清)陈梦雷、蒋廷锡等:《钦定古今图书集成：经济汇编：食货典：卷二一四》(影印本)中华书局，1934年6月。

② 禺策，即盐业。

③ 郝宏桂:《略论两淮盐业生产对江苏沿海区域发展的历史影响》,《盐城师范学院学报》,2012年10月。

④ 清朝嘉庆《两淮盐法志》。

作阐述。仅就盐场文化、盐神信仰及海盐文学略作探讨。

第二节　江南古盐场的盐业生产

一、江浙古盐场的分布

今江苏境内的古盐场分布十分广泛。先秦及秦汉时期的古盐场多分布于东沙冈一线。东沙冈是一道古岸外砂堤，高出滩地数米，可以阻挡海潮侵袭。堤东为滩涂，挂土制卤方便，而满滩芦苇则可为煮盐提供大量薪柴，因而这里成为早期盐民聚居煮盐的理想场所。西汉时期，汉武帝曾在此设立盐铁官署，招募流民从事盐业生产，盐渎、海陵等自此成为大盐场的所在地。到南北朝时期，这里的盐场已经星罗棋布。

由于盐场很容易受到海潮、风暴、洪涝、卤水的侵蚀而影响盐业生产，自南北朝时期起，人们开始在海州湾一带修筑海堤。公元6世纪中叶，北齐名臣杜弼首先开始了江苏海塘建设工程。唐大历年间，淮南西道黜陟使李承带领民众在楚州[①]、扬州的滨海地带修筑海堤，命名为常丰堰。这些海堤的修筑在一定程度上阻止了海潮侵袭，为两淮盐场及沿海城镇的发展创造了条件。此后，两淮地区的海盐产量大幅增加。随着海盐业的繁荣，兴化、泰州、如皋、泰兴、海门、通州等州县相继出现。

宋代时，两淮地区已经成为全国最大的盐业中心，共设有利

① 今安徽省淮安市楚州区。

丰、海陵、盐城3个盐监和29个盐场。北宋天圣元年（1023年），范仲淹任泰州西溪[①]盐官时，曾目睹风潮泛滥，毁坏盐户亭灶的惨况，于是提议重筑海堤。这一提议得到了江淮制置发运副使张纶的大力支持，于是在两位官员的主持下，地方官民修筑了著名的范公堤。范公堤的建成促进了堤外盐场的发展。南宋以后，随着黄河夺淮入海带来泥沙的不断淤积，海岸线不断东移，迫使两淮盐场逐渐东迁，继而推动了范公堤以东诸多小城镇的形成和发展。在两淮地区，除了早期的城镇以外，因盐业的兴起，自北向南陆续出现了青口、板浦、北沙、庙湾、伍佑、刘庄、白驹、草堰、丁溪、西溪、安丰、富安、栟茶、丰利、掘港、石港、西亭、金沙、吕四等盐业小镇。

明代的两淮盐场数量众多，盐场的管理系统也非常完备。据《明史・职官志》中记载，朱元璋早在吴王丙午年[②]就设置了两淮盐运使一职来管理两淮盐业。其后，又于洪武元年（1368年）增设了通州、泰州、淮安三个分司判官以便加强管理。洪武二十五年（1392年），各盐场设盐课司大使、副使等官职。两淮运盐司将下辖的三十个盐场按照产盐量分为上、中、下三场。上场有富安、安丰、梁垛、东台、何垛、草堰、角斜、拼茶、丰利、石港、金沙、余西、吕四；中场有马塘、西亭、新兴、余东、余中、庙湾、掘港、伍佑、刘庄、白驹、小海、丁溪；下场有莞渎、临洪、兴庄、徐渎、板浦。

清代的两淮盐场仍有30个盐场。其中较为著名的有新兴场、伍佑场、刘庄场、草堰场、东台场、安丰场等，所产之盐行销

---

① 今江苏省东台市西溪古镇。

② 元至正二十六年（1366年）。即朱元璋称“吴王”后的第2年。

苏、皖、赣、湘、鄂、豫六省。清末民初,随着海岸线的变化和盐场的东迁,两淮盐业生产逐渐萎缩。

浙江东部沿海地区是我国古代历史上仅次于两淮地区的海盐生产基地。由于濒临东海,滩涂广袤,海盐生产条件优越。在先秦及秦汉时代,杭州湾两岸就已出现许多盐场。到北宋熙宁年间,今浙江境内的杭州、秀洲(嘉兴)、温州、台州、明州(明初更名为宁波)已经有 14 个盐场了。南宋时,盐区范围继续扩大,两浙地区共有 42 个盐场。其中浙西 24 场,浙东 18 场。元至元三十一年至大德三年(1294～1299 年),两浙盐场合并为 34 场。明嘉靖年间再次合并为 32 场。

众多的古盐场不仅留下了众多盐业物质文化遗存,也对江浙沿海地区的地名文化有很大影响。至今,这些古代海盐生产地区仍保留着许多与盐业生产有关的地名。

二、盐场与地名文化

盐业生产与管理制度对于地名文化的影响可谓多种多样。其中非常明显的有两类:

(一) 直接以"盐"命名

这类地名非常多,并且非常明显地体现出海盐生产遗韵。如江苏省的盐城市、盐东县,浙江嘉兴市的海盐县,均直接以盐命名。市县以下,以盐命名的村镇、街巷、庙宇、河流、桥梁等更是数量众多。如江苏省南通市的盐河桥,盐城市的盐渎街道;浙江省海宁市的盐官镇、盐仓镇,浙江宁波象山的盐司庙,浙江省平湖市的盐运河，以及浙江宁波北仑的小港盐场(村)，等等。

(二) 以盐业生产单位和管理机构来命名

这类地名中带有场、团(仓)、灶、管、设、甲、厂、廒、埭、丘、圩等。如上海市浦东新区的新场镇、三灶镇、六灶镇、大团镇、四团、六团，浙江海盐县的杨家团、周家团等。

尽管由于时代发展及海岸线变迁等原因，这些以盐或盐业生产单位及其管理机构来命名的地方多数已经不再有海盐生产业。但这些独具海盐文化特征的地名却无不昭示着历史上这些地区盐业生产的繁荣。它们是江南沿海地区城市记忆和城市文化的一个重要组成部分。

三、海盐生产文化

古代江南沿海地区的海盐生产主要有煎煮和日晒两种，但以日晒法为生产工艺的大规模制盐到明代才出现。因而在多数历史时期，煮海为盐是海盐生产的唯一方式。

早在春秋战国时期，江苏、上海、浙江等地就都有关于将海水煎煮成盐的记载了。但先秦时期关于海盐生产的记载较少，估计规模不算大。自西汉起，这种情况发生了明显改变。

西汉初，吴王刘濞大力发展海盐生产业。吴地盐工们发明了一种名为“盘铁”的制盐工具。他们将盐卤水直接倒在盘铁上，盘铁下以大火烧之。盘铁内的盐卤水在高温下快速蒸发后，凝结下来的盐就留在盘铁上了。盘铁的使用极大地提高了生产效率，据说一昼夜可以产盐千斤。这种以盘铁制盐的方法一直沿用到了清代。

历代制盐所用盘铁的形状和规格略有不同。有些民间所用的盘铁，以及部分官方盐场的盘铁，为完整的单件铁板，体积较小。汉代实行盐铁专卖后，为了防止盐民私自煮盐贩卖，开始由官方统一制作体积巨大的盘铁。每副盘铁分四角，每角又分为若干块，由官府发给盐民们分户保管，待统一举火煮盐前，再由盐民各自拿出，拼凑成一个整体，以此严防盐民私煎、私贩海盐。这种将盘铁切块保存以防止盐民私下制盐的方式在宋代得到推广，并一直沿用到清代。被切割的盘铁少则4块，多则十几块，每块重达数百斤（见图一）。据清嘉庆《如皋县志》记载："盘铁之

图一①

① 明代的切块盘铁。

形，非锅非灶，无边无棱，非目睹其产盐，则不知此物为何用也。"这里所说的"非锅非灶，无边无棱"的盘铁，应该就是被分块保管的盘铁。盘铁在江苏盐城、南通等地的古盐场遗址均有出土，但大小不一。1975 年，江苏省南通市通州区唐洪乡在挖河时出土了一块厚 10 厘米、重 500 斤的较大型盘铁。

由于铁盘用铁太多，对普通百姓来说造价不菲。因而民间煮盐常以竹盘、鏾[①]来代替。竹盘是一种用竹篾编织成的煮盐锅。其内外涂上由牡蛎壳等烧制成的灰，以防渗漏。煮盐时以竹盘盛装卤水，直接加热煮盐。唐代刘恂在《岭表录异》中对以竹盘煮盐有所记载："竹盘煎之，顷刻而就。竹盘者，以篾细织竹镬，表里以牡蛎灰泥之。"宋《本草》中也引唐人记述，称"其煮盐之器，汉谓之牢盆，今或设铁为之，或编竹为之，上下周以蜃灰，广丈深尺，平底，置于灶，皆谓之盐盘"。不过就目前已出土的制盐工具来看，江苏地区的煮盐工具还是以铁质居多。

东晋时，制盐技术已由过去的直接取海水煮盐，发展为先制卤后煮盐，即淋卤煎盐。这种工艺有备柴、晒灰、淋卤、煎盐四个步骤。首先准备柴草作为燃料，然后在滩地上铺草灰以吸收退潮后滩土中富含的盐分，再收拢草灰，将其在灰池上压实，用海水反复淋灰，使草灰中的盐分融入水中，再将用这种方式收集到的盐卤导入卤井坑内。随后进行验卤，确认卤水达到所需的浓度后，将盐卤放进盘铁等容器中，起火煎煮成盐[②]。晋代文学家郭璞在《盐池赋・序》中就有"吴郡沿海之滨，有盐田，相望皆赤

---

① 一种煮盐用的浅底锅。

② 参见盐城市博物馆官方网站。

卤”的描述，可见当时吴郡已经普遍采用先制卤、后煮盐这一工艺进行盐业生产，而且海盐生产达到相当规模了。

上海地区也有类似的海盐生产工艺。盛夏时节，盐民们每天在退潮后的海滩上用牛耙土，深度在一寸以内。等到这些富含盐分的海滩表层土干了以后，再由人力挑到卤井附近备用。为了防止卤井渗漏，井内一般要放几只大缸，但上面的缸没有缸底。然后在卤井边做“囤”，囤深及腰。囤边用泥封实，下面用一支竹管通到卤井。做好囤后，把已经干燥了的滩泥放进缸里去，然后淋水浇泥，等卤水汇集在卤井后，收集起来就可以煮盐了。

唐代废盘铁而改用铁锅煮盐。由于铁锅很大，升温慢，因此唐代的盐灶也都很大。为充分利用柴薪，每次举火，都有几家亭户（盐户）轮流共煎。这种生产方式被称为团煎、团煮，而共用一个盐灶的盐户们则被编为一“灶”，“灶”也由此成为一级盐业生产组织单位的名称。唐代时，淋卤制盐法已经比较成熟。当时的海盐县诗人顾况在《释祀篇》中有“龙在甲寅，永嘉大水，损盐田”①的记述，说明当时浙江永嘉一带也已经继吴郡之后普遍采用盐田制卤的工艺进行海盐生产了。

宋代时也采取“聚团公煎”的方式生产海盐。当时官方规定十灶为一甲。这里所说的灶，是特指煮盐卤煎盐所用的盐灶。一般由泥块砌成，圆形，上面放有煎煮器皿，下面四周开灶门，煮盐时烧柴草加热。由于各地气候及制卤条件等都有所不同，江

---

① （清）董诰：《全唐文》卷五二九。

浙盐场的制盐工艺和设备也略有不同。《宋史·食货志》中就提到，浙西盐官、汤村等盐场多用铁盘煮盐，而浙东钱清、石堰等盐场则多用竹盘煮盐。宋代著名词人柳永在浙江舟山任盐官时创作的《煮海歌》中所描述的海盐生产就是采用刮泥、淋卤、制卤与火力熬制结晶的方式。

《煮海歌》

（宋）柳永

煮海之民何所营，妇无蚕织夫无耕。
衣食之源太寥落，牢盆煮就汝轮征。
年年春夏潮盈浦，潮退刮泥成岛屿。
风干日曝咸味加，始灌潮波塯成卤。
卤浓碱淡未得闲，采樵深入无穷山。
豹踪虎迹不敢避，朝阳山去夕阳还。
船载肩擎未遑歇，投入巨灶炎炎热。
晨烧暮烁堆积高，才得波涛变成雪。
自从潴卤至飞霜，无非假贷充餱粮。
秤入官中得微直，一缗往往十缗偿。
周而复始无休息，官租未了私租逼。
驱妻逐子课工程，虽作人形俱菜色。
鬻海之民何苦门，安得母富子不贫。
本朝一物不失所，愿广皇仁到海滨。
甲兵净洗征轮辍，君有余财罢盐铁。
太平相业尔惟盐，化作夏商周时节。

元代盐场的生产和管理组织有所变化，灶不再是盐场生产的一级组织单位了。分散的灶被归并为团，团也因此成为盐场的一级生产组织单位。元代的聚团公煎细化了成员的分工。每个团里的成员按照工作所需分为灶丁、柴丁、车丁、火工、验工等，分工明确，大大提高了生产效率。在制盐工艺方面，元代基本延续了宋代的工艺。

在南宋及元代，下砂盐场一直由瞿氏家族世袭把持。由于海盐产量事关财富多寡，因而瞿氏对于海盐生产工艺的推广及传承都非常重视。瞿氏家族的瞿守义作为下砂盐场的盐官，曾绘制了一部记录海盐生产全过程的长卷，取名《熬波图》。其后，浙江天台人陈椿在任浙西下砂盐场盐司时，在瞿氏长卷的基础上进行修改，增补了图画和元朝"改仓立法之异"等内容，并配上文字，对图画进行解释和评论，即《熬波图咏》。《熬波图咏》一书于元统二年(1334 年)完成。该书共 2 卷，有图咏 47 章，记录了海盐制作的全过程，是我国第一部关于海盐生产的专著，反映了元代海盐生产的基本状况。永乐大典本《四库全书》在提要中对该著做了如下介绍：

> 自各团灶座，至起运散盐，为图四十有七。图各有说，后系以诗。凡晒灰打卤之方，运薪试运之细，纤悉毕具。亦楼璹《耕织图》、曾之谨《农器谱》之流亚也。序言地有瞿氏、唐氏为盐场提干，又称提干讳守仁而佚其姓。考云间旧志，瞿氏实下砂望族。如瞿霆发、瞿震发、瞿电发、瞿时学、瞿时懋、瞿时佐、瞿先知辈，或为提举，或为盐税，几于世任盐官。

> 其地有瞿家港、瞿家路、瞿家园诸名，皆其旧迹。然创是图者不知为谁。至唐氏则旧志不载，无可考见矣。诸图绘画颇工。《永乐大典》所载，已经传摹，尚存矩度。惟原阙五图，世无别本，不可复补。姚广孝等编辑之时，虽校勘粗疏，不应漏落至此。盖原本已佚脱也。

这部专著为今人研究元代盐场的内部情况和盐户在盐场的处境等提供了极为宝贵的第一手资料。在《熬波图序》中，陈椿还叙述了下砂盐场的地理位置及其适合煮海盐的地况："浙之西，华亭东百里，实为下砂。滨大海，枕黄浦，距大塘，襟带吴淞、扬子二江，直走东南皆赤卤之地，煮海作盐，其来尚矣"。

明万历年间(1573～1620年)，官府改造了海盐煎具，制造规格统一且轻便的小型铁锅，推行小灶制。从此，自西汉起就开始的"团煎"改为了"散煎"。明代时，浙江一些地方已出现了晒盐法，即利用海风和阳光使水分蒸发后结晶成盐。具体可分为池晒、板晒、滩晒等多种生产方式。池晒要先在海边修建晒盐池。晒盐池有若干层，海水自上而下注入，逐层曝晒。当流入最后一层盐池时，盐卤浓度已经很高了，只需曝晒一日就可以成盐。板晒则是把卤水盛放在盐板里暴晒。滩晒不需要制卤，盐民们直接将海水引入盐田，利用滩形和池格循环走水，使海水快速蒸发，海水盐度由淡转浓，最后结晶成盐。晒盐工艺在清代顾炎武所著的《肇庆志》中也有所记述——"砖作场，以沙铺之，浇以滴卤，晒于烈日中，一日可以成盐，莹如水晶，谓之'晒盐'，倍价于常"。但这种晒盐法在当时没有得到很大范围的推广应用。直到清嘉庆年间，晒盐法才因不费柴薪、操作轻便、产量较高、成本低廉而得到了推广，成为海盐生产的主流工艺。包括上海各盐场在内的大量盐场纷纷采用盐板晒盐。大量盐民从繁重的伐薪劳作中解脱出来，盐业生产也得到了进一步发展。

晒盐法中的板晒法是晚清时运用最广的制盐法。“盐板由木板制成，拼缝处用熟石灰涂抹防漏。盐板四周做沿，沿高寸许，在滩地上打 4 根木桩，将盐板平放好后，从卤井中吊一桶或一桶半卤水置入盐板，在日光下暴晒。夏天下午三四点钟即可收盐。每块盐板的产量视天气和卤水的多寡浓淡而有不同，一般在伏天里可晒盐 3.5～4 公斤。收好盐后，把盐板一块块收到一起叠起，以防失热。叠起的盐板在第二天使用时仍是热的，称为‘热盐板’，用它晒盐可以提高盐产量。”①

曾仰丰在其《中国盐政史》中称：清乾隆年间，舟山的岱山盐场首创板晒，后来逐渐推广到徐姚等盐场。柳国瑜等编的《奉贤盐政志》也载，咸丰年间（1851～1861 年），岱山的盐民们迫于生计，乘船携夹盐板逃荒至奉贤沿海一带的滩涂荒地安家。他们除草辟难，分节取卤，板晒制盐。当地盐民看到后纷纷效仿，于是煎煮法逐渐被淘汰。根据这些记载，大致可以推定板晒法是由岱山盐场发明的。

由于板晒法不受柴薪条件制约，便于扩大生产，在推广后明显促进了海盐产量的提高。据史书记载，清雍正十三年（1735 年），舟山盐产量为 5840 石。制盐法由煎煮改为板晒后，光绪初

---

① 毕旭玲：《古代上海：海洋文学与海洋社会》，上海社会科学院出版社，2014 年，第 147 页。

年(1875年),舟山的海盐产量就达到了28500石。也就是说,在不到140年的时间里,海盐产量猛增了5倍[①]。板晒法的推广对于海盐生产业的促进作用是非常显著的。

第三节　江南海盐区的盐业信仰

在江南地区博大精深、内涵丰富的传统文化中,蕴含着丰富多彩的神话信仰。在科学技术尚不十分发达的古代社会里,人们总是不由自主地把一些无法解释的现象归结为神的力量。因此产生了各种对于神的崇拜和信仰。我国文化传统中向来有为做出突出贡献的人立祠,并进行祭祀的传统。通常某一领域的开创者或做出了重大贡献的人都会被人们尊崇为神,进而成为行业神。我国的传统行业大都有行业神的存在,盐业也不例外。

在漫长的历史发展进程中,盐民们不但创造了诸多盐神,还由敬神出发而衍生出了许多传说、仪式、风俗。盐民们对于盐神的信仰与崇拜是盐文化不可缺少的部分。

我国的盐分海盐、井盐、湖盐、池盐、岩盐等多种。不同地区所产的盐种类不一,因而各地所尊奉的盐神也不同。就江南地区来看,由于所产的盐是海盐,因而江南人普遍尊奉传说中煮海为盐的夙沙氏为盐宗。夙沙氏也是全国性的海盐盐神。除了夙沙氏和其他一些全国性盐神之外,受地域文化影响,江南盐民们也创造出了许多富有地域特征的盐神。这些全国性盐神与江南地

---

① 数据参见朱去非:《板盐晒盐考》,《盐业史研究》,1990年第3期。

方性盐神一起，组成了拥有众多神祇的江南盐神神系。

一、盐业神出现的深层原因

众多盐业神的出现，既有英雄崇拜、感恩崇德等精神文化的原因，也有盐业生产过于辛苦等物质文化层面的原因。

首先，我国传统文化中一向有英雄崇拜、感恩崇德的文化传统。如，黄帝、炎帝是华夏文明的开创者，蚩尤是上古传说中的英雄，因而很多地方的人们将他们作为盐神来崇拜。这种崇拜中显然蕴含着先民们对于文明开拓者的崇拜与感激之情。夙沙氏之所以被人们奉为盐宗，是因为他率先煮海为盐，有开创海盐业的功绩。正如清代两淮盐运使乔松年在其《新建盐宗庙记》中所说，“古圣人开美利之源以贻万世，后人必有报祀之典以答其功，下至贩夫佣竖，亦知求其始事之人而奉祀之，若酒则杜康，茶则陆羽，其类甚多”。

其次，海盐生产作业的艰苦是促使地方性盐神产生的主要原因。江南沿海人民很早就开始煮海为盐。然而在相当长的一段历史时期内，人们的海盐生产方式都是比较原始的。早期是趁海水退潮之时到海边刮取含有较高盐分的滩土作为制盐材料，而后制卤、熬煮；后来则是将草木灰平铺到海滩上吸取含盐量高的海水，再收起这些草木灰进行制卤、熬煮。无论哪一种，都非常辛苦。盐工们不仅要顶着烈日在海滩上刮泥，将成千上万斤的滩泥挑回制卤，还要伐木割草作为薪柴，在酷暑时节守着热气袭人的盐灶添柴、搅拌、取盐，其劳累程度远远超过普通行业。不仅如此，在海盐生产过程中，由于生产力落后，盐业生产受天气、风向等自然条件和人为因素的影响非常大，盐民们即使付出全部努力也未必能够得到满意的收获。他们无力改变现实，就只能将命运交给想象中的盐神，通过一定的仪式向盐神致敬，以期得到盐神的护佑。

二、江南盐神系统中的盐神们

江南盐神系统中的盐神大致上可以分为全国性盐神和地方性盐神两类。

（一）全国性的盐神

主要有夙沙氏、胶鬲、管仲三位。他们在全国绝大多数地区都被尊为盐神。江南地区自然也不例外。

1. 夙沙氏

这是传说中最早煮海为盐的人。因有首创之功而被尊为盐宗，并且得到了全国各地人们的普遍接受和认可。有关夙沙氏的身份及生活年代，历来说法不一。其中最广泛的一种说法称夙沙氏是与神农氏同一时代的人，本为部落首领，后归附于神农氏为臣。有关夙沙氏煮海为盐的传说早在先秦时期就已流行，但为其立庙并进行祭祀却是自汉代才开始的。宋代罗泌的《路史·后记四》中引汉代宋衷作注的《世本》说："今安邑[①]东南十里有盐宗庙……宿沙氏煮盐之神，谓之盐宗，尊之也。"夙沙氏的盐宗地位是得到全国绝大多数盐区人民认可的，因而盐宗信仰具

---

① 今山西省运城市。

有普遍性。

夙沙氏在众多盐神崇拜中具有突出的地位。无论是煮盐者、晒盐者，还是卖盐者，都将其奉为祖师，焚香祭拜，以期盐业兴旺。各地盐神庙、盐宗庙等，也多将其作为主祀。

2. 胶鬲

胶鬲是商朝人。传说他原以贩卖鱼盐为生。西伯（周文王）发现其才华后，将他推荐给纣王为臣。后来，胶鬲为周做内应，助周武王取得了伐纣的胜利，因而又做了周朝臣子。《孟子·告子》中有一段广为人知的论述："舜发于畎亩之中，傅说举于版筑之间，胶鬲举于鱼盐之中，管夷吾举于士，孙叔敖举于海"，其中"胶鬲举于鱼盐之中"所提到的就是胶鬲出身盐贩这一典故。过去盐商们经常张贴一副对联——"胶鬲生涯，桓宽名论；夷吾煮海，傅说和羹。"这副对联中的几位古人都与盐业有关，而上联居首的就是被奉为盐宗的胶鬲。

3. 管仲

管仲是春秋时期著名的政治家，名夷吾，字仲。他辅佐齐桓公，在齐国推行"官山海"的政策，由国家垄断盐业经营，所有食盐均由政府征税和统购。由于这一政策不仅在政治上打击了那些垄断山海的地方割据势力，也在经济上限制了富商势力的恶性膨胀，使得齐国国力大增，齐桓公也因而成为春秋时期的第一位霸主。由于管仲率先对盐业经营管理进行改革，人们尊其为盐宗。

两淮盐区的盐民信奉管仲的比较多。每年正月十六日要放鞭炮表示对他的崇敬，还会在盐垛上插上画有管仲画像的小旗子来测风向、观天象，预测一年的盐收成。传说这一天如果风和日丽，刮西南风，就预示着盐收成好；如果阴天下雨，刮东北风就预示着盐收成差。

由于夙沙氏、胶鬲、管仲都被称为盐宗，为了将三者区分开来，人们往往根据他们各自不同的贡献，将夙沙氏称为产盐之宗，将胶鬲称为经盐之宗，将管仲称为管盐之宗。这三位盐宗都在全国范围内得到广泛尊崇。他们不仅具有象征意义，也满足了盐民及盐业经营者、盐业管理者的精神需求。

尽管这三位盐业生产者、经营者、管理者都被奉为盐宗，但有文献记载的盐宗庙却并不多见。两淮盐区历史上曾有两座著名的盐宗庙，其一为扬州康山街的盐宗庙。但这处盐宗庙的建立并不很早。据《光绪江都县续志》卷十二载："盐宗庙，在南河下康山旁，祀夙沙氏、胶鬲、管仲。同治十二年（1873），两淮商人捐建。"另一座在江苏泰州市的海陵北路，因主祀管仲，被称为管王庙。管王庙始建于明初。虽然该庙名为管王庙，但实际上是盐宗庙。同治年间，时任两淮盐运使的乔松年对该庙进行了重建，庙宇规模有所扩大。重建后，乔松年还曾亲自写过一篇《新建盐宗庙记》。其中提到，"盐之资于人久矣，江淮间盐利尤饶，上以佐国赋，下以给民用，凡官商胥吏士大夫与市井纤夫，仰给于斯者无虑数万人，顾未尝求始事之人而祠之，无乃礼之缺欤"！对盐业的重要性给予了高度肯定。

（二）江南的地方性盐神

江南的地方性盐神具有明显的地域特点。古代两淮盐场与两浙盐场的盐民们在信仰方面多有不同。

1. 两淮盐区的盐神

今江苏沿海地区的古盐场在古代属于两淮盐区。这里受中原文化影响深厚，同时也受到西部、南部地区越文化、楚文化的影响，因而民间信仰具有多样性特点。江苏沿海地区信奉的盐神主要有：

（1）葛洪

葛洪是东晋时期著名的道教学者。他热衷于医学和炼丹制药，隐居于罗浮山[①]炼丹。当时的兴化至茅山一线均为重要的海盐产地，茅山地区的泉、湖中也都含有较高盐分。相传，葛洪某日在山顶炼丹时忽然气温骤降，白云湖的湖面结满了白色盐硝。葛洪于是采集了一些盐硝，炼制成一种白色药丸。那些面黄肌瘦的百姓们在舔食过这种药丸后纷纷变得红光满面。人们称这种药丸为盐丹之祖，白云湖也自此改称盐湖。葛洪遂被常州等地的盐民们尊为盐神，其画像常被悬挂于两淮盐场内。

（2）盐婆娘娘

盐婆娘娘是两淮盐区的主要盐神之一。但关于盐婆的传说很多，而且内容相互矛盾。较为普遍的说法是：盐城等地原本没有盐。百姓们因缺盐而体弱多病。后来一位姓严的老婆婆在从海边织渔网回来的途中，发现海滩上有一层白霜。她试着舔了一下，觉得胃口大开。于是就将海滩上的白霜扫了一袋背回来分给乡邻。大家吃过后都感觉浑身有力，原来的疾病也痊愈了。因为这种白霜是严婆婆发现的，于是大家称这种白霜为“严”。

① 今位于江苏境内的茅山。

后来，严婆婆又将海水挑上海滩，在太阳下晒，也得到了“严”。之后，由于阴雨天无法晒盐，人们就开始煮熬海水制盐。于是有人根据把海卤水放到器皿里煎煮的过程，将“严”改成了“盐”。人们出于对严婆婆的感激，把她奉为盐业祖师来焚香祭拜，认为她可以护佑盐民。

传说盐婆娘娘的生日是正月初六。盐民们对此十分重视，通常要在年前就备好香烛纸马。到了正月初六这一天，盐民家里凡是能够上滩干活的人都要到滩头，举行放鞭炮、烧盐婆纸、磕头、祷告等一系列仪式，请求盐婆娘娘保佑自家在新的一年里产盐多、盐粒大、盐花白，等等。之后，所有盐民都要拿着工具到滩上去干点活儿，以示开工。传说如果盐婆娘娘在这一天高兴了，那么这一天的天气就好，全年的盐收成也会好；如果盐婆娘娘不开心，则不是刮风就是下雨，全年的盐收成也会不好。因此，盐民们在这一天都处处小心谨慎，惟恐惹恼了盐婆娘娘。清代海州[①]举人许桂林有一首题为《盐生日》的诗歌，其中记述了盐民们在这一天的活动。“以正月初六为盐生日，晴则丰，雨则歉。戽盐中，晒盐席，畦户为盐做生日。以盐为生利盐息，盐粒珠珠如水白。今年盐已生，去年盐未出。畦户无忧船户喜，盐河冻合新安北。盐生日，月初六，日暖风和盐粒熟。畦户手持扫盐帚，喃喃自问盐池祝，盐廪高于马耳山，为官为私无不足。”

(3) 盐盘大圣

关于盐盘大圣，说法不一。一种说法称盐盘大圣与盐婆娘

① 今江苏连云港。

娘是夫妻神，盐盘大圣发明了制盐法，盐婆娘娘则教人们如何使用盐；还有一种说法称盐盘大圣就是盐婆娘娘。由于盐婆娘娘在民间的香火旺盛，直冲南天门，惊动了玉皇大帝。玉皇大帝查明原因后为奖励盐婆娘娘造福人间，就赐予她“盐盘大圣”这一称号。但江苏沿海地区祭祀盐婆娘娘是在农历正月初六的清晨到滩头进行祭拜，而祭拜盐盘大圣却是在农历三十的晚上，在煮盐的锅灶上摆放酒肉，焚香叩拜。因此，盐盘大圣应该不是盐婆娘娘，而是与灶火有关的神。联系其名为“盐盘”，并且其神位位于锅灶之上等信息，这位盐盘大圣很可能是被人格化了的盘铁。

（4）龙王

江苏盐民们对于龙王的信仰甚于管仲。这主要是由于封建时代实行盐专卖，绝大多数盐民只负责制盐，与销盐、盐政等关系不大。在盐民们看来，海水的含盐量是由龙王决定的，潮涨潮落也是由龙王决定的。因而要想让潮水顺利流入盐池，取得盐业丰收，就一定要求得龙王的庇佑。因此，每年正月十五，盐民们都要到龙王庙或海边磕头烧香，烧“龙王纸”，祈求龙王多多庇佑，制出好盐，获得丰收。此外，盐民们传说农历六月初六是龙王的生日，在这一天晒出来的盐用来做菜煮汤时味道格外好，因此多在这一天晒盐自用或馈赠亲友，称之为“龙王老爷生日盐”，简称“龙盐”。

除这些盐神之外，两淮盐区的盐民们也有信奉太阳神、窦娥等神鬼的，但相对来说信众很少，影响不大。其信仰依据大约与阳光暴晒可以令海水快速蒸发成盐，以及传说中窦娥被杀时的六月飞雪与盐的状貌相似有关。江苏连云港云台山上有座窦娥庙，传说农历三月初三是窦娥生日，这一天要举办香火会。盐民们在这一天要到庙会上买蓑衣、草鞋及水斗等从事盐业生产的用品，以期获得窦娥的庇佑。

2. 两浙盐区的盐神

浙江古盐场过去多属于宋代以来的两浙盐区。其盐民们所信奉的盐神与两淮盐区多有不同。

(1) 塯神

也称塯头神。为舟山、岱山、海盐等浙江盐区的盐民们所信仰。所谓“塯”，即中间略微凹陷的圆形土堆。盐民们奉之为神，主要与塯在制盐过程中的重要作用有关。

古代无论煮盐还是以盐板晒盐，都要先制卤。卤的质量直接关系到盐的产量和质量，是制盐过程中极为重要的一个环节。而塯的作用就是制卤。盐民们先将从海滩上刮来的含盐量很高的滩泥晒干，然后把这些泥堆成一个中间凹陷的圆形土堆，这就是“塯”。弘治年间修撰的《海盐县志》中对塯的制作过程及其功用有详细的记述：“先此周筑土圈如柜，长八九尺，阔五六尺，高二尺，深三尺，名曰溜(同‘塯’)。溜旁即开一井，深八尺，溜底用短木数段平铺，木上更铺细竹数十根，复覆之以柴，冒以草灰，然后取场灰填实溜中，用足踏实。再以稻草覆灰，仍挑潭中海水，多泼草上，使缓缓潜渗入井中成咸卤，可汲煎矣。”根据这一记载可知，塯的高度约0.6米左右，深度约1米左右，其直径通常在1.5～1.8米之间[①]。一个塯大致要用一百二十担左右的滩泥才

---

① 明清时期一尺合今31.1cm。

能筑成。不过，塯的大小并没有严格的统一规定。《定海县志》称，“定海溜碗口径与底径相等成圆筒形，余姚场则口大而底小。又岱山溜碗较大于余姚，而舟山各岛则较小也”。可见，不同盐区所筑塯的大小和形状都有所不同。

塯筑成后，盐民们会挑海水灌入塯中。放置一段时间后，海水会逐渐透过滩泥，形成含盐量很高的盐卤，流入卤井缸。盐卤的流出速度因塯的土质而有所不同。“余姚盐泥含沙多，故滴速，一昼夜即有卤；舟山列岛泥细腻少沙，故滴迟，有经三四日或五六日而始滴者。”[①]这些由塯而流出的盐卤经收集和检验之后就可以用来煮盐或晒盐了。一般盐民们用鸡蛋验卤，鸡蛋全部浮在盐卤上为头卤，半浮在盐卤上的为二卤，只略微浮起一点的为三卤。如果整个鸡蛋都沉到盐卤下面，则卤水不能使用。可见，并不是所有塯都能够产出合格的盐卤。盐民们多日的辛苦很可能因塯所流出的盐卤质量达不到制盐的要求而前功尽弃。

由于塯决定着盐卤以及所制海盐的质和量，是制盐过程中最重要也最难把握的一道工序，直接决定着制盐的成败。因而盐民们对塯的态度诚惶诚恐，认为塯有灵性，须虔诚供奉它才能够取得好收成。这种崇拜不仅反映了盐民们对丰收的渴望，也反映着他们对于制卤环节的重视。

两浙盐区内不同盐场对于塯神的供奉和祭拜方式各有不同。舟山地区的盐民们在年末时都要祭拜塯神以示答谢。尽管盐民多数贫困，但对塯神的供奉却很讲究——通常供桌第一排

---

① 陈训正、马瀛：《定海县志·鱼盐志第五·盐产》民国十三年(1924年)铅印本。

摆放由猪、羊、鸡（或鹅）组成的“三牲”和鱼、年糕；第二排摆放盐、红糖、豆腐、糕饼、水果；第三排摆放 5 碗以金针菇或木耳盖顶的素菜；第四排摆放 5 碗饭；第五排摆放 6 杯酒；第七排摆放 3 杯茶[①]。

㽘神崇拜实际上是一种对于生产用具的崇拜，是万物有灵论的反映。这种思维方式在中国北方地区的信仰崇拜中很常见，但在江南地区则较为少见。当然，㽘神并不是两浙盐区唯一的生产用具神。在海盐地区的古盐场，盐民们还普遍供奉盐灶神。盐灶神亦称盘头神。在盐民们看来，卤水再好，也要经过灶火熬煮才能成盐，因而煮盐灶的灶神也是怠慢不得的。

（2）刘晏

即中唐时期推行榷盐法改革的经济改革家刘晏。据道光《象山县志》记载：“在昌国卫[②]城西门，祀唐刘晏。其一曰左所庙，在城横街前路亭下，其一曰右所庙，在城南门，皆其神也。”从这段描述中可以看出：当时祭祀刘晏的祠庙有 3 个——位于昌国卫城西门 1 处，位于该庙左右两向各 1 处。

刘晏被盐区人民奉为神灵，主要是由于他在盐政史上的突出贡献。在其改革盐政前，官府不但强迫百姓无偿运盐，还大幅提高盐价，令百姓怨声载道。同时，由于政府盐务机构庞大，开支惊人，各级盐官们欺压盐民，令盐民们苦不堪言。刘晏担任盐铁使职务后，对盐法进行改革，取消了各州县的榷盐官，只在盐产地设置盐官，负责收购盐户的食盐，然后加价卖给盐商，再由

① 宓位玉、虞天祥：《煮海歌：岱山海洋盐业史料专辑》，中国文史出版社，2004 年 1 月。
② 昌国，即昌国县。

盐商运销各地。这样一来,盐税就隐藏在食盐加价之中。将加价盐卖给百姓,等于天下所有百姓都向官府缴纳盐税。这一改革的成功之处是在盐的运销问题上充分尊重价值规律和市场原则,按照商品经济法则进行市场运作,扩大了市场功能,很好地处理了朝廷控制与市场规则之间的关系,取得了更显著的财政效益和社会效益。在刘晏刚接手盐铁事务时,唐政府每年的盐利只有40万缗。而盐法改革后,到唐大历年间,政府每年所获盐利高达600多万缗,盐利占到了唐政府年财赋收入的一半。刘晏主持盐政时的象山地区是全国主要海盐产区。传说刘晏到昌国卫视察盐民煮盐时,看到盐民往往一时之间无法缴纳赋税,便实行"两秤税"以减轻盐民负担。在灾荒之年,刘晏还开仓放粮赈济百姓。因而象山许多盐场都建庙纪念这位盐民的恩人,尊他为管理盐税的"盐祖宗"。

尽管随着历史的推演,如今的舟山已不再以盐业为主。但位于今浙江宁波象山县城西南80里处的昌国卫大庙却得以保存下来。几经修缮后,至今仍可参观。

(3) 彭韶

盐民多称之为"彭侍郎"。其人生于福建莆田,为明代天顺元年(1457年)进士,曾任刑部右侍郎、左侍郎等职。据嘉靖年间的《宁波府志》记载:"在(慈溪)县杜湖之西北隅。祀侍郎彭韶。弘治己酉,韶奉命整理盐政,临鸣鹤场,宽恤民灶,邑人思之,饮食必祝,都转运林堂为立祠。"①这里所说的鸣鹤场,即明代隶属

① (清)嵇曾筠、沈翼机、傅王露:《浙江通志:卷九十五》"风俗上",中华书局,2001年。

于两浙都转运盐使司宁绍分司的鸣鹤盐场。传说彭韶到该盐场后整顿了这里的盐政,并上书皇帝请求减轻盐户负担。得到准许后,实行了诸多减负政策,使得鸣鹤盐场盐民们的生活大为改善。因而盐民们感恩立祠。

(4) 盐熬菩萨

也称熬盐菩萨、徐太公。这是宁波象山地区的一位典型的人鬼神。传说其人名徐景灏,是象山杉木洋村村民。当时该村村民都以煮盐为业,因此与周围村落的居民产生了利益纠纷。有人提议在煮盐的锅里放一个秤锤,哪个村的人能够从锅中滚烫的盐卤中捞出秤锤,就让哪个村的人煮盐。徐太公冒死从滚烫的盐卤中捞出了秤锤,从而保住了本村煮盐的特权。传说徐太公因捞秤锤而被严重烫伤,不久就离开了人世。徐姓子孙感激他保住了族人世代谋生的基业,便为其立常济庙,尊称他为"盐熬菩萨"。

两浙盐区的这些地方性盐神虽然影响力不如夙沙氏等广泛,但体现了盐民们对生产过程的重视以及对仁厚盐官们的感激,真实地反映了盐民渴望盐政清明,盐业丰收的愿望。

第四节 盐民习俗与江南盐文学

自先秦以来,江浙沿海地区的盐民们在年复一年的海盐生产过程中形成了许多独具特色的盐民习俗。尽管这些习俗的影响力如今已随着盐业在地区经济中重要性的减弱而逐渐淡出了人们的生活,但仍具有很高的民俗学价值。

一、江南盐区民俗

（一）两淮盐区的盐民习俗

两淮地区的盐民们除了有在约定俗成的日子里祭拜盐神的习俗外，还有在“晒盐日”开工的习俗。

晒盐日，即盐民每年第一次晒盐的日子，俗定为农历三月三日。由于盐民晒盐必须看天气、看风向，每年能够晒盐的时间局限在农历三月到九月之间，因而盐区有“小满膘头足，六月晒火谷，夏至水门开，水斗挂起来”的谚语，意为三月里所晒的盐质量最好，粒大色白犹如沾了油膘；六月晒的盐品质差，像炒后的谷子一样；夏至以后，雨季来临，不能晒盐了，水斗之类的制盐工具就可以收起来了。下半年的晒盐工作一般从农历七月中旬开始。盐民们认为农历九月的盐入口苦涩，十月份时盐已经入土不出来了，因而十月以后只制卤，不晒盐。在盐民的传统中，三月三日的晒盐日那天一定要开始新一年的工作。

由于生产工艺的原因，盐民对待风雨阴晴的态度与农民、渔民有很大差异。通常农民最怕久旱无雨，烈日炎炎，而盐民却最盼望炎热无雨的天气；渔民因为要出海打鱼而最怕风浪，而盐民需要让盐卤快速结晶，因而最喜欢大风天。

在我国大多数地区，人们有年末送灶的习俗。但盐民靠煮盐为生，灶火熄灭就意味着生产中断、衣食无着，因而盐区有“熄火穷”的说法，即使过年也绝不送灶。一些地方的盐民还忌讳在大年夜吃汤泡饭。因为“泡汤”在盐场上意味着海水无法成盐，白白辛苦。

（二）两浙盐区的习俗

两浙盐区的海盐县一带，由于盐场开发早，且海岸线不断向东南推移，导致当地滩涂上的滩泥不能满足当地制盐的需要，盐民们须开船到杭州湾南岸的余姚、慈溪一带购买盐卤做煮盐原料，因而航运安全对这些盐民们来说非常重要。通常在启航前，盐民们要在船头祭祀潮神，祈求平安，称为“请潮神”。制好盐后，卖盐船要先去石鼓桥庙里进行祭拜，求得吉签后才可启航。此外，相传钱塘潮潮神的生日为农历八月十八日，所以盐民们也会在这一天祭祀潮神。

对于盐民来说，盐是大自然给予他们的一种神奇的恩赐。同时，由于盐具有一定的杀菌、消炎作用，浙江岱山等地的盐民们认为盐具有驱邪除疫的功效。每年农历七月十五的中元节，即俗称的“鬼节”，盐民们都会在家门口撒些盐，以防野鬼进门。对那些毒虫爬过的地方，或者有腐烂之物的地方，盐民们也会以撒盐的方式来清除毒气。在盐民们看来，他们通过虔诚、艰苦的劳作而获得的盐是有灵性的吉祥之物。因此，除了用来驱鬼、除疫，盐也常被盐民们用来供奉神灵。

二、江南地区的海盐文学

盐业生产与流通不仅创造了丰富的物质文化，也创造了多彩的精神文化。其中海盐文学是很值得关注的一类。

这里所说的海盐文学，是指那些反映了海盐的生产、流通等社会生活的文学作品。

江南地区的盐业生产活动历史悠久，反映盐田状貌、盐民生活等方面的文学创作也源远流长。从理论上说，最早反映盐场面貌及盐民生活的作品肯定是来自劳动人民的创作。歌谣、神话传说等应是盐文学的早期形式。然而由于江南地区的开发相对较晚，加之普通劳动人民地位较低，其作品不易保存及流传等原因，有关早期盐业生产的歌谣等记载很少，其他类型的文学作品也不多。自六朝时期开始，伴随着江南地区的开发，"盐"开始大量出现在文人作品中。

六朝时期，赋成为文坛的主流形式，海赋创作更是蔚然成风。而几乎所有南朝文人的海赋中都少不了"盐"的身影。《南齐书列传·第二十二》载："融文辞诡激，独与众异。后还京师，以示镇军将军顾觊之，觊之曰：'卿此赋实超玄虚，但恨不道盐耳。'融即求笔注之曰：'漉沙构白，熬波出素。积雪中春，飞霜暑路。'此四句，后所足也。"即南齐文学家张融在创作《海赋》后，将文章拿给吴郡太守顾觊之赏评。顾在赞美之余，指出张融的《海赋》没有提及"盐"，因而有所不足。于是张融立即拿笔加上了"漉沙构白，熬波出素。积雪中春，飞霜暑路"四句弥补。这四句，既抓住了海岸晒盐的特点，又避免了直接说盐的直白突兀，很见文学功力。南朝刘宋时期文学家鲍照在其《芜城赋》中也特别提到了"孳货盐田，铲利铜山，才力雄富，士马精妍"，指出昔日吴国国都广陵依靠盐铜之利而国富民强，都市繁华。战乱后的广陵盐田衰落荒凉，城市也一片萧条。这里，鲍照虽然没有直接言明盐业的重要，但其重要性却已自彰。

盐在六朝辞赋中大量出现，一方面是因为此时的盐业已经成为了国家的一项支柱产业，对于经济的发展，都市的形成等影响巨大；另一方面则是因为人们已经将盐视为了海洋的一部分，缺少有关盐的描写就无法满足人们的阅读期待。

尽管六朝文人已经把盐作为了审美对象，然而由于身份地位等原因，他们对于盐业的了解大多只能停留于远望盐田，抒发逸兴这一层面，无法体会制盐的艰难和盐民们的辛苦。

在江南海盐文学中，既有文人作品，也有盐工作品；既有对盐业带来巨额财富的赞叹，也有对制盐繁难、盐民艰辛的描述。概括起来，江南海盐文学的内容主要有这样几类：

（一）反映制盐过程的作品

这类作品的创作主体多是生活在社会底层的盐工们。他们往往以歌谣的形式对盐业生产中的经验教训进行总结，并传承下去。如浙江岱山盐民的制盐歌谣："一凿熘壳，二作熘，三耙烂泥，四塘烂泥，五握烂泥，六挑烂泥，七做熘面，八拗熘水，九填泥渣，十摊泥场，十一潮水，十二挑卤，十三扛盐板，十四拗盐板，十五推盐，十六捋盐，十七挑盐归堆。"显然，这首歌谣反映的是盐民刮泥、做熘、制卤、晒盐、收盐的生产过程。虽然文字简单，但对生产环节概述清晰，也隐含着对于劳动艰辛的慨叹。

对于盐民来说，自然灾害随时可能令其即将到手的劳动成果化为乌有。因而盐民们特别注重经验的传承。如浙江舟山盐民的歌谣说，"大难勿用忧，大荒勿要愁，只怕白马沿江走，六月浓霜一笔勾"。这里的"白马"是指台风，"浓霜"则是指海盐。歌谣的意思是说六月晒盐需要充足的日光，如果台风一来，不但日光不足，还要下雨，盐不能结晶，此前付出的劳动就化为乌有了。浙江岱山一带的盐场还曾流行过一首《做增歌》，其中第一段唱到："一根里格扁担挑不弯格，里罗里罗！两只里格脚底磨泥滩呵，里罗里罗！一年三百六十里格天呵，祖祖辈辈挑盐担。呵呵，里罗，里罗，里罗，里罗，里罗，喂！"形象地道出了盐民从海滩上挑泥做增时的辛苦。

（二）反映盐民劳苦生活的作品

煮海为盐，不仅需要拥有良好的技术，更要付出常人难以想象的辛苦劳动。许多歌谣就是反映盐民劳作艰辛的。如两浙盐区的歌谣："头顶烈日晒脱皮，肩痛腰酸破衫衣。刮泥挑卤磨脚皮，百担卤泥换担盐。面朝泥场背朝天，呼天喊地呒无理。"前面提到，江浙地区的增大约要挑一百二十担滩泥才能堆积成型，做完这些还要挑海水浇灌在增内的滩泥上。为求出盐，盐民们不得不头顶烈日在海滩上刮泥，再把这些泥挑到制卤的地方。劳动强度之大，常人难以想象。一些深入盐区的文人对盐民们的困苦也深为同情，以填写曲子词而闻名天下的柳永就是这样的一位诗人。其《煮海歌》见于元代由冯福京等编写的《昌国州图志》，其诗还附有注文："悯亭户也，为晓峰盐场官作"。可见，这首诗是柳永在昌国县[1]担任晓峰盐场监官时专门为那些"亭户"们所作的。其目的在于将盐民的艰苦反映给上层权贵，以期解除盐民们的疾苦。这个习惯以词来描摹风花雪月的文人，以诗

① 今浙江定海。

的形式表达了他对于盐民们的深切同情。该诗开篇四句先从总体上概括了盐民生活的不易——他们的全部收入都依靠煮海为盐,而煮盐是一件极其辛苦的工作。诗人具体地向人们展示了盐民煮盐的整个过程:每当潮水退去,盐分就沉淀在海边的淤泥当中。而盐民们则在海边不停地刮取淤泥。他们刮下的淤泥堆积在海滩上,像形成了一个个小岛,而白色的盐就是从这看似肮脏的淤泥之中得来的。这种描绘,在当时来说具有非常重大的进步意义。在封建社会,处于社会底层的体力劳动者们饱受歧视。柳永作为一个封建文人能够专心为盐民作诗,体现出了其思想上的开明进步。同时,这些关于制盐的描写也让远离盐民的人们对于制盐过程有了真实的了解。煮盐必须有柴,所以亭户们不但要刮取淤泥,还要去深山砍柴,返回后点燃柴火熬煮盐卤。如此日复一日,盐卤才逐渐变成了白花花的盐。在这首诗里,柳永对于煮盐过程的描绘是直接而非常细致的,相较于那些侧重于抒发主观心理感受的诗篇,这种直接的客观描绘更能唤起人们对于盐民的深切同情。作为一个低级官吏,柳永虽然同情盐民们的遭遇,却无力改变他们的生活。因而诗中充满了悲怆。

如果说柳永这种盐场官吏对于盐民的痛苦体验尚不够深切的话,那么清代的盐民诗人吴嘉纪的诗作则更真切地展示了盐民们的痛苦生活。

吴嘉纪(1618～1684年),字宾贤,号野人,江苏省泰州[①]人,

① 今江苏省东台市。

出身于泰州安丰盐场的盐户家庭。他以“盐场今乐府”诗闻名于世。其《陋轩诗集》深刻反映了盐民们重重压迫下的苦难生活。正如他在《临场歌》小序中所述：“虽曰穷灶户，往岁折价，何曾少逋？胥役谓其逋也，趣官长沿场征比，春秋两巡，迩来竟成额例。兵荒之余，呜呼！谁怜此穷灶户？”盐民们不但要从事异常艰辛的劳作，还要承受来自盐吏的欺压和社会的风暴。

由于海盐的生产原料来自海水，盐民们只能临海居住劳作。对于盐民来说，狂风、海潮不仅随时可能夺走他们即将收获的海盐，更可能夺走他们的生命。康熙年间重修的《淮南中十场志》中记载：“康熙四年（1665 年）七月三日，飓风大作，折木拔树，涌起海潮，高数丈，漂没亭场庐舍，淹死灶丁男妇老幼几万人。三昼夜风始息，草木咸枯死，盖百余年来未有之灾也。”出身盐民的吴嘉纪对此痛心疾首，其《海潮叹》《风潮行》就分别反映了海潮、狂风给盐民们造成的悲惨境遇。

《海潮叹》

飓风激潮潮怒来，高如云山声似雷。
沿海人家数千里，鸡犬草木同时死。
南场尸飘北场路，一半先随海潮去。
产业荡尽水烟深，阴风飒飒鬼号呼。
堤边几人魂乍醒，只愁征课促残生。
敛钱堕泪送总催，代往运司陈此情。
总催醉饱入官舍，身作难民泣阶下。
述异告灾谁见怜？体肥反遭官长骂。

《风潮行》

辛丑七月十六夜，夜半飓风声怒号，
天地震动万物乱，大海吹起三丈潮。
茅屋飞翻风卷去，男妇哭泣无栖处，
潮头骤到似山摧，牵儿负女惊寻路。
四野沸腾那有路，雨洒月黑蛟龙怒；
避潮墩作波底泥，范公堤上游鱼度。
悲哉东海煮盐人，尔辈家家足苦辛。
频年多雨盐难煮，寒宿草中饥食土。
壮者流离弃故乡，灰场蒿满池无卤。
招徕初蒙官长恩，稍有遗民归旧樊。
海波忽促馀生去，几千万人归九原。
极日黯然烟火绝，啾啾妖鸟叫黄昏。

风暴、海难令生活在海边的盐民们命如飘蓬。然而即使在风平浪静的时候，盐民们也依旧难以摆脱悲惨命运。吴嘉纪《煎盐绝句》所反映的就是盐民们在“太平”时期的非人境遇：

白头灶户低草房，六月煎盐烈火旁。
走出门前炎日里，偷闲一刻是乘凉。

盐民不但日常劳作十分辛苦，社会地位更是极为低下。自唐代起，政府将盐民编为特殊户籍，专门为官府制盐。从此，盐籍成为一种世代相传、无法轻易脱离的桎梏。一旦成为灶户(盐民),就意味着自己和子孙都要世代从事这一几乎处于社会最底层的行业,在官府的严密监视下,做半强制性的体力劳动。宋代时,百姓中社会地位较为低下的是所谓“三籍”,即军籍、匠籍、灶籍。灶籍就是盐民,是三籍中最没有地位的,连人身自由都要受到官方管制。自宋代起,政府常常把一些犯重罪的死缓犯人编入灶籍作为惩罚,灶籍百姓地位之低下可想而知。到元代,统治者为了防止盐民们逃亡,不惜在盐场外筑起围墙,并调集军队来把守,盐民的处境几乎与囚犯无异。

南宋华亭县盐监黄震在目睹了盐民们的生活后写道:“天下细民之苦,莫亭户为剧。岂止冬不得避风尘,夏不得避暑热而已哉!……某所经历下砂、青村、袁部、浦东等场,三数百里无禾黍、菜蔬、井泉,所食惟鹾水煮麦,不知人世生聚之乐。其苦尤甚。”身为下砂盐场盐司的陈椿也深有体会,其《题熬波图》一诗中写道:“钱塘江水限吴越,三十四场分两浙。五十万引课重难,九千六百户优劣。火伏上中下三则,煎连春夏秋九月。严赋足课在恤民,盐是土人口下血!”无比真切地道出了盐民的极端劳累艰辛。

正是由于生活悲惨,哀叹出身不好,渴望脱离盐籍,成了许多盐民诗歌的主题。下砂盐场等地流传的《盐民十头歌》中唱道:“前世不修,住在海头,屁股后头,夹根竹头,东场头跑到西场头。豆腐干能大小,一条被头,盖着当中,无没两头。吃饭用只,破碎钵头,养仔伲子,跳出东头,养仔五,不嫁海头。”《盐民山歌》中也唱道:“前世勿修,投在海头,屁股里头夹根竹头,肩胛挑来像只牯牛。六月里来饭米勿愁，十二月里东投西投。”①

除了劳作的辛苦，生活的贫困，官吏的压迫也使盐民们的生活黯淡无光。元代诸暨人王冕的《伤亭户》就反映了盐民备受欺凌，走投无路的悲惨生活：

清晨渡东关，薄暮曹娥宿。草床未成眠，忽起西邻哭。
敲门问野老，谓是盐亭族。大儿去采薪，投身归虎腹。
小儿出起土，冲恶入鬼录。课额日以增，官吏日以酷。
不为公所干，惟务私所欲。田园供给足，鹾数屡不足。
前夜总催骂，昨日场胥辱。今朝分运来，鞭笞更残毒。
灶下无尺草，瓮中无粒粟。旦夕不可度，久世亦何福？
夜永声语冷，幽咽向古木。天明风启门，僵尸挂荒屋。

（三）反映盐官、盐商们复杂遭际的作品

自古盐场多临近海岸滩涂，远离都市。盐区的下层官吏们多半也要远离家乡，在僻远的盐区寂寞度日，思乡而不得归。因而，下层盐官们的作品中也总是弥散着浓郁的忧伤。这类作品以唐代文学家刘长卿的《海盐官舍早春》最为著名。至德元年(756 年)，刘长卿被诬入狱，后遇大赦获释。至德三年(758 年)，刘长卿代理海盐令。该诗是他初到浙江海盐县时所作。其诗云：

① 姜彬、任嘉禾、王文华、阮可章：《中国歌谣集成·上海卷》，中国 ISBN 中心，2000 年，第 70 页。

小邑沧洲吏，新年白首翁。一官如远客，万事极飘蓬。
柳色孤城里，莺声细雨中。羁心早已乱，何事更春风。

诗人将宦游生活比作随风飘飞的蓬草，感叹自己生活的漂泊不定，真切地写出了普通盐政官员的现实生活感受，其间充满了无奈与哀愁。同时，这首诗运用了借景抒情的手法，以孤城中青青的柳色，蒙蒙的细雨，来衬托游子绵绵不绝的思乡之情。景因情而更加动人，情因景而更显忧伤。

当然，并不是所有与“盐”发生关联的人都痛苦、困顿。盐利的丰厚使得不少商人加入到贩盐行列中。他们凭借着敏锐的市场嗅觉和经营头脑参与运盐、贩盐，不少人因此而暴富。由于历代的重农抑商政策，古代商人的社会地位非常低下。许多盐商出身微贱，然而凭借着贩盐所得，他们却能够富比王侯，为自己赢得一份尊严。元代诗人杨维桢的《盐商行》就反映了这一社会现象。

人生不愿万户侯，但愿盐利淮西头。
人生不愿万金宅，但愿盐商千料舶。
大农课盐析秋毫，凡民不敢争锥刀。
盐商本是贱家子，独与王家埒富豪。
亭丁焦头烧海榷，盐商洗手筹运握。
大席一囊三百斤，漕津牛马千蹄角。
司纲改法开新河，盐商添力莫谁何。
大艘钲鼓顺流下，检制孰敢悬官铊。

吁嗟海王不爱宝，夷吾策之成伯道。
如何后世严立法，只与盐商成富媪。
鲁中绮，蜀中罗，以盐起家数不多。
只今谁补货殖传，绮罗往往甲州县。

当然，并不是所有的盐商都能够暴富。在杨维桢的另一首诗《卖盐妇》里，诗人描述了小盐商家庭在战争与苛政下的艰难。

卖盐妇，百结青裙走风雨。雨花洒盐盐作卤，背负空筐泪如缕。三日破铛无粟煮，老姑饥寒更愁苦。道旁行人因问之，试泪吞声为君语：妾身家本住山东，夫家名在兵籍中。荷戈崎岖戍闽越，妾亦万里来相从。年来海上风尘起，楼船百战秋涛里。良人贾勇身先死，白骨谁知填海水。前年大儿征饶州，饶州未复军尚留。去年小儿攻高邮，可怜血作淮河流。中原音讯绝，官仓不开口。粮缺空营木落烟火稀，夜雨残灯泣呜咽。东邻西舍夫不归，今年嫁作商人妻。绣罗裁衣春日低，落花飞絮愁深闺。妾心如水甘贫贱，辛苦卖盐终不怨。得钱籴米供老姑，泉下无惭见夫面。君不见绣衣使者浙河东，采诗正欲观民风。莫弃吾侬卖盐妇，归朝先奏明光宫。

这首诗里的妇女，因战争而失去了丈夫和孩子。改嫁给小盐商后，其丈夫为谋生而不得不长期在外奔波，作为盐商妇的她只能继续过着无依无靠的生活。

唐代时，盐商的形象就已经出现于小说当中。如唐传奇《龚播》中因行善积德而得到神仙青睐的龚播就是一位盐商。随着盐业繁荣，自宋代起，盐业小说开始多起来。其内容也比唐传奇更贴近现实生活。如洪迈《夷坚志》中"方客遇盗"：

> 方客者，婺源人，为盐商。至芜湖遇盗，先缚其仆，以刃剸腹，投江中；次至方，方拜泣乞命。盗曰："既杀君仆，不可相舍。"方曰："愿一言而死。"问其故，曰："某自幼好焚香，今箧中犹有水沉数两，容发箧取之，焚谢天地神祇，就死未晚。"许之。移时，香尽，盗曰："以尔可愍，奉免一刀。"只缚手足，缒以大石，投诸水。时方出行已数月，其家讶不闻耗。一日，忽归。妻责之曰："尔既归，何不先遣信？"曰："汝勿恐，我某日至芜湖，为贼所杀，尸见在某处；贼乃某人，仅在某处。可急以告官。"妻失声号泣，遂不见。具以事诉于太平州，如其言擒盗。

这篇小说写了盐商方客不幸被强盗杀死，其冤魂托梦向妻子揭发凶手，最终使凶犯落网的故事，反映了盐商们在获得暴利的同时，也承担着巨大的风险。

盐利的丰厚使得不少盐商迅速暴富。有人花天酒地，尽情享乐；有人则乐善好施，救人于水火。《夷坚丙志·王八郎》写盐商王八郎到江淮做大盐商后迷恋娼妓，其妻气愤之下藏匿家产。待夫妻离婚后，妻子用藏匿的财产发了家。而王八郎则日显困顿。不但活着时受到妻子冷落，死后也被妻子拒绝同穴。《盐商义嫁》则写泰州盐商项四郎在水中救起了一个遇劫的徐姓女子。他不贪色、不贪财。为了这个女子能有个好未来，在尊重她本人意愿的前提下，将她嫁给一位品行端良的人为妾，最终使徐姓女子找到了亲人，合家团聚。这两篇小说中两个盐商的形象可谓差异巨大，但都反映了盐商们的真实生活。小说对暴富后不顾家庭亲情的盐商进行了否定，而对充满仁义之心的盐商则进行赞颂，反映了我国传统文化中仁义礼智信的道德观念和价值取向。

清代反映盐商生活的小说最多。不但《儒林外史》《官场现形记》《二十年目睹之怪现状》等长篇小说中都有对清代盐政及盐商生活的描绘，专门反映盐商生活的短篇小说也为数不少。这些小说除了反映盐商们糜烂、贪色、吝啬、行善等性格特征外，也揭露了他们的狡猾、艰辛和不择手段。如《雅观楼全传》卷五《寄蜗残赘》"扬州雅观楼事"[①]中有个故事：主人公扬州商人吴文礼，外号"钱是命"。他积财数千金，开设文生盛钱庄放高利贷。其对门有个西商，在扬州贩盐多年，积攒下二三十万金。该西商与吴合作钱粮交易，又出于信任将自己瞒着东家私下赚得的十万余金秘密存放于吴文礼家。而吴文礼被财富诱惑，扣下钱财，矢口否认此事，令西商抑郁而死。其后，西商投胎为吴文礼之子，吃喝嫖赌，将吴家家产挥霍一空。吴文礼也被气死。这一故事中虽有因果报应等庸俗思想，但也反映了盐商唯利是图以及高利贷商人不择手段的特征。

---

① (清)题檀园主人：《雅观楼全传》，四卷十六回。道光元年维扬同文堂刊本。

清代也实行食盐专卖。商人们需要先拿到盐引才能够贩盐。而要获得大量盐引就必须贿赂各级盐政官员。于是盐商们纷纷与盐官相互勾结,牟取暴利。清末小说家许指严的《骨董祸》卷三中收录了一篇小说,该小说以乾隆年间著名的两淮盐引案为背景,再现了当年扬州盐商与两淮盐官之间相互勾结,彼此利用,以致酿出奇祸的故事:扬州盐商汪氏名列盐商四大家之一。为贿赂两淮运使卢雅雨等人,汪不惜采用各种手段满足其欲望。盐官喜欢古董,盐商就送古董;盐官喜欢美女,盐商就送美女。盐商们深知贿赂必须要投其所好,"同一贿也,能择人而施,则所向有功,否则弄巧成拙,徒贻画虎类犬之诮耳"!在盐商们看来,送礼不但要投其所好,还要做得"雅",便于盐官接受——"此等馈遗,较贿赂有雅意之判,且足以要结上官,不为圭角崭露,致遭忌嫉,故雅意优容之"。以古董和美女行贿后,盐商们得到了大把好处——"鹾员果喜,允将亏空一律弥补。汪某遂肆然得为诸商之总董焉"。汪商一时富比王侯。然而,事发后的结局是异常严酷的——大盐官及大盐商汪某被判死罪,其余盐官或被降级,或被调至偏僻穷困地区,那些曾参与行贿的盐商们不得不耗尽家财保命赎罪。

由于盐商们虽然富裕却没有社会地位,因而他们的财富往往被社会上的各色人等所觊觎,成为地痞流氓们打秋风、敲竹杠的对象。在盐商们奢靡的背后,隐藏着生命财产随时可能被吞噬的危险。

乾嘉年间《小豆棚话》卷三有一篇讲述扬州盐商不得不雇佣保镖的故事:

> 扬州徐国华，虎而冠，以雄称，食鹾商俸。自仪征盐河至扬，多扒盐贼。徐得俸，则窃贼便不上某船，否则群集蹂躏不可当，用是而富。匪徒皆赖之，尊若盟长，见者必卑词屈奉，稍有睚眦则殴辱立至，并不用徐亲觌面，自然能以毒中之。

扬州盐商虽然财大气粗，但在运盐的过程中经常会受到社会无赖之徒的侵扰。为了防备侵扰，他们不得不雇用保镖。然而这些保镖本身就是江湖人物。他们一面从盐商那里领取丰厚薪酬，保护其利益；一面俨然是江湖首领，欺行霸市，无恶不作。盐商们往往出了钱却还受制于这些保镖。

晚清张培仁《妙香室丛话》卷十三中有个盐商伙计被扰的故事：

> 丹徒毛二，为某鹾商大伙，一家扬州，家颇中赀。其堂弟某秀才，虎而冠者也。艳其富，率妻子渡江，强与同居，索借万金，少不遂意，椎几碎盎，凌藉百端。毛忍气下之。后楼有狐仙，自被占住，遂无闲房。一日，额为飞石所伤，频见怪异，知为狐祟，尚无去志。夜同妻衾，至晓刚与子妇易榻，辫发互结，牵揭拽颠仆，断之始开。偶与馆师坐谈，空中飞下一纸，上书曰："某先生亦同妄人语耶？若不动公愤，有如此石。"旋一巨石坠几上，訇然有声，几立碎。骇绝，立劝之归。某亦恐再恶作剧，携眷去。毛妻大喜，焚香叩谢，闻空中语曰："此等人应如此收拾，何谢为。"四顾张皇，杳无踪

迹，由是事之益虔。

正是由于盐商们的社会地位低下，屡被欺压，因而许多盐商渴望步入仕途，摆脱这种任人欺凌的命运。然而在封建制度下，他们的个人努力多以失败而告终。清初钮琇的《觚剩》中有一则程公引的故事：程公引原本是扬州盐商。在赚到巨额财富后，他广泛结交权贵，以太学生的身份捐了个杭州府同知的官衔。为了做一个清官、好官，他到任的第二天就在门上写下了“官居左贰，不受民词”八个字，并改掉了自己以往的各种缺点。他为政清明，不屈服权势，不接受贿赂。然而最后却因在迎候康熙南巡时的一时不周而被割去了官职，在贫寂中黯然去世。这一故事反映了在浑浊不分的政治背景下，盐商们无论怎样都难以改变悲剧宿命。尽管其主旨是告诫盐商不要盲目贪图虚名权势，应安于商人的命运，但客观上却让人们看到了盐商们内心的愤懑。

嘉庆年间的浙江归安人张应昌（1790～1874 年）是清代特别值得关注的一位江南诗人。其《清诗铎·盐策》是我国的第一部盐业诗歌总集。其中的诗篇反映了清朝中后期的盐业政策和各种盐业活动，展现了盐业领域的各种风物。对富有的盐商、贫苦的盐民，以及他们的行业特色和生活处境等都有针对性的描绘。特别是对盐纲的推进过程，以及私盐贩子兴起的原因，盐法的必然变革等，都有非常真实的反映。

这些盐业文学作品真实地反映了古代江南地区的盐业发展，盐民、盐官、盐商们的生活，以及当时的社会观念和不同阶层人们的思想观念。

第三章　江南舟船航运文化[①]

对于生活在水乡泽国的濒海人民来说，舟船自古以来就是重要的交通工具，甚至是谋生工具。江南大地湖泊众多，江河密集，而江南东部地区有着近8000公里长的海岸线。因此，舟船对于江南人的重要性是不言而喻的。

第一节　汉末以前的江南造船与航海

古代江南城镇的发展离不开江海航运，而舟船则是推动江海航运事业不断向前发展的动力和保障。无论在国内的南北埠际交流中，还是在中外的国际交流中，舟船的作用都举足轻重。尽管我们很难对航海船只何时出现这一问题进行确切考证，但就考古发现来看，江南地区的海洋船只早在远古时代就已经出现了。

① 因本书是从海洋文化的角度来考察江南文化，故本章所谈的舟船航运仅限于海船或江海通用船只及其他各章未涉及的海上航线。

一、跨湖桥文化遗址的独木舟

跨湖桥文化遗址位于今浙江省杭州市萧山区城厢镇湘湖村跨湖桥。经考古发掘和碳(C14)的测定,跨湖桥遗址的绝对年代为距今8000～7000年。这是迄今为止在浙江省境内发现的最早的新石器时代遗址之一。自1990年起,跨湖桥文化遗址经历了多次大规模考古挖掘,出土了大量石器、陶器、骨角器、建筑残迹等。2002年11月,考古学家们在跨湖桥遗址距今约7600～7700年的地层中出土了一只基本完整的独木舟,并发现了一些相关遗迹。这是目前国内外发现的最早的独木舟和相关遗迹。

在跨湖桥独木舟出土前,尽管我国的河姆渡遗址也曾出土过7000年前的船桨,以及可以充气浮于水面的兽皮,但没有发现过木船的整体。因此在很长时间里,人们认为我国最早的古船当属在江苏省常州市武进县发现的一只距今约2000多年的独木舟。从世界范围来看,最早的古船是自埃及墓穴出土的"太阳船",距今约5000年。英国约克郡曾经出土过距今达9500年的船桨,但没有发现较为完整的船只。因此,跨湖桥独木舟的出土,把独木舟的全国纪录和世界纪录一下子向前推了2000多年,堪称是一个飞跃。

跨湖桥独木舟在出土的时候船头朝东北,船尾向西南,非常狭长。接近船尾有一小部分,在埋于地下时被来此取土烧砖的当地砖瓦厂挖掉了。现存残长为5.6米,存有1米左右宽的侧舷,船头宽0.29米,离船头0.25米处,船体宽度呈一定的弧线增至0.53米,是整个舟体的基本宽度。船头下底面以圆弧的形式上翘，上部保留0.1米至0.13米宽的残损“甲板”，与侧舷齐平。船体最大深度为0.2米，较薄，底部与侧舷厚度均为0.025米左右。整个船体内外面光滑平整，没有发现制作工具的痕迹，侧舷上端也被磨成圆角，由此可推知这是一艘已使用过的旧船。从船的内侧有多处黑炭面来判断，这是一只用“火焦法”制作的独木舟。

跨湖桥独木舟的出土印证了《易·系辞下》“刳木为舟，剡木为楫，舟楫之利，以济不通，致远以利天下”的记载。所谓“刳”，就是从中间剖开之后再挖空。在人类还没有发明金属工具的新石器时代，“火焦法”是当时人类制作独木舟的主要方式——先选一根挺直高大的树干，将整木从中间剖开，去除枝杈，根据舟型确定需要挖刳的位置，再用湿泥保护其余部分，然后用火烧烤需要挖刳的部位，待其呈焦炭状后，用石锛等工具将已经疏松的焦炭层刳除，最后用砺石打磨完成。

2002年，当考古学家们发现跨湖桥独木舟时，它正被桩木固定着，周围还有木料、木桩，以及锛柄、石锛、砺石等一些木作工具、木桨毛坯等。据此推断，该处应是远古时代的一个制作和修理独木舟的工场。从地质情况来看，在距今8000～7000年前，浙江杭州萧山地区还是一片海湾。而这只独木舟的船头起势十分平缓，横截面呈半圆，船底不厚，船舱偏浅，应该是在海岸边的浅海区域进行捕捞时所用的。不过，由于这只独木舟在出土时仍被桩木固定着，而且周围有木料等，也不排除它有被改装为“边架艇”的可能。所谓“边架艇”，就是在独木舟上加装木架，以增加独木舟的浮力和稳定性，即使遇到风浪也不易沉没。如果跨湖桥先民们当时确实正在修缮它并且为它加装边架艇，那么也不排除它还有航海的功能。

二、春秋战国时代的江南舟船航运

（一）吴国的造船业

在跨湖桥独木舟出土前，江南地区最早的独木舟船体是1958年于江苏省常州市武进县淹城乡发掘出的一只长11米，宽0.9米的独木舟。根据同一地层出土的其他文物判断，这艘独木舟大致制作于春秋晚期至战国初期。尽管这只独木舟比跨湖桥独木舟"年轻"了5000多年，但并不能说明今江苏地区的舟船文化起源很晚。

从史籍资料看，早在春秋战国时期，今江苏、浙江等江南地区的造船水平就已经相当高了。人们对于舟船也十分重视。吴国曾有一位国君名为"阖闾"。所谓"阖闾"，即船首之意。

由于春秋争霸的需要，春秋末期，吴国就已经出现了国有造船场。人们称之为"船宫""舟室"或"石塘"。当时的船只都是木质船，因而造船的工人被称为"木客"。据《嘉庆重修一统志》载，春秋时期吴国的丽溪城[①]就是当年"吴王阖闾所置船宫也"。今苏州南郊5公里处的吴中区蠡墅镇，也是吴国当年的主要造船基地，迄今仍保留着吴国船宫的遗迹。

《越绝书·札记》中记载的吴国船场（石塘）规模非常大，其长253步，宽65步。按照当时（周代）以8尺为1步[②]，1尺相当

---

① 位于今江苏省无锡市梁溪河北岸。
② 古时双脚各落地一次为一步，相当于现代人的两步。

于今 23.1 厘米来推算，船场的面积大约在 56160 平方米左右。这些规模巨大的船场所造的船只多种多样。既有大型的“大翼”“艅艎”，也有轻便灵活的“小翼”。当时所造的“大翼”长 10 丈，宽 1.52 丈，可供 90 多个兵卒乘坐。“小翼”长 9 丈，宽 1.2 丈，虽然比“大翼”小，但其航行阻力也小，速度比“大翼”更快。

（二）越国的造船与航海

作为吴国近邻的于越国[①]，其造船术不但比吴国早，而且比吴国更具知名度。越国是今浙江境内出现的第一个政权。春秋末年，越国逐渐强大。《国语·越语上》“勾践之地，南至于句无[②]，北至于御儿[③]，东至于鄞[④]，西至于姑蔑”[⑤]，也就是今钱塘江流域及杭州湾南北两岸地区。越国境内湖泊棋布，江河纵横，因而越人一向以擅长造船著称于列国。按照周朝的制度，各地诸侯和方国有向周天子贡献方物的义务。而据《周书》记载，早在西周周成王时，就有“于越献舟”[⑥]。越国既然把船作为方物，不惜费尽周章、千里迢迢地献给周成王，可见船是越国最引以为豪的特色物产，其工艺也足以领先于其他诸侯国。由于造船水平高，越人的航行能力也超乎寻常。《越绝书》卷八引勾践语说，越人“水行而山处，以船为车，以楫为马，往若飘风，去则难从”。

---

① 于越国即越国。越人称本国为于越国，而中原诸国称之为越国。

② 今浙江诸暨南与义乌交界处。

③ 今浙江桐乡市西南崇福镇一带。

④ 今浙江奉化市东白杜。

⑤ 今浙江衢州市龙游县。

⑥ （唐）欧阳询等：《艺文类聚》卷七十一引《周书》。

越国也有专门的造船场，也称“船宫”。《越绝书》卷八载：“舟室者，勾践船宫也。去县五十里”。船场里有众多负责造船的专职工匠，被称为“木客”“作士”。不仅如此，越国还设有专门管理造船场的官吏。《越绝书》卷三载，“治须庐者，越人谓船为须庐。”所谓“治须庐者”，就是管理造船的官。当时越国的造船场规模有多大，如今已难以考证。但根据《吴越春秋》卷九称“（勾践）使木工三千余人，入山伐木”，以及《越绝书》卷八载，“初徙琅琊，使楼船卒二千八百人伐松柏以为桴”等资料来看，越国造船场的规模不小于吴国。

最晚在春秋晚期，浙江境内就已经开始制造各种各样的木板船了。其中见于史籍的主要有楼船、戈船、翼船、扁舟、方舟、舲等。楼船、戈船、翼船都是战船，而扁舟、方舟、舲则是普通民用船。尽管我们无法判断这些船只是否都可以航行于海上，但根据吴越两国交战时有水军从海路袭击的记载看，这些船舶中至少有一部分是可以往来于江海之上的。

越国所造船只的数量也很多。据《史记·越王勾践世家》记载：公元前 482 年，越王勾践趁吴王夫差率领精兵北上黄池会合诸侯之际，“发习流二千人，教士四万人，君子六千人，诸御千人”，大举攻吴。所谓“习流”，就是能够进行水战的兵。当时越国的主要兵船是翼船。翼船分大翼、中翼、小翼，每只大翼可载 26 名士兵。以此推算，这支 2000 人的水军队伍至少拥有 76 只战船。此外，《水经·河水注》中称公元前 312 年，越王曾派遣使者公孙隅向魏襄王“献乘舟始罔及舟三百”。能够一次献给魏国国君 300 只船做礼物，可见越国造船数量之多。

可考的越国航海活动也非常早。《周书》中有于越国向周成王进献舟船和海鲜的记录。根据周成王的在位时间，可知于越国进献舟船的时间大致在公元前1043至公元前1021年之间。而这一时期，沟通长江、淮河、泗水、济水、黄河之间的运河还未凿通，越国进献的舟船只能通过海道，再经过济水或黄河送到周的都城丰镐或者洛邑。春秋末至战国时期，越国的航海活动更为频繁。公元前482年，越国攻袭吴国。越大夫范蠡、舌庸率军阻截吴王夫差从黄池赶回施救时，就是"沿海沂淮以绝吴路"。

正是凭借着高超的造船技术，越人在越国灭亡之后，仍然能够自由地"滨于江南海上"[1]这里的"江南海上"是泛指我国东南沿海及岛屿。据沈莹《临海水土志》研究，"夷州在临海东，去郡二千里，土地无雪霜，草木不死，四面是山，众夷所居。山顶有越王射的正白，乃是石也。此夷各号为王，分画土地，人民各自别异，人皆髡头穿耳"。夷州，即今天的中国台湾岛。越人能够在春秋战国时期就横渡台湾海峡到达台湾岛，足见其船只的坚固和航海技术的高超。

三、秦汉时期的江南造船与航运

秦汉至南朝时期，今江苏、浙江的吴越旧地仍旧保持着造船的优势。所不同的是，吴地所造船只绝大多数用于江河而非海洋，故而在海船制造方面明显落后于浙江地区。

秦代的造船技术已经相当成熟。据《汉书·严安传》记载，

---

① （汉）司马迁：《史记·越王勾践世家》。

秦始皇曾派大将军率领用楼船组成的舰队攻打越地。所谓楼船，是秦汉时期的一种主要战船。因船高首宽，外观似楼而得名。这种船无论用于远攻还是近战都很合适，缺点是重心不稳，灵活性受限，不适合在狂风巨浪频繁的远洋航行，只适合在内河及沿海的水战中担任主力。在秦代的四大兵种当中，水军人数仅次于步兵，远超过车兵和骑兵。由于水军以楼船为主要战船，因此兵卒们被称为“楼船士”。秦统一全国后，水军主要被分置在江淮地区。因而楼船自秦代起就在江南地区很常见了。

汉代的海船制造水平也很高。据古籍记载，汉代时已经能够根据不同的用途和需要来制造各种类型的船只。客船、货船、战船等不同船型应有尽有。汉代时，我国开始有了从两广、交趾郡[①]等地港口通往印度洋的航线。这是我国第一条远洋航线，也是世界上最早的海外贸易航线。能够以木帆船航行于大洋之间进行贸易，足见船体坚固，帆、桨等配套部分设施能够充分满足远航的基本需求。尽管当时的江南大部地区尚未得到开发，没有史料表明那些远航的商船是由江南制造的，但吴越地区向来以造船术著称于海内，其汉代的造船水平应是不低于两广等地的。关于这一点，我们也可以从汉军水师的区域分布以及关于战船、海战的记述中得到佐证。

汉代对于战船的结构、性能等要求很高。既要能够防御敌人的进攻，又要有攻击性，还要能配备进攻的武器，并且航行自

---

① 今越南境内。

如。因此，尽管战船的船型多由民船发展而来，其造船工艺要求却远高于民用船只，是能够代表当时的造船能力和技术水平的。西汉时期的战船已经有很多种类，如戈船、桥船、斗舰、艨艟、楼船等。其中最引人瞩目的还是“楼船”。

汉代楼船的规模、形制都远远大于秦朝。西汉时期的楼船体势高大，高可十余丈，船上有三层楼。第一层“像庐舍也”，故而被称为“庐”；第二层，即“其上重宝曰飞庐，在上，故曰飞也”；第三层，“又在上曰爵(雀)室，于中候望之如鸟雀之警示也”[①]。庐、飞庐、雀室，这三层每层都有防御敌人弓箭矢石进攻的女墙，女墙上开有射击的窗口。楼船上设备齐全，已广泛使用纤绳、楫、橹、帆等行驶工具。以楼船为主的汉朝水师常年驻扎在沿江傍海的江南各地，其主要基地有豫章[②]、浔阳[③]、庐江[④]、会稽[⑤]、句章[⑥]等处。按常理推论，这些水师所用的战船应多数产于当地及附近地区。并且，庐江、会稽等郡在当时都是官方的重要造船基地。

元鼎五年(前112年)，楼船将军杨仆在灭掉南越后，建议汉武帝再灭掉反复顺叛的东越国。朱买臣建议汉武帝“发兵浮海，直指泉山，陈舟列兵，席卷南行，可破灭也”。于是汉武帝命朱买臣为会稽太守，让他在会稽郡“治楼船，备粮食、水战具”[⑦]。在做好了充分准备后，汉武帝发四路大军进攻东越。其中，横海将军

---

① (汉)刘熙：《释名》。
② 今江西省南昌市。
③ 今江西省九江市一带。
④ 今安徽安庆市。
⑤ 今江苏省苏州市。
⑥ 今浙江省余姚市钱塘江口杭州湾处。
⑦ (汉)班固：《汉书》卷六十四上《朱买臣传》。

韩说从句章航海南下；楼船将军杨仆向武林方向进击；中尉王温舒向梅岭方向进攻；戈船将军、下濑将军，从若邪[1]、白沙[2]向南推进，对东越形成三面合击。元封元年（前110年），楼船将军率军攻克武林，其余三路也攻入东越境内。其后横海将军率部由海上登陆，东越贵族恐慌分裂，越衍侯等合谋杀死东越国主余善，率部向横海将军投降。东越国灭亡。显然，在这场战争中，强大的水师是平定东越的有力保障，而本次所用的战船多出自会稽郡。能够在较短时间内制造出大量的优质战船，会稽郡造船场的规模可想而知。

由于海船制造精良，能够进行较远的海上航行，浙江东南沿海地区很早就与东南海域诸岛有所往来。《后汉书·东夷传》中所说的"夷州"就是中国台湾岛，说明浙江沿海居民很早就与包括中国台湾岛在内的东南海域岛屿居民有贸易往来。不过，由于秦汉时的江南大部地区尚未得到很好的开发，地区农业及经贸都欠发达，因此这一时期江南地区的海上对外交流为数不多。

第二节 魏晋南朝的江南造船与航海

一、魏晋时期的江南造船与航海

魏晋时期，由于北方地区连年战乱，生产力遭到严重破坏，

---

① 浙江绍兴南。

② 今浙江乐青东。

大批北方移民辗转流徙到了政局相对稳定的江南地区。这些南迁的移民们为江南带来了先进的科学知识、生产技术和生产工具。他们兴修塘堰，同南方劳动人民共同开发江南，使大片的江南荒地得到开垦，地区经济渐趋繁荣。安定的政局，繁荣的经济，为江南造船业、航海业的发展提供了重要的社会环境和物质基础。因而这一时期的造船业、航海业都得以进一步发展。

（一）吴国造船业与海外经略

三国时期，吴国的江东地区历来是造船业发达地区。孙吴政权以水军立国。在政权建立不久，就打造了5000余艘船舰，并在永宁[①]、横阳[②]以及临海郡的温州等地都设有造船场。为了有效管理这些造船场，吴国还设有专门管理造船的官员——典船校尉。据史籍记载，吴国战船里有可供3000战士乘坐的“大舡”，有可以载重万斛的“蚱蜢舟”，有能够疾驰如飞的“艨冲”，还有名为“飞云”“青龙”“凌波”“掖电”的各种船只。这些船只的构造不同，性能也有差别。吴国的民船业也很发达，“舸”“艑艇”“艑舟”“轻舟”“舲舟”“舫舟”等都是民船的名称。无论军用还是民用，吴国的大船多用上好硬木料制成，船体非常坚固。

这些打造精良的战舰对于敌军具有非常大的威慑力。史载吴国名将贺齐生性奢靡，“雕刻丹镂青盖绛襜，干橹戈矛葩爪文画弓弩矢箭，咸取上材，艨冲斗舰之属，望之若山”[③]。其乘坐的

① 今浙江温州市。
② 今浙江平阳县。
③ （晋）陈寿：《三国志》卷六十《贺齐传》。

船只都雕镂彩饰，以青色篷盖，饰以绛色帷幔，连桅杆、桨橹及兵器上都描绘着花卉瓜果的纹彩，所有的弓弩矢箭都用上好的材料制成。他麾下的艨艟战舰前后连接，远远望去犹如连绵的山峰一样，令奉命进攻吴国的曹休望之生畏，引军退还，从而使吴国不战而胜。

孙吴政权对开拓海外疆域及开展海外贸易也都非常重视。吴黄龙二年(230 年)，孙权“遣将军卫温、诸葛直将甲士万人，浮海求夷洲及亶洲”①。由于亶洲距离吴国过远，卫温和诸葛直只到达了夷洲，“得数千人，还”②。这是中国大陆政权经略中国台湾岛的首次官方记录。由于卫温、诸葛直跨东海通日的航行没有成功，吴国便想从海上与魏国的辽东太守公孙渊建立联系，开辟从长江口北航朝鲜再转赴日本的航路。从嘉禾元年(232 年)到赤乌二年(239 年)春，孙权 3 次派人从海道赴辽东，每次都得以顺利到达。可见，造船技术对于海洋航线及海外交流的开辟有很强的推动作用。

公元 280 年，吴主孙皓降晋，西晋接收吴国“舟船五千余艘”③。吴国的造船业可见一斑。

（二）两晋时的造船与海战

两晋和南朝时期，水战及贸易的兴盛发达，促进了造船业的发展。江苏、浙江地区无论是船型设计、船体吨位，还是舟船数

---

① 林惠群：《台湾番族之原始文化》附录《中国古书所载台湾及其番族之沿革略考》。

② (晋)陈寿：《三国志・吴志》。

③ (晋)陈寿：《三国志》卷四十八《吴三嗣主传》注引《晋阳秋》。

量，都远远超过了三国时期。

作为避乱及谋生的工具，舟船向来备受江南人的重视。因而，民用船在这一时期得到了很大发展。王隐《晋书》中载“顾荣征侍中，见王路塞绝，便乘船而还。过下邳，遂解舫为单舸，一日一夜，行五六百里，遂得免”。这里的“舫”，《说文解字》解释为：“舫，并舟也”。就是把两只船并拢到一起。最初的“舫”是使用绳索把两只船捆在一起，后来则演进为用木板或木梁放置在两只船上，再用木钉、竹钉或铁钉将木梁与船板钉在一起，但两船之间保留一定间隔。这种船的载货量显然比单只船要大，但其航行速度则远不如单只船。因此顾荣先是乘坐舫返程。等航行到下邳时发现形势危急，就把舫拆开，使用单船，一天一夜就航行了五六百里，安全返回了家乡。

东晋末年，政治腐败，贿赂成风，百姓苦不堪言。隆安三年(399年)，五斗米道徒公推孙恩为首，在海上起事反晋。此举迅速得到会稽郡、吴郡、吴兴郡、义兴郡、临海郡、永嘉郡、东阳郡及新安郡等地百姓的响应，孙恩部众迅速达到数十万人。隆安五年(401年)春，孙恩率声势浩大的水师近海航行400里，进攻沪渎。其后又率水师10余万人，楼船、战舰千余艘，溯长江而上，占领了丹徒，直逼东晋的都城建康。史载孙恩军中的战船数量及种类都很多。除了有高大的楼船之外，还有起4层、高10余丈的“八槽战舰”，以及飞云船、苍隼船、金舡、飞鸟舡等多种不同的船舶。

这些船只组成的船队逆流而上，声威骇人。但由于楼船太高，遇到狂风时不够灵活，因而未能攻下建康。孙恩死后，其妹夫卢循被推为义军主帅。从元兴元年(402 年)到元兴二年(403 年)间,卢徇率部 3 次从海上攻晋,严重动摇了晋的统治基础。孙、卢的活动区域主要在浙江沿海岛屿,其鼎盛时号称有“战士十万,楼船千余”。可见,他们之所以能够对东晋政权构成极大威胁,与吴越地区雄厚的造船基础,以及高超娴熟的航海技能等有直接关系。吴越地区以航海为业的人有能力揭竿而起,说明此时的航海业比之前有很大发展,而且从事造船及航海的人数也相当可观。

二、六朝时期的造船与航海

(一) 六朝造船业发展与技术创新

六朝时期,江浙一带的海洋贸易已经较为普遍。傍海的会稽、句章、临海、永嘉都有海港。这在一定程度上也刺激了江南造船业的发展。六朝时,长达 3 丈以上的船只已经很普遍,还出现了可以载重 2 万斛的大海船。对此,南北朝时期的教育家颜之推曾感慨道:“昔在江南,不信有千人毡帐;及来河北,不信有二万斛船。皆实验也”①。

船体吨位增加后,纯靠人力用桨橹来驱动大船很难保证速度,而且非常耗费人力。怎样提高大船航行速度成为当时亟待解决的问题。为此,南齐的大科学家、建康人祖冲之发明了可以利用桨轮激水前进的船。“以诸葛亮有木牛流马,乃造一器,不因风水,施机自运,不劳人力。又造千里船,于新亭江试之,日行

① (南朝)颜之推:《颜氏家训》卷五《归心篇》。

百余里。于乐游苑造水碓磨，世祖亲自临视”[1]。如果仅就速度来看，这只“千里船”远不如西晋末年顾荣逃回江南时所乘坐的那种一日一夜就可以行进五六百里的船，但是“施机自运，不劳人力”，无疑是造船史上的一个巨大进步，为后来船舶动力的改进提供了新的思路。

南朝时期对于提高船速的尝试是多方面的。其中一个普遍采用的方法是多加桨橹。如南梁时，侯景军中有的船只上装有160支桨，航行时速度飞快。

（二）六朝时期的江南海上交流

随着造船技术的进步，中外合作交流也逐渐频繁。自刘宋时期开始，江南地区就与日本、高丽等国通过海道开始了较为频繁的交流。

《文献通考》称：“倭人……初通中国也，实自辽东而来，……至六朝及宋，则多从南道，浮海入贡及通互市之类，而不自北方，则以辽东非中国土地故也。”即六朝之前，日本人到中国多是从日本出发，先到高丽，然后再经中国的辽东半岛转至江南等地。然而到六朝时期，由于北方政权更迭，这条北线交通受到了阻碍。中日交往不得不另辟一条以海上交通为主的南线通道。

当时的中日交流多是乘船从建康出发，出长江口后向北到成山东山，再横渡黄海到达朝鲜半岛的南部，过济州海峡后到对马岛，再到壹岐岛，随后转至九州岛的福冈，过穴门（关门海峡），

① （南朝）萧子显：《南齐书》卷五十二《祖冲之传》。

到达濑户内海,最后到达大阪(难波津)。从距离上看,这条南线比六朝以前的北线要短,但对船只质量和航海技术的要求非常高。

南线开辟之时,中国的政治和经济文化中心已经因北方战乱的缘故而开始南移。南朝刘宋时期,日本曾先后于宋永初二年(421 年)、宋元嘉二年(425 年)、元嘉七年(430 年)、元嘉十五年(438 年)、元嘉二十年(443 年)、元嘉二十八年(451 年)、大明四年(460 年)、升明二年(478 年),共 8 次到南朝请求诏封。随着中日友好不断加深,交流也日趋频繁。中国的文化和生产技术传到日本,对日本文化的发展产生了重大影响,并且促进了中日文化交流和中日两国友谊。不少中国纺织工、养蚕缫丝工、陶工、厨师等也移居日本。梁武帝时,汉人司马达把印度的佛教带到日本,从此日本文化开始受到佛教影响。

第三节 隋唐宋元的江南造船与航海

一、隋唐时期的造船与航海

隋唐时期,由于大一统的政治局面以及相对安定的社会环境使得国内商业较为繁荣,江南城镇也逐渐形成和发展起来。江南地区出现了扬州这样的国际化大都市。同时,随着农业和手工业的迅速发展,江南沿海地区的海内外商贸活动也逐渐兴盛,许多新的航海路线被开辟出来。由于海内外经济交流日趋频繁,江南地区对于船只的需求量猛增,促使造船业进一步高速发展。

（一）隋代江南造船业发展概况

早在隋代初年，江苏、浙江地区的官营和民间造船就已经非常发达了。开皇十八年（598年），隋文帝下诏书称“吴越之人，往承敝俗，所在之处，私造大船，因相聚结，致有侵害。其江南诸州，人间有船长三丈以上，悉扩入官”[①]。可见，当时吴越地区的民间大船数量很多。由于江南地区的造船技术在全国范围内得到认可，故官方船舶多数选择在江南的吴越沿海地区制造。据《隋书·炀帝纪》载，隋炀帝于大业元年（605年）曾“遣黄门侍郎王弘、上仪同于土澄往江南采木，造龙舟、凤艒、黄龙、赤舰、楼船等数万艘”。因此，有隋一代，江南造船业的发展是较为平稳的。

（二）江南造船业、航海术支持下的海外征战

造船术、航海术的高超刺激了隋王朝开拓海外领地的雄心。大业元年（605年），刚刚即位不久的隋炀帝听说海师何蛮等人每逢春秋时节在晴朗的日子里向东观望大海时，会隐约看到烟雾之气，认为东方有人居住，于是大业三年（607年）命何蛮随羽骑尉朱宽入海求访异俗。这次航海到达了流求。由于语言不通，何蛮等人仅带回了一名流求岛民。次年，隋炀帝又派朱宽前往流求，试图招抚流求，被流求王渴刺兜断然拒绝。大业六年（610年），隋炀帝派虎贲郎将庐江人陈棱和朝清大夫张镇周从东阳[②]

① （唐）魏征等：《隋书·高祖纪》。
② 浙江省金华市。

挑选善于出海和水战的士兵上万人，从义安渡海，到高华屿[1]后向东航行2日到达鼊屿[2]，又航行1日到达流求[3]。流求人初见船舰，以为商旅，多来军中贸易。陈稜等乘其不备率兵登岸，攻破流求的都城，斩杀了渴剌兜，并俘虏了一万多流求人返回。尽管史籍中未明确记载本次征流求所用的船只由哪里打造，但从这次的出征者均从浙江东阳地区挑选，且从义安渡海来看，所用的战船至少大部分是由江南沿海地区打造的。

大约是征服流求的成功极大地鼓舞了隋炀帝开疆拓土的信心。在征服流求的当年，隋炀帝就开始了渡海征服高丽的筹备。据《隋书·食货志》记载，隋炀帝指定东莱和涿郡为水陆进攻基地，大量打造兵车、战船，调集各路人马。其中自江淮地区征调的有水手1万人，弩手3万人。此外，江淮以南的普通民夫和船只也被征用，负责运输粮食到涿郡备用。被征船只组成的船队首尾相连，长达千里，在途民夫多达几十万人。大业八年（612年）正月，隋军从水陆两路发起了对高丽的进攻。江都[4]人来护儿率水军成功跨海登陆，在距离平壤60里的灞水与高丽军相遇，取得了首次战役的胜利。由于初战告捷，隋军放松了警惕，贸然进攻平壤，陷入高丽军的埋伏，损失惨重，不得不撤军海口。陆路进攻的隋军也同样因轻敌而中了埋伏，损失惨重，隋炀帝被迫下诏班师。第一次对高丽的战争以失败告终。次年，急于征服

---

① 今钓鱼岛。

② 今澎湖列岛。

③ 参见岑仲勉：《隋唐史》，高等教育出版社，1957年第1版，第40页。

④ 今江苏省扬州市。

高丽的隋炀帝再次集结兵力出征高丽。不料后方大贵族杨玄感起兵叛乱，攻打隋的都城洛阳。隋炀帝不得不仓促班师平乱。大业十年(614 年)，隋炀帝一意孤行，第三次发起对高丽的战争。但此时各地起义不断，所征的士兵大多不能按期到达，而且中途逃亡者甚多，兵力已经远不如前两次了。这次征战仍由来护儿率领江淮水兵为主的水师。在成功渡过渤海海峡后，这支水师在辽东半岛南端登陆攻打卑奢城①，击破高丽守军后乘胜直趋平壤。高丽王遣使乞降。由于此时国内政局已经不稳，隋军在得到名义上的胜利后就匆匆班师。而高丽王在危机解除后并未按约定奉命入隋，还拒绝放还之前战争中俘获的大批隋朝军民。因此，这次出征实质上也以失败告终。

从这几次海外征战可知，隋代征战海外是以江淮地区造船业的发达和江淮人善于水上作战为后盾的。尽管由于连年穷兵黩武，隋朝在各地农民起义及国内贵族集团的权力争夺战中迅速走向灭亡，但江南地区造船业和航海技术的发达却是无可置疑的。

二、唐代江南造船与航海

(一) 唐代的江南造船业发展

唐朝(618～907 年)是当时的世界强国。唐初，江南沿海一带就已经是全国的造船基地。史载贞观二十一年(647 年)，唐太宗征伐高丽时，命江南地区的宣、润②、常、苏、湖、越、杭、江③、

---

① 辽宁大连市金州区大黑山外。

② 今江苏省镇江市。

③ 今江西省九江市。

洪[1]等十二州工匠打造数百艘海船[2]。贞观二十二年(648年),又命"越州都督府及婺、洪等州造海船及双舫千一百艘"[3]。可见,唐初的江南仍然拥有很强的大批量造船能力。

继初唐时期"贞观之治"的繁荣安定局面后,唐玄宗开元年间的社会经济持续高速发展,出现了"开元盛世",唐朝进入了全盛时期。在农业、手工业生产发展的基础上,商业、科技、文化等也随之繁盛,海外诸国与唐帝国的政治文化交流以及贸易活动也日趋频繁。这些都促进了江南地区造船业和航海业的快速发展。

唐代的宣、润、常、苏、湖、杭、越、台、婺、江、洪、扬等州都是造船基地。其中杭州、越州尤以制造大船和海船著称。全国的官营造船场也大多集中在江南地区,其中浙东船场、洪州船场、嘉兴船场、金陵[4]船场是全国的船舶制造中心。安史之乱后,大批北方居民南下避乱,江南大部地区得到了较好开发,经济发展状况空前,造船业及海外贸易也获得了新的发展机遇。唐肃宗、唐代宗时期,扬子[5]设有10个造船场,扬州地区成为中唐以后全国最大的造船基地。据载,当时江南地区的船场能够造出载重量高达千石的"俞大娘"航船。而明州、温州两地每年能够打造出600艘各类不同的船只。史载唐德宗建中二年(781年),"江

---

① 今江西省南昌市。
② 《资治通鉴》一九八。
③ 《资治通鉴》一九九卷。
④ 今江苏省南京市。
⑤ 今江苏省仪征市。

淮进奉船千余艘"[①]。贞元初年(785年),韩滉出任浙江东西观察使时,曾打造楼船30艘。即使在唐代后期,江南地区的船场也仍旧保持着强大的造船能力。

唐代造船的材料多取材于本地和南方地区所产的杉木、楠木、樟木、松木等,质地坚实耐腐。在造船工艺方面,唐代的造船技术堪称世界领先水平。其最突出的表现是已经广泛使用了榫接钉合(又称"钉接榫合")工艺和水密隔舱等先进技术。

榫接钉合工艺是在榫接工艺的基础上发展而来的。榫接是将两块木质材料一个做出榫头,一个做出榫眼,两个穿到一起,靠材料的摩擦力将两块材料固定在一起,运用得当的话可以使两者结合得相当牢固,而运用不当则可能脱榫影响牢固度。榫接钉合是在榫接的基础上再用铁钉钉合两块木料,实现双保险,比只用榫接技术要牢固得多。1960年3月,江苏省扬州市施桥镇出土了一只唐代木船。1973年,江苏省如皋县也出土了一只唐代木船。这两只唐代木船都采用了榫接钉合技术,其中扬州出土的船采用的是斜穿铁钉的平接技术,比如皋出土的木船采用的垂穿铁钉的搭接技术更先进。可见,唐代时这一工艺已经被普遍采用,而且有多种技术方法了。

唐代的大海船还普遍建有水密隔舱。水密隔舱也被称为水密舱室或防水舱,是船身内部经水密舱壁所隔出的多间独立舱室,各舱室互不相通。这种船舱的安全结构设计最早见于南朝梁代《宋书》中关于"八艚舰"的记载。采用水密隔舱工艺制造的

---

① 《资治通鉴》二二七卷。

船舶在遭遇意外发生船舱局部破损进水时，水流不会在各舱之间流动，其尚未受损的水密隔舱仍然可以提供足够的浮力和稳定性，从而减少船只快速下沉的危险。另外，这些舱室还便于规划成不同用途的空间，如机舱、货舱、客舱等。江苏如皋出土的那只唐代木船有9个水密隔舱，其水密隔舱是由底部、两舷，以及甲板下的横梁环围而构成的水密舱壁。船身前半部的舱壁在两舷之前，后半部的舱壁装在两舷之后，这样能够防止舱壁移动，使船舷与舱壁板紧密地结合在一起，牢固地支撑两舷，从而增加了船体的横向强度。

由于船的坚固性、抗沉力都大大增强了，因而可以在船上多设船桅、船帆，使船舶更适合远洋航行。近代钢船水密舱壁周围角钢的铆焊方法从功用到铆焊部位都与我国古船极为一致，可以认为是对中国古代造船结构形式的继承。

唐代江南造船业的发达不仅体现在制作工艺方面，也体现在船型创新方面。后世许多木帆海船在唐代时都已经成形了。其中包括对后世江南地区影响最大的沙船。沙船是我国最古老船型中的一种。据船舶专家研究，沙船的历史可追溯到先秦时期。在考古出土的独木舟及甲骨文“舟”字中就可以找到它的平底、方头、方艄的特征。山东日照等地曾有许多沙船，相传是春秋末期越王勾践由会稽迁都琅邪时遗留下来的，可以说是沙船的前身。编纂于康熙年间的《崇明县志》称“崇明县乃唐武德间涌沙而成”，又称“沙船以出崇明沙而得名”。可见，沙船出自上海市的崇明岛，很可能是在唐代时就已发展成熟的船型。这一船型是江南人为适应从长江口出发向北航行的北洋航线风向不定、潮向不定、海底多暗沙等自然条件而创造出来的船型。其特点是“恃沙行，以寄泊，船因底平，少搁无碍”①，所以又被称为“防沙平底船”②。

唐代的海船在东亚地区很受欢迎。由日本渡海而来的遣唐使们所搭乘的船只主要是新罗船和唐朝的船。遣唐使停止派遣后，日本商人、僧侣等到中国就全靠中国船了。一些唐人渡海到日本经商时，也把先进的造船技术传播到日本。如会昌二年(842 年)，明州商人李处人在日本肥前国松浦郡值嘉岛，以大楠木为材，用时 3 个月打造了一艘船；咸通三年(862 年)，日本真如法亲王来唐，其所乘的船是由明州商人张支信打造的③。

（二）唐代的江南航运

江南沿海地区航运业的繁荣与中日南路航线的开辟有很大关联。唐代的海上航运也在前代的基础上有了进一步的发展。青龙港、杭州港、越州港、明州港、温州港等相继兴起。

日本与中国的往来在唐以前主要是经新罗转道。但由于唐与新罗的关系恶化，这条北线航道受阻。日本不得不开辟新航道，改由筑紫的博多扬帆，沿九州西岸南下，从萨摩循种子岛、屋久岛、奄美岛等岛屿，在奄美岛附近横渡中国海，在明州登陆，循浙东运河到杭州，再循江南运河到扬州，由大运河至汴州、西安。这是南岛路。因这条航道沿途停泊岛屿较多，也有人从博多启

---

① (清)黄汝成：《日知录集释》，上海古籍出版社，2006 年 12 月。

② 明嘉靖初始称沙船。亦被江苏太湖流域渔民称为“北洋船”，被海外客商称为“南京船”。

③ [日]木宫泰彦：《日中文化交流史》，胡锡年译，商务印书馆，1980 年，第 109、112 页。

航到值嘉岛，等顺风时再横渡中国海，在楚州[①]、扬州、明州等地登陆，再转去西安。由于这两条航线缩短了中日之间的海上航程，而且不受政治形势干扰，加之浙江地区富饶，有水道与洛阳、长安相通，所以一经发现，就成为了常路。唐人已经掌握了季风规律，唐商船开往日本都是在四月到七月初旬，中国沿海盛行西南风的季节。由日本赴唐则以八月底到九月初最多，那时九州近海常刮西北风，航行安全，航期短。如果顺风的话则用时更少。如大中元年(847 年)，明州商人张支信等于 6 月 22 日从明州望海镇出发，24 日就到达了日本值嘉岛那溜浦，前后只用了 3 天。[②] 据日本学者木宫泰彦《日中文化交流史》中的统计，公元 839 年至 907 年，即唐文宗开成四年到唐灭亡之前，日唐之间见于记载的海上往来就有 37 次。其中从唐赴日的 10 次中有苏州发出 1 次，台州发出 1 次，明州发出 6 次[③]。

从隋唐到五代，以浙江为主的江南沿海地区与东南亚、南亚、北非等地的国家也有海上航运关系。日本学者三上次男在考察了菲律宾、印度、伊朗、埃及等地发现的中国陶瓷后说，“逐渐增加的对海上贸易的大量需求，在 9～10 世纪左右迸发了出来。从阿拉伯、印度方面一只又一只大船开进了广州、泉州、明州、杭州等地，购得货物之后又西行归国，中国方面的巨船也驶向南海大洋”[④]。这条航路从杭州或明州出发，经台湾海峡，而到

---

① 今江苏省淮安市。

② 参见《浙江航运史》，人民交通出版社，1993 年第 1 版，第 56 页。

③ 参见《浙江航运史》，人民交通出版社，1993 年第 1 版，第 58 页。

④ [日]三上次男：《陶瓷之路》，李锡经、高喜美译，文物出版社，1984 年 9 月，第 154 页。

菲律宾或东南亚、印度、阿拉伯等国①。

由于远离唐帝国的政治中心，江南地区的海外航运主要是贸易往来。日本是最重要的贸易国家。唐代的江南商人李邻德、张支信等都自己打造海船，多次往返于明州——日本、温州——日本之间。日本大商人如神御井等也自备船舶来明州经商。日本留学生们在回国时也往往携带私货用于贩卖。唐商到达日本后，一般是被安置在鸿胪馆，并提供食宿，接着由大宰府官吏前来交易。由唐输往日本的货物主要是经卷、佛像、佛具、文集、药品、香料、丝织品等。这些货物除了经广州、泉州、广陵等转运海外，也直接由杭州、明州运往日本等国。此外，浙江越窑所产的青瓷很受海外市场的欢迎，远销朝鲜、日本、泰国、越南、柬埔寨、印度、伊朗、巴基斯坦、沙特阿拉伯、南也门、埃塞俄比亚、索马里、肯尼亚、坦桑尼亚等国家和地区。1973 年，宁波文管会在唐城遗址的墙基下出土了 700 多件唐代瓷器，以越窑青瓷为主。这些青瓷都没有被使用过的痕迹，结合出土的具体地点分析，应该是准备外销的②。

海外的船舶到中国后，要按照唐政府的规定经府州公验后才可以登陆。如果要前往港口以外的地方，还必须向府州申请文牒，得到批准才能通行。日本的商人、僧侣们多数是在明州等地得到文牒后，沿着浙东运河或钱塘江，经杭州、苏州、扬州，再北上京师。

唐代的航海技术也达到了相当高的水平。当时的人们对于

① [日]木宫泰彦：《日中文化交流史》，胡锡年译，商务印书馆，1980 年，第 106 - 107 页。
② 林士民：《浙江宁波市出土一批唐代瓷器》，《文物》，1976 年 7 月。

航海天文知识也有了更多的了解，已经能够掌握季风规律，充分利用风力来帮助航行。由于季风有规律，如同守信一样，所以唐人称季风为“信风”。诗人王维在其《送秘书鼎监还日本国》一诗中有“向国唯看日，归帆但信风”的诗句，另一诗人沈佺期在《度全海入龙编》诗中也有“北斗崇山挂，南风涨海牵”的诗句。这些都是唐人航海时通过观察天体来利用季风的写照。

三、五代及宋元时期的江南造船和航运

（一）五代宋元时期的江南社会概况

唐“安史之乱”后，我国的经济重心逐渐南移。江南地区的农业、手工业水平迅速提高。这种趋势在五代到两宋时期更为明显。相对而言，五代时期北方地区的战争要远远多于南方。江南地区的吴国、吴越国等受战乱影响不严重，社会秩序相对稳定。同时，由于北方人口大量南下，这些地区的劳动力也大幅增加。无论是吴国、吴越国，还是后来取代吴国的南唐，其疆域都不大，无力向外扩张争霸，因而一般都实行保境安民的政策。吴国的奠基者杨行密在占领江淮地区后，采用招抚流亡，减轻租税等政策，使得江淮地区农业生产迅速发展。其后，吴国改革了两税法，农民可以直接交纳粮食、绢帛。此举调动了农民生产的积极性，促进了农业、手工业的发展。南唐建国后，继续减轻赋税劳役，奖励开垦荒地，种植粮食桑麻，成为江南最富强的国家。吴越国的国土虽小，但其三代五王都非常重视民生。他们鼓励百姓开垦荒地，大搞水利。由钱镠主持兴修的捍海石塘既保护了大片农田不受海潮侵蚀，又能够蓄水灌溉农田，因而“钱塘富

庶，盛于东南”[①]。此外，江南地区气候炎热，土地肥沃，水力资源丰富，具有非常好的种植稻、茶、桑等农作物的条件。因此，这一时期的江南地区经济发展特别突出。

尽管南北方长期处于对立状态，但由于我国历史上长期以来形成的共同经济文化生活，南北经济交往并未因此而完全中断。南方诸国通过江陵、潭州等江运和海运与北方诸国建立起经济往来。吴国与北方诸国隔淮河相望，贸易十分便利。而吴国与后唐特别融洽的关系也使得双方经济往来畅通无阻。此外，吴越国也通过海路与契丹建立起了贸易联系。

宋代的江南地区经济具有明显的开放性特点。北宋时期，尽管屡屡受到辽、金、夏、蒙古等强国的军事威胁，但宋帝国境内的社会形势相对稳定，农业、手工业等都相当繁荣。同时，两宋政府都特别重视发展海外贸易，与海外诸国的经济文化交流相当频繁。江南经济开始逐渐由自给自足向专业分工发展，其生产目的也由生产使用价值朝着生产交换价值转变。在这一背景下，包括海运在内的水路交通运输业快速发展起来。南宋时，由于海外贸易对国家财政收入的影响巨大，政府更加重视开展海外贸易。江南沿海地区的造船业、港口建设以及航线开拓都取得了前所未有的成就。元灭宋后，延续了两宋发展海外贸易的有关政策。同时，元政府对江南地区采取了保护、利用的策略，严禁随便屠杀，允许农民在原有土地上继续耕种，并拉拢江南地主，减轻江南地区的赋税总额。因此，江南的经济并未因朝代更

① (宋)司马光：《资治通鉴》，二六七卷。

迭、异族统治而遭到大的破坏。

元帝国是一个幅员辽阔的大帝国，大一统的政治环境促进了海上交通的发展。为了海上军事活动和大规模的海运漕粮，元政府组织打造了大量船只，其数量、质量都远远超过前代。元代时，阿拉伯人的远洋航行已经逐渐衰落，在印度洋上航行的几乎都是中国的四桅远洋海船。

（二）五代和宋元时期的江南造船业

五代时期，江南沿海地区造船场、造船坊数量众多。湖州、杭州、越州、台州、婺州、括州等地都是造船基地。吴国、吴越国等拥有大量战舰，其战舰装饰威猛，舰中备有火油发射筒等海上作战武器。吴越国还曾打造富丽堂皇的舟船作为贡物。史载后周显德五年（958年），吴越王钱俶“进龙舟一艘，天禄舟一艘，皆饰以白金”[①]。吴越国的海上商船数量也很多。日本学者中村新泰郎在《日中两千年》中指出，五代时“仅从日本的史书中所见，前后算来，商船往来就有十四次，而实际上恐怕次数还要更多。这些往来的船只，全是中国船，日本船一只也没有，而中国船中，几乎又都是吴越的船只”。可见，不少往来于海上的吴越商人都有属于自己的船舶。

宋元时期，无论官方还是民间都十分重视造船业的发展。不但前代原有的造船场继续生产，还出现了很多新的造船场。为了扩大船场规模，提高造船工艺，宋政府在明州、杭州、婺州等

① （清）吴任臣：《十国春秋》卷八十一。

地都设有船坊指挥、船务指挥等厢兵，从事各类船只的制造。民间造船业也相当发达。史载建炎三年(1129 年)，宋高宗被金兵追赶到明州，明州很快就从民间筹集到了千艘海船，为宋高宗由海路逃往台州、温州做好了准备。可见当时民间造船力量的雄厚①。

江南地区的明州、温州等造船场在北宋时就已经具备相当规模。明州的造船场主要在今姚江南岸的江心寺到江东庙一带，后来被称为战船街。其船场指挥营设在甬东厢，船场监官厅事在甬东厢的桃花渡及江左街的南昌巷。1979 年，宁波市在"东门口遗址"发掘过程中，在位于修船场遗址处出土了大量船板、木头，可见当年船场的规模。温州造船场曾在大观二年(1108 年)被并归到明州造船场，其后几经变革，于南宋时重建。元代时的温州造船场除了为朝廷打造海漕运粮船以外，还曾打造过远征爪哇的战船。杭州原有东青门外北船厂、荐桥门外船场②。嘉泰三年(1203 年)，殿前都指挥司又在"保德门外本司后军教场侧起造船场一所"③。此外，当时较为活跃的港口地区，如海盐澉浦镇、慈溪桃花渡、平阳浦门寨、兰溪，以及湖州白蘋洲东岸等地，也都设有造船场。

宋元时期江南船场所造的船有战船、官船、民船等各种类别。

作为水师实力的重要体现，战船历来为各政权所重视。特

① 参见《建炎以来系年要录》卷三十，建炎三年十二月乙卯条。

② 参见《梦粱录》卷十载。

③ (清)徐松：《宋会要辑稿·食货》五〇之三二。

别是南宋时期,水军已经成为南宋政权的主要守护力量之一。宋孝宗后,江南各沿江、沿海地区设有 20 多支水军,如嘉兴府金山水军,澉浦水军,殿前司浙江水军等。战舰则有海鳅、水哨马、双车、得胜、十棹、大飞、旗捷、防沙、平底、水马①,其中许多战舰是用于海战的。如建炎元年(1127 年),江浙一带曾打造过一种战船。这种船“船头方小,俗称荡浪,斗尾阔,可分水,面敞可容兵,底狭尖如刀刃状,可破浪,粮储器仗置黄版下,标牌矢石分两掖,可容五十人者,面阔一丈二尺,身长五丈”。浙江州县政府采用“人户入中”的办法募集经费,一次性就打造了 600 只“荡浪”。

此外,还曾经打造过九车战船、十三车战船,以及配合车战船的五车十桨轻捷小船等②。所谓车战船,即用于战争的车船。车船是用人力驱动运转的明轮船,由唐德宗时的荆南节度使李皋首创,堪称现代轮船的始祖。宋朝时,车船的轮桨增多,有 4 轮、6 轮、8 轮、20 轮、24 轮,以至 32 轮。南宋时期,车船已在水军建制中大量使用。当时的车船有两个木轮桨,每侧一个,一轮为一车,以人力用脚踩踏,带动轮桨转动使船行驶。史称这种船的行驶速度很快,“翔风鼓浪,疾若挂帆席”③。在绍兴三十一年(1161 年)的宋金采石之战中,宋军就是使用车船战胜了金兵。

渔舠是一种由民船改造而成的具有地域特色的战船。这种船通常长 5 丈,宽 1.2 丈,船头方小,尾阔,便于分水;船面宽敞,可载 50 人;船底渐趋狭窄,下部为刀刃状,利于破浪前行。水军

---

① 参见《浙江航运史》,人民交通出版社,1993 年第 1 版,第 79 页。

② (清)徐松:《宋会要辑稿·食货》五〇之一六。

③ (五代)刘昫:《旧唐书·李皋传》。

所需的粮食、武器等可以放置于艎板下，标牌矢石可分置两侧。这种设计特别适合在明州附近的浅海航行。

官船是政府官员在政治活动中所使用的船只。如元丰元年(1078年)，宋神宗派使者出使高丽时，所乘坐的就是由明州船场奉命打造的两艘载重高达万斛的大船，一艘名为"灵虚致远安济神舟"，另一艘名为"灵飞顺济神舟"。宣和五年(1123年)，宋徽宗派徐兢出使高丽时所乘坐的"鼎新利涉怀远康济神舟"和"循流安逸通济神舟"也是由明州造船场打造的，其长、宽、高以及船上的器具配备等都是普通客船的3倍。徐兢《宣和奉使高丽图经》卷三十四《神舟》中称它们"巍如山岳浮动波上，锦帆鹢首屈服蛟螭，所以晖赫皇华震慑夷狄"。这两艘高大且装饰华丽的海船到达高丽时引起了很大轰动，高丽人民"倾城耸观"，"欢呼嘉叹"。

宋元时期的普通民用船种类多样。有供明州浅海用的平底船，供官吏普通公务往来的座船、舫子，以及装运马匹、草料用的马船，摆渡用的渡船等。沿海地区民间造船则以渔船为主。史载有大对船、小对船、墨鱼船、大莆船、淡菜船、冰鲜船、溜网船、拉钓船、小钓船、张网船、串网船、海蜇船、元蟹船，等等。虽然记载不详，但仅从船的名字就可看出，这些船是为了捕捞不同类型的海产而打造的，类似于当代的渔业专项捕捞船。

由于江南地区许多港口是由内河通往海洋的，一些船舶在设计方面也体现出江海两用的特点。如南宋乾道五年(1169年)，明州船场奉旨打造由定海水军统制官冯湛设计的一艘"湖船底，战船盖，海船头尾，通长八丈三尺，阔二丈，并准尺计八百料，用桨四十二枝，江海淮河无往不可，载甲军二百人，往来极轻便”的船只。这种把江船船型和海船船型融为一体的江海两用船的设计与打造，是一种非常富有江南地域特色的创造，对促进江海联运具有重要意义。

宋元时期不但造船工艺成熟，船型多样，船上安装的航行设备也非常齐全。徐兢《宣和奉使高丽图经》中提到当时的一种名为“客舟”的海船。“长十余丈，深三丈，阔二丈五尺，可载二千斛粟”，“每舟篙师水手可六十人”。其船体“上平如横，下则如刃”，船在水面的纵摇、升降运动幅度较小，甲板上浪溅水较少，可以破浪而行。船体“分为三处，前一仓不安艎板，唯于底安灶与水柜，正当两樯之间也，其下即兵甲宿棚；其次一仓装作四室……使者官署各以阶序分居之”，即用水密隔舱技术将船舱分为若干舱室，以保证船舶良好的浮性。后舱高一丈余，四壁有窗户，“上施栏楯，采绘华焕而用帘幕增饰，使者官属各以阶序分居之。上有竹篷，平日积叠，遇雨则铺盖周密”。船上有锚泊设备、舵的设备、拔水板等，另外还备有2种不同的帆，分别供顺风和逆风时航行使用。同卷《半洋焦》还记载，“若晦冥则用指南浮针以揆南北”，说明船上已经设置了指南针测定方向。1979年，浙江省宁波市于“东门口遗址”出土了一艘宋代海船，其残长9.30米，残宽4.32米，水平高度1.14米。从船型看，是一艘尖头、尖底、方尾的二桅或三桅海船，载重量大约为26.5吨。船的主龙骨采用分段结构法，增强了船舶的稳定性和回转性能；在大舱两舱壁之间添设一档肋骨，用来增加船舶强度；安装了舭龙骨，以使船舶遇到风浪时减缓摇摆(该技术比国外早六七百年)；在接缝和空隙处使用了桐油灰加麻丝捣成的粘合物的捻缝工艺，提高了船舶的牢固性和水密性。这些在当时来说是具有创造性的。

不仅如此，宋代的造船施工技术及船厂管理也较前代有了很大进步。在技术及施工方面，当时两浙路的造船场已经开始按照图纸施工。《宋会要辑稿·食货》提到，嘉定"十四年五月四日，温州言：制置司降下船样二本，仰差官买木，于本州有管官钱内各做海船二十五只"。说明此时的温州官办船场是按照制置司下发的图纸来制造船舶的。从模仿船模造船到按照图纸造船是造船史上的一大进步。由于有了图纸，工人对于对各个环节的把控也更为准确。

宋代对于船场的场务管理也很完善。从相关记载来看，当时的船场已经有严密的组织和制度了。如规定明州船场设船场、采斫两个指挥营，额定人数为 400 人。采斫部门每年十二月一日停止伐木，进行屯驻休整，直到次年正月四日才开工。冬至日、寒食节各放假 3 日。如果工人的父母去世，给假五日；妻子去世，给假 3 日。伐木中意外死亡的，其家人可以支取政府抚恤金一贯。各官办造船场还都有政府下派的造船任务。如宋哲宗元祐五年(1090 年)就曾规定温州、明州等地每年要建造船舶 600 艘。此外，对于打造船只的用料及式样等也有明确规定。一些船场在造船、修船时已经开始使用船坞，并创造运用了滑道下水的方法。

南宋时还特别设有船舶修理机构。凡是暂时闲置不用的舟船，或者虽然破损但可修复的船只，都可以送去进行修理或改造。如绍兴年间，淮南转运司曾将"旧有只备人使舟船三十只"，

“发往浙西”[1]保存、修理。

元代的海船以沙船为主。如前所述，该船型在唐代时就已经出现。但元代的沙船在体积及载重量方面都远远大于唐代沙船。随着江南地区漕粮海运业的兴盛，沙船也成为江南一带使用数量最多的船型。

从总体上看，宋元时期江南地区的造船水平在全国是位居前茅的。而浙江地区的造船技术又称冠江南。《太平寰宇记》卷九十八甚至将船舶列在了明州土产的栏目下。由于船舶质量不断提高，宋元时期的中国海船不但船体高大，装修华美，结构坚固合理，行船工具完备，而且普遍使用指南针进行导航，航速很快，安全可靠。因此，宋元海船成为这一时期包括阿拉伯人、波斯人等在内的各国商人们的首选船。这与唐代时中外商人和僧侣多乘坐外国“蕃舶”有很大不同，体现了我国造船业的发展和航海技术的进步。

（三）五代至宋元时期的江南海上航线

五代时期的江南以吴越国的海上航运最为繁荣。浙江沿海地区自唐代起就与朝鲜、日本，以及东南亚等国家和地区保持着经贸往来和文化交流。五代时期，这种交流并未因中国各地的割据而受到太多影响。

公元 909 年至 959 年，即从五代后梁开平三年到后周显德六年的 50 多年里，见于记载的中日往来有 15 次，其中 11 次为吴越

① （清）徐松：《宋会要辑稿·食货》五〇之一九。

人的船只往来[1]。宝大二年(925 年),后唐庄宗李存勗册封钱镠为“吴越国王”,赐其金印、玉册。钱镠正式称王。不久,钱镠就“遣使册新罗、渤海王、海中诸国,皆封拜其君长”[2]。由于日本拒绝承认吴越国王为中国之主,因而两国的官方关系略有尴尬,但贸易却较为频繁。吴越国主要向日本出口丝织品和香药,从日本输入砂金、水银、锡等物资。

吴越国与朝鲜半岛的联系也很多。宝正二年(927 年),后百济与高丽构兵,吴越王钱镠发书信进行调解,两国对此反应积极。可见吴越国与朝鲜半岛各政治力量之间的关系十分友好。而这种友好,无疑是通过海上往来达到的。吴越国到朝鲜半岛的航线是从杭州出发,沿海北上,到山东半岛的登州、莱州后,再渡海到达朝鲜半岛的百济。其贸易主要是向百济输出丝绸和瓷器,再从百济输入马匹。

吴越国还凭借杭州、登州、莱州这条海上航线与契丹等国建立了海上交往。公元 915 年,吴越国与中原的贸易因后梁与后唐的战事而受阻,于是与契丹建立了航海贸易关系。在公元 916、920、922、932、939、940、941、943 等年份里,吴越国与契丹都有贡使往来的记录。由于契丹与南唐关系良好,因而契丹到吴越国主要是通过陆路。而吴越国到契丹则需要走海道。契丹从吴越国输入丝织品和茶、药、酒、瓷器等日常生活用品,而吴越国则从契丹输入马、羊、皮毛等生产生活物资。[3]

---

① [日]木宫泰彦:《日中文化交流史》,胡锡年译,尚武印书馆,1980 年,第 108 - 117 页。

② (宋)欧阳修:《新五代史》卷六十七《吴越世家》。

③ 参见《浙江航运史》,人民交通出版社,1993 年第 1 版,第 55 页。

此外，吴越国也积极与北方各国进行贸易。当时的航道大致是由钱塘江走浙东运河到明州，然后北上，经山东半岛、登州、莱州，取道东西两京（开封、洛阳）。史载钱佐任吴越国王时，“近海所入，岁贡百万”①。一个疆土不大的小国能够从每年的航海贸易中获得百万贡奉，足见其海上贸易的繁荣程度。

宋代海外贸易的兴盛远远超过前代。北宋在结束五代十国的混乱局面后建立了统一的国家，但一直面临着来自周边各少数民族政权的军事威胁。为保境内安定和平，宋政府往往采用纳银止战的方式，通过向少数民族政权交纳钱帛来避免战争，因而对外开支巨大。同时，由于两宋政府一直存在“三冗”问题，国内开支也远远超过此前历代。在巨大的财政压力下，两宋政府对于海外贸易十分重视。为了发展对外贸易，宋王朝曾多次派使臣带诏书和金帛出使南海诸国，联系贸易事宜。官方还专门设置了“怀远驿”等馆驿，用来接待前来贸易的外商。南宋后，江南沿海地区凭借着农业、手工业发达的经济腹地，对外贸易日益繁荣。来中国贸易的外商和船舶不断增多，江浙地区的沿海运输也日益兴旺。

为加强对海外贸易的管理，自开宝四年（971 年）起，宋政府陆续在广州、杭州、明州等地设立市舶司，并在秀洲、华亭等地设市舶务、市舶场，管理沿海各港口的对外航海贸易收税等事务。按规定，商船出海前必须先呈报市舶司，领取公凭后才能启航。外国商船到达宋的港口也必先向市舶司报告，由市舶司派人上

---

① （宋）薛居正：《旧五代史》卷一三三《世袭传·钱佐传》。

船进行检查，并征收其货物的1/10作为进口税收，即“抽分”。此外，还规定玳瑁、象牙、犀角、宾铁、鼊皮、珊瑚、玛瑙、乳香、紫矿、鍮石等10种货物为禁榷物，全部由市舶机构收购，其他货物则视情况收买一部分，称为“博买”。抽分是实物税收，博买是带有强制性限价收购的变相市舶税。市舶司抽分到的货物要解送到京城上交国库，被称为“抽解”。抽解和博买来的货物都要交给中央政府，是两宋政府的重要财政税收。为增加抽解和博买的数量，南宋政府鼓励江南地区打造海船，购置货物到海外贸易，并制订了相关的奖惩制度。能招徕外商的市舶官员可以升职，而阻碍了海外贸易的官员则要被降职。史载，南宋初，市舶司征收的泊务费约为200万贯。到绍兴七年（1137年）时，市舶年税收入高达630万贯，占整个朝廷财政收入的1/5。

宋元时江南沿海的华亭、通州、江阴、海州、澉浦、杭州、越州、明州、台州、温州等，都是通航的港口。南宋绍熙元年（1190年），由于临安已是行都，不宜让海外番船直接进入，因而杭州港的发展受到一定限制，但与之相近的明州港则获得了更多发展机会。

宋代航海技术的提高极大地促进了海外贸易的繁荣。宋代将指南针及罗盘用于航海，是航海技术发展的一个里程碑。朱彧《萍洲可谈》中载：“舟师识地理，夜则观星，昼则观日，晦阴观指南针”。可见，当时的舟师已经懂得在海上利用指南针来确定船舶位置了。这是世界航海史上使用指南针的最早记载。这种由我国人民首创的仪器导航法是航海技术的重大革新。徐兢在《宣和奉使高丽图经》中也有一段记载：“是夜，洋中不可住，唯视星斗前迈，若晦冥则用指南浮针，以揆南北”，说明徐兢在出使高丽的航海途中也使用了指南针，与朱彧所记相同。指南针在中国海船上使用不久，就被阿拉伯海船所学习和采用，并经阿拉伯人将这一伟大发明传到了欧洲。恩格斯在《自然辩证法》中指出，“磁针从阿拉伯人传至欧洲人手中在1180年左右”。1180年即我国的南宋孝宗淳熙七年。这说明中国人将指南针应用于航海至少比欧洲人早了80年。

为增加航行方向的准确度，宋人很早就把指南针与罗盘结合起来，制成了航海罗盘针。这一工具使舟师无论在何种天气情况下都能够对航线进行准确把握。随着航海罗盘在海上航行中的推广应用，人们对它的依赖程度也与日俱增。由于罗盘对于航海人来说非常重要，因而往往由专人看管。南宋吴自牧在《梦粱录》中称：“风雨冥晦时，惟凭针盘而行，乃火长掌之，毫厘不敢差误，盖一舟人命所系也。”

南宋时，广州、泉州、杭州都是大商港。当时与我国通商的有50多个国家和地区，阿拉伯人、波斯人、罗马人等纷纷由海道来我国经商。南宋初，通商的税收占国库总税收的1/20。如果没有罗盘针的出现，海上贸易是不可能如此繁荣的。

宋元时期的海洋贸易既有国内贸易，也有海外贸易。

北宋时，由于政权统一，江南地区与中原等地的贸易主要通过陆路。到南宋时，尽管南宋与金划淮河为界，南宋政府严禁将各种物资运往金国。但江苏等地的“海船民户，贪其厚利”，多有走私。“一离江岸，荡无禁止，遵海而往，透入虏者不一”[1]。一些

---

[1] (清)徐松：《宋会要辑稿》刑法志二，兵志二九；文天祥：《文山文集》卷三《御试策》。

地方官府也被巨额利益所诱惑，加入到了粮食走私行列。他们乘海船从长江口附近出发，沿着苏北沿海，将南方的稻米等运到金国统治下的山东等地出售。

宋代的海外贸易有官营和私营之分。前者又分朝贡交聘和朝廷贸易两种。官营的海外贸易规模大，运输途中由官府予以一定保护。私营贸易虽然没有官府保护，但其贸易额也非常可观，动辄以百万贯计，10 万贯以上的交易更比比皆是。

元代的国内海洋航运主要以漕粮为主。元的政治军事中心是北方的大都（北京），由于连年战祸，经济凋敝，大都官民所需的粮食等重要物资都依赖从南方调运。而当时的内河漕运不仅难以满足运输需求，而且途中花费巨大。因此，元丞相伯颜建议尝试漕粮海运。至元十九年（1282 年），元世祖命上海总管罗壁、朱清、张瑄等造 60 艘平底沙船海运漕粮。漕粮海运尝试成功后，海漕成为常规。京师内外官府、大小吏士、黎民百姓从此都仰赖于北洋漕运用粮。漕粮海运的航线有过 3 次改进，主要航线为自刘家港出洋，经崇明，过黑水洋[①]，到成山，再转至刘公岛，最后到达直沽。如果一路顺风顺水，10 天就可以到达，不易造成粮食损耗[②]。为了保证江南粮米顺利北运，船工们在易出事故的险滩危崖上，白天立旗缨，夜里悬大灯。这是我国海上航标信号运用的早期实践，也是江南人民对于航海业的一大贡献。

由于漕粮海运业的需要，沙船在船型改进及制造水平方面也都有很大提升。朱清、张瑄初行海运时，大船载重不过千石，小船

---

① 今江苏连云港附近。

② 参见宋濂等《元史・食货志》。

载重只有300石。换算下来,沙船的载重量大致在18吨至60吨之间。到了元仁宗延祐年间(1314～1320年),海漕大船的载重量已达八九千石,小船也能载重2000余石。就是说,往来于江南与直沽之间的沙船已经是载重量在125～560多吨之间的巨型船了。

元代江南地区的海外航线分商贸航线与军事航线两种。其商贸航线与宋代差异不大,主要海外贸易对象还是日本与高丽;军事航线主要是从庆元(明州)港[1]出发,远征日本。

元代的明州港改称庆元港。由于距离日本相对较近,通往日本的海船几乎都从这里出发。船舶自明州港出发后,横渡东海,通常是先到值嘉岛[2],再转博多[3]。为更好地利用季风和洋流加快航行,驶往日本的船只多在五六月间从明州港出发,利用西南季风,只要6天左右就可以到达日本。如果继续航行,可以穿过日本海,到达敦贺港[4]。在我国的北宋时期,日本正处于藤原氏执政的全盛时期。日本政府不允许本国商人到宋帝国进行贸易,但并不排斥北宋商人前来日本贸易。因此从文献记载中看,北宋时几乎没有日本船来中国贸易,只有北宋一方的对日航海贸易活动。到南宋时,日本平氏家族平清盛当权,直接控制大宰府[5],鼓励并垄断了与中国的海上贸易。通过海上贸易,平清盛获得了各种各样的奢侈品,“中国的扬州之金,荆州之珠,吴郡之

① 位于今浙江省宁波市。唐宋称明州港,元代改称庆元港。为表述方便,本节中统称为明州港。

② 今日本的长崎五岛。

③ 位于今日本九州博多区。

④ 参见《浙江航运史》,人民交通出版社,1993年第1版,第99页。

⑤ 当时日本掌对外贸易的机构。

绫，蜀江之锦，七珍万宝，无所不有”①。江南地区运往日本的货物主要是各种丝织品、香料、药材、瓷器、书籍、文具等，从日本购回的多是木材、黄金、硫磺、水银、刀、屏风等。随着中日贸易往来，宋元的科学文化等也传到了日本。日本名僧明庵荣西曾于南宋孝宗时的乾道四年（1168 年）、淳熙十四年（1187 年）两次来到中国，在宁波天童寺等地修行。他不仅把江南盛行的禅宗传入日本，还把茶种也带到了日本，因而被尊为日本临济宗的初祖和日本的茶祖。

中朝间的贸易起初是通过朝贡和特赐的方式进行的。有史可查的高丽遣使来宋有 57 次，宋使前往高丽有 30 次。北宋多次向高丽赠送礼服、乐器、金器、银器、漆器、川锦、浙绢、茶、酒、象牙、玳瑁、沉香、钱币等。高丽也多次向北宋赠送良马、兵器、弓矢、人参、硫磺、药材等。宋代时，来中国留学求法的高丽僧人很多。随后，两国民间贸易也开展起来。

江南沿海地区与高丽的往来基本上都是从明州港出发，穿过东海、黄海，沿着朝鲜半岛南端北上，到达朝鲜西岸礼成江的碧澜亭。这条航线较为艰险曲折，全程通常需 10～15 天。据《宋史・高丽传》载：“自明州定海遇便风，三日入洋又五日抵墨山，入其境；自墨山过岛屿，诘曲礁石间，舟行甚驶，七日至礼成江，江居两山间，束以石峡，湍激而下，所谓急水门，最为险恶。又三日抵岸，有馆日碧澜亭，使人由此登陆，崎岖山谷四十余里，乃其国都云。”②为了充分利用季风和洋流来航行，由明州出发去高丽

---

① ［日］信浓前司行长：《平家物语》。

② 参见《浙江航运史》，人民交通出版社，1993 年第 1 版，第 99 页。

多在农历七八九月有西南季风的时候;而回程多选择在十月、十一月有东北季风的时候。高丽政府以礼成江口的碧澜渡或介于礼成江、临津江之间的贞州为对宋贸易的主要港口。据徐兢《宣和奉使高丽图经》卷六《宫殿二长令殿》记载,高丽政府很欢迎中国商舶,“贾人之至境,遣官迎劳”,安排馆舍,并以较高价格对中国商人的货物进行收购。

除了与日本、高丽通商,宋代时的江南沿海地区也与东南亚、西亚诸国通商。

据《宋史·外国传》载,北宋淳化三年(992年)十二月,阇婆国[①]遣使者朝宋,“贡使泛舶船六十日至明州定海县[②]”。同书又载,“阇婆国在南海中,其国东至海一月,泛海半月至昆仑国,西至海四十五日,南至海三日,泛海五日至大食国,北至海四日,西北泛海十五日至勃泥国[③],又十五日至三佛齐国[④],又七日至古逻国,又七日至紫历亭,抵交趾,达广州”。《宝庆四明志》中也提到,占城国[⑤]和外化番船也常来明州经商。为了使前来贸易的海外商人宾至如归,北宋政府在明州市舶司以西的波斯人聚居区设立“波斯馆”,并建造了清真寺供他们在留居期间进行宗教活动。江南沿海与真腊[⑥]也有航海联络。元人周观达曾于元贞元年(1295年)奉命随使团赴真腊国。次年,从温州出发,经过福

---

① 今印尼爪哇。
② 今浙江镇海。
③ 今加里曼丹。
④ 今苏门答腊岛东部。
⑤ 今越南中南部。
⑥ 今柬埔寨。

建、广东等海口，经交趾和占城后到达了真腊。

总的来看，宋元时期江南沿海地区的对外贸易航线明显多于前代。中国主要输出稻米、丝绸、瓷器、书籍等，换取各国的特色物产。1978 年 8 月至 1979 年 4 月，宁波文管会在市区东门口工地进行考古挖掘时发现了 3 个古代海运码头，还有造船工场和 1 艘海船，同时出土了大量瓷器。其中不少是唐宋青瓷，应是准备外销的[①]。这些出土文物与遗址是宋元时期江南海洋贸易繁盛的一个缩影。

第四节　明清时期的江南造船与航海

一、明代造船业

尽管江南地区在元末屡经战乱，但由于元朝的崩溃使得广大汉民，特别是那些因战争而被掳掠的“驱口”们重新获得了自由，因而生产及经济恢复很快。明前期，江南沿海地区的造船业以其高超的水平和突出的特色赢得了世界性赞誉。

（一）下西洋船队中的江南海船

明代造船场遍布于全国，其中以江苏、浙江等地的造船业最发达。永乐三年（1405 年）至宣德八年（1433 年），明成祖、明宣宗先后派内官监太监郑和七下西洋。每次下西洋的船队都规模浩

① 林士民：《宁波东门口码头遗址发掘报告》，《浙江省文物考古所学刊》，1981 年。

大。仅第一次下西洋的船队中就有长 44 丈，宽 18 丈的宝船 62 艘，还有数百艘马船、座船、水船等辅助船只。如此巨大的船只，如此庞大的船队，在中国历史乃至世界历史上都是首屈一指的。而这其中的大量船只就是由江浙沿海的船场打造的。

下西洋队伍中最引人注目的宝船主要由江苏的南京、太仓两地打造。南京早在晋代时就已经有大型造船场，其后一度衰落。洪武初年，南京建龙江船场。这是明洪武年间率先发展起来的造船工业基地。稍后，又在今南京下关三叉河附近建宝船场。太仓刘家港一带的造船历史也很悠久。宝船属于沙船的一种。据《明史》记载，郑和下西洋时，大的宝船有 44 丈长，18 丈宽；普通宝船也有 37 丈长，15 丈宽，并配有 9 桅 12 帆。宝船的船型大、造价高。通常，一艘宝船要配 16 支橹至 20 支橹，舵的重量达 4810 公斤①。因此，曾跟随郑和船队下西洋的巩珍在其《西洋番国志》中称，“（宝船）体势巍然，巨无与敌。篷、帆、锚、舵，非二三百人莫能举动。趋事人众，纷匝往来，岂暇停憩”？1957 年 5 月，江苏省南京市下关三叉河附近的中保村明宝船厂船坞遗址发现了一支巨型舵杆。该舵杆由铁力木制成，全长 11.07 米。据舵杆上原有的榫孔测定，这支舵的高度为 6.25 米左右，足见郑和船队中宝船的庞大。由于船型大，打造宝船的材料要求也极为严格。用于做桅杆的木材，长度要达到十丈一尺六寸，根部周围要达到一丈一尺，同时木料九丈长处的周长还必须达到二尺九寸粗。明政府为此在全国范围内征敛，每次发现可以造船的材

① 周世德：《中国沙船考略》，《中国造船工程学会 1962 年年会论文集》（第二分册），国防工业出版社，1964 年。

料都要派专人去验看。

除宝船外，郑和下西洋的船队中还有马船[①]、战座船[②]、粮船[③]、战船[④]等主体船舶，以及装淡水的水船、捕鱼船等辅助船。

尽管郑和下西洋时所进行的朝贡贸易因不符合市场贸易规则而为人诟病，但不可否认的是，"下西洋"是世界航海史上的壮举，标志着江南地区乃至整个中国古代造船业的顶峰。

（二）江南沿海抗御倭寇的战船

明代的江南地区不仅有昭示国威、远渡重洋的宝船，也有维护海疆安宁的先进战船。

自元末起，日本九州一带的诸侯常纠集没落武士及不法商人、海盗等骚扰我国沿海。他们杀人抢劫，被称为"倭寇"。起初，由于语言不通、地形不熟等原因，这些倭寇对中国沿海社会安全的影响很小。到了嘉靖年间（1522～1566 年），由于朝廷实行海禁，沿海民众不能出海贸易，难以为生。一些不法之徒遂与倭寇勾结，为之引路、做内应，并假扮日本人与真倭寇一起在沿海地区走私、抢劫，各沿海地区才普遍出现了所谓"倭患"。嘉靖三十二年（1553 年），海盗王直等勾结倭寇，大举进犯江南沿海地区。其船队的战船多达百余艘，浙江宁波、上海松江等海岸沿线同时告警。这些倭寇所到之处，抢夺财物，掳掠人口，纵火焚烧屋舍，严重破坏了江南沿海的社会安宁与生产生活。

---

① 一种专门用来装载物品及马匹的中型宝船。

② 大型战舰。

③ 专用于运粮及后勤物品的船。

④ 护航船。

倭患的猖獗迫使明政府加强了对海疆的管理，一些有能力的官员纷纷被派往沿海地区抗击倭寇。其中戚继光是江南沿海抗倭斗争中的一位著名将领。

戚继光本为山东人，受明政府派遣到浙东地区抗倭。由于倭寇经常纵火焚船，因而戚继光除了使用江南地区传统的沙船操练水师外，还引进了福船等船型来操练水师，抗击倭寇。福船是一种宋代时就已经在福建沿海出现的“上平如衡，下侧如刀，贵其可以破浪而行”①的海船。其优点是“高大如城，吃水一丈一二尺”，以及“耐风涛，且御火”②，“福船城风下压，如车辗螳螂，斗船力而不斗人力，是以每每取胜”③。而该船型的缺点是“惟利大洋，不然多胶于浅”，“非人力可驱，全仗风势”。因此，戚继光将福船与沙船配合起来使用，在抗倭斗争中收到了很好的效果。

福船除了凭借高大的船型占据对抗优势外，还配有各种火器，如大发贡、碗口铳、鸟嘴铳、喷筒等。《明史·志第六八兵四》中载，大福船“能容百人，底尖上阔，首昂尾高，柁楼三重，帆桅二，傍护以板，上设女墙及炮床。中为四层，最下实土石，次寝息所，次左右六门，中置水柜，扬帆炊爨皆在是，最上如露台，穴梯而登，傍设翼板，可凭以战。矢石火器皆俯发，可顺风行”。可见，当时的福船特别大，各种配置很适合海上作战。其最下层装土和石块，名为“压载”，是用来保持船的平衡的；第二层是水师兵卒们的活动场所；第三层放船帆、锚等船舶工具和炊事工具；

---

① （宋）徐兢：《宣和奉使高丽图经》。

② （清）张廷玉等：《明史·兵志》。

③ （明）戚继光：《纪效新书》。

第四层是露台，设有大炮、弓箭设施，利于士兵们居高临下打击敌人。

除了福船这种特别高大的船，戚继光还督造了比福船稍微小一些的海苍船以及小船艟，用来在浅海以及逆风时作战。由于船只先进，在明政府以及江南军民的不懈抗击下，江浙沿海的倭寇于嘉靖四十年(1561 年)被全部肃清。

二、明代的海洋航运

(一) 明初的江南海运与"下西洋"航海活动

明初，由于辽东战事尚在进行中，明政府曾在刘家港等江南港口进行过一段时间的军粮海运①。然而，为防止江南沿海百姓与张士诚、方国珍旧部勾结，对明政权进行海上反攻，以及担忧太多江南人从事商贸活动会动摇农业生产的优势地位，影响政权稳固，朱元璋于洪武三年(1370 年)撤销了位于太仓黄渡的市舶司。洪武七年(1374 年)，又撤销了自唐朝以来就设立的泉州、明州、广州 3 个市舶司。洪武十四年(1381 年)，朱元璋以沿海仍有倭寇为由，禁止百姓与海外诸国交流。中外贸易宣告断绝，连以往与明王朝关系较好的东南亚各国也不能来华贸易了。

朱元璋病逝后，皇太孙朱允炆继位，史称建文帝。由于建文帝削藩过急等原因，燕王朱棣乘机发动"靖难之役"，夺取了皇位。后世称其为明成祖。为了昭示皇权正统，争取海外诸国的支持，以及加强与海外各国的政治、文化联系，自永乐三年(1405

---

① 见本书"苏州"刘家港部分论述。

年)起,明成祖朱棣派郑和开始了"下西洋"活动。

郑和(1371～1435年),本名马三宝。回族,云南人。自幼跟随朱棣,参加过"靖难之役",屡建功勋,因而深得朱棣信任,被提升为内官监太监,负责营建宫室及供应皇室所需。永乐二年,赐姓郑,从此名为郑和。

自永乐三年(1405年)至宣德八年(1433年),郑和共7次奉旨下西洋。每次航线均有不同。

第一次下西洋是在永乐三年(1405年)的农历六月十五日。郑和率领水手、官兵、翻译、采办、工匠、医生等27800余人,分别乘坐62艘长44丈,宽18丈的宝船和200多艘其他船只浩浩荡荡地从太仓刘家港[①]出发,航线为:福建——占城——爪哇——旧港[②]——南巫里[③]——锡兰[④]——古里[⑤]。永乐五年(1407年)农历九月二日,郑和结束了第一次下西洋,回到南京。苏门答腊、古里、满剌加[⑥]、小葛兰[⑦]、阿鲁[⑧]等国使者随郑和船队来到中国进行朝贡。

永乐五年(1407年)农历九月十三日,仅在南京停留了11天的郑和再度奉旨下西洋。这次下西洋主要到了占城、爪哇、暹罗[⑨]、满

① 今江苏太仓浏河镇。
② 今苏门答腊岛东南部巨港。
③ 今苏门答腊班达亚齐即南浡里。
④ 今斯里兰卡。
⑤ 今印度科泽科德。
⑥ 今马来西亚马六甲。
⑦ 今印度奎隆。
⑧ 今苏门答腊岛中西部。
⑨ 今泰国。

剌加、南巫里、加异勒[1]、锡兰、柯枝[2]、古里等国，于永乐七年(1409年)七八月间回国。在锡兰，郑和对当地佛寺进行布施，并立碑记录。碑文是用汉文、泰米尔文及波斯文镌刻，其中记有“谨以金银织金、纺丝宝幡、香炉花瓶、表里灯烛等物，布施佛寺以充供养，惟世尊鉴之”。此碑于1911年在锡兰岛的迦里镇被发现。这是中国和斯里兰卡两国友好关系史上的珍贵文物。

永乐七年(1409年)农历九月，经过一个月左右的短暂整修，郑和船队再次从刘家港启航，转至福建长乐太平港正式出洋。这次的船队规模仍然很大，船队的水手、官兵等共27000多人。本次所到的国家和地区有古里、满剌加、苏门答剌、阿鲁[3]、加异勒、爪哇、暹罗、占城、柯枝、阿拨把丹[4]、小柯兰、南巫里、甘把里[5]诸国。永乐九年(1411年)农历六月六日，郑和船队归国。

第四次下西洋是在永乐十一年(1413年)的农历十月。由于前三次都是在东南亚和南亚一带航行，明成祖认为“远者犹未宾服”[6]，所以命郑和远航至阿拉伯-波斯湾、红海、东非海岸一带。本次航行，先后到达了满剌加、爪哇、占城、苏门答剌、阿鲁、柯枝、古里、南渤利、彭亨[7]、急兰丹[8]、加异勒、忽鲁谟斯[9]、比剌(卜

---

① 今印度南端。
② 今印度西南岸柯钦一带。
③ 今苏门答腊岛中西部。
④ 今印度的阿麦达巴丹。
⑤ 今印度西部坎贝一带。
⑥ (清)张廷玉:《明史·忽鲁谟斯传》。
⑦ 今马来西亚彭京河口。
⑧ 今马来西亚哥打巴鲁。
⑨ 今霍尔木兹海峡格什姆岛。

喇哇)[①]、溜山[②]、孙剌[③]诸国。据随行者马欢所著的《瀛涯胜览》记载,本次航行的船队有宝船 63 艘,随行人员多达 27670 人。永乐十三年(1415 年)农历七月八日,船队回国。

第五次下西洋是永乐十五年(1417 年)农历五月十六日。先后到达占城、爪哇、满剌加、锡兰、柯枝、古里、阿丹[④]、剌撒[⑤]、木骨都束[⑥]、麻林[⑦]、卜剌哇、忽鲁谟斯、苏禄、彭亨、沙里湾泥等地。永乐十七年七月,郑和船队归国。跟随这次郑和船队一同来的,还有满剌加、古里、爪哇、占城、锡兰、溜山、麻林等 19 国来明进行友好交流的使臣。

第六次下西洋是永乐十九年(1421 年)农历正月三十日。与前几次不同,此次下西洋的主要目的是护送来明朝贡的各国使臣回国。所到之处有占城、暹罗、满剌加、榜葛兰[⑧]、锡兰、古里、阿丹[⑨]、佐法儿、剌撒、溜山、柯枝、木骨都束、卜剌哇等地。永乐二十年(1422 年)八月十八日,船队返回。

第七次,即最后一次下西洋,是在明宣德六年(1431)的闰 12 月。此时明成祖及明仁宗已逝,郑和已是花甲之年,仍率 27550 人的船队远航。据《宣德实录》卷六七载,"凡所历忽鲁谟斯、锡

---

① 索马里摩加迪沙和布腊瓦。
② 马尔代夫群岛。
③ 约为今莫桑比克的索法拉。
④ 今亚丁湾西北岸一带。
⑤ 今也门民主共和国亚丁附近。
⑥ 今摩加迪沙。
⑦ 今肯尼亚的马林迪。
⑧ 今孟加拉国。
⑨ 今阿拉伯半岛。

兰山、古里、满剌加、柯枝、卜剌哇、木骨都束、喃勃利、苏门答腊、剌撒、溜山、阿鲁、甘把里、阿丹、佐法儿、竹步[①]、加异勒等二十国及旧港宣慰司，其君长皆赐采币有差”。此次航行于宣德八年(1433年)2月28日返航，郑和在归途中病故，遗体运载回国后葬于南京中华门外牛首山下。

在1405年到1433年的28年里，郑和七下西洋，到达东南亚、南亚、伊朗、阿拉伯等地，最远到达了非洲东海岸和红海沿岸，沿途访问了30多个国家和地区。郑和船队到达各国后，首先向当地国王献礼，建立友好关系，用中国特产的瓷器、丝绸、茶叶、金属器皿等换取方物，并带各国使臣到明帝国进行朝贡，加强了中国与这些国家的政治文化交流。而这七次下西洋中可考的几次，都是从江南沿海的刘家港等港口始发。其船队中的相当一部分船舶是在江南沿海打造，用于馈赠海外各国的礼品及用于交易的丝绸、瓷器、茶叶等也大多由江南出品。可以说，江南沿海高超的造船术、航海术，以及经济腹地丰富的物产对于郑和下西洋的推动力量是不可忽视的。

在下西洋的船队中，有许多江南地区的文人。他们在航行途中记录了所见所闻，并将之整理成集。其中吴郡昆山人费信的《星槎胜览》，浙江会稽人马欢的《瀛涯胜览》，应天府人巩珍的《西洋番国志》等，都记述了航海见闻，史料价值极高。这些作品的存在，使得中国人民对于海外各国的社会生活有所了解，是研究中外关系史、航海史的重要材料。

---

① 今索马里。

此外，郑和船队中还有许多来自浙江的舟师。他们熟知潮势、季风、洋流等自然规律，在航行于亚非诸国的途中，积累了丰富的航海经验和科学知识，编写了航海图和过洋牵星图。

《郑和航海图》原称《自宝船厂开船从龙江关出水直抵外国诸番图》，作者不详。该图能够流传下来，全赖明代浙江归安[1]人茅元仪将其收入了于崇祯元年(1628 年)完成的《武备志》第二百四十卷中。这是世界上最早的一部航海技术文献和航海地图，也是研究 15 世纪中西交通史的重要史料。原图按一字展开的长卷图式绘制，被收入《武备志》时改为书本式，自右而左，有 1 页序，20 页图画(共 40 幅)，最后附“过洋牵星图”2 幅。该图以航线为主，画出了山形、岛屿、暗礁、浅滩等地貌，还标明了航程及导航的陆标、测水深浅、停泊处所等。图中共记载了 530 多个地名，其中 300 个海外地名。图上标出的城市从南京开始，遍及今南海及印度洋沿岸诸地，一直到非洲东岸。

虽然指南针早在宋代时已经用于航海，但由于海面辽阔，且没有陆标导航，天文导航仍然是非常重要的导航手段。郑和船队除了以航海罗盘针导航以外，也常利用天文导航。曾跟随郑和下西洋的应天府人巩珍在其《西洋番国志》自序中说，“往还三年，经济大海，绵邈迷茫，水天连接，四望迥然，绝无纤翳之隐蔽，唯望日月升坠，以辨西东，星斗高低，度量远近”。由下西洋船队随从人员马欢所著的《瀛涯胜览》中有首《纪行诗》，诗中道：“欲投西域遥凝目，但见波光连天缘，舟人矫首混西东，唯望星辰定

① 浙江省湖州市吴兴区。

北南。”这些真实经历说明郑和船队的顺利航行是离不开天文导航的。天文导航，古代称“过洋牵星”。据明代李诩的《戒庵老人漫笔》记述，牵星术需“牵星板一副，十二片，乌木为之，自小渐大，大者长七寸余，标为一指二指以至十二指，俱有细刻，若分寸然。又有象牙一块，长二寸，四角皆缺，上有半指半角一角三角等字，颠倒相向。”即需要12块用乌木制成的正方形木板，最大的那块边长7寸多，相当于今24公分，叫作十二指，其他每块边长依次递减2公分，直至边长只有2公分，这些木块分别叫作十指、九指……直至一指。“指”是古代观测星体高度的单位，一指约合1°34′到1°36′。指之下的单位叫作“角”，一个“角”等于1/4指。牵星的时候，舟师要在牵星板的中心穿一根小绳，小绳的长度是从人眼睛到手执木板伸直的距离，大约是72厘米；用左手拿牵星板，右手牵着那根拉直的小绳，眼睛顺着右手的绳端向牵星板看，使牵星板的上边缘对准星体，下边缘对准海平线，这样就能量出星体离海平面的高度，这时使用的牵星板是几指，这个星体的高度就是这个指数。如果观测的星体是北辰星，则求得北辰的指数再合成度数，就可以得出测点的地理纬度。这些航海科学知识都是极其宝贵的文化遗产。

郑和“下西洋”比1492年哥伦布到达美洲早87年，比1497年达·伽马到达印度古里早92年，比1519年麦哲伦环球航行早114年。哥伦布抵美洲时仅有3艘帆船，88名水手；达·伽马的葡萄牙船队只有4艘船，160名水手；麦哲伦船队有5艘帆船，260名水手，返回西班牙时只剩1艘船，18名水手了。这些显然根本无法与郑和下西洋的船队相提并论。

由于郑和下西洋以宣扬国威、加强政治文化交流为主,基本上不考虑经济效益。因而下西洋活动使得部分地方政府和沿海百姓负担沉重,朝野上下反对之声日盛。明宣宗时期,由于郑和病故,既定目的已经达到等原因,下西洋活动停罢,有关船只也被封存。明朝就此开始了长时期的海禁。

嘉靖年间,由于海禁严重影响了东南沿海地区人民的生活,并且国际市场上对于中国货有巨大的需求,一些海商为逐利而冒死犯禁,进行大规模走私活动,甚至与倭寇勾结对沿海地区进行武装骚扰,沦为海寇。即所谓"禁之愈严,则其值愈厚,趋之者愈众,私通不得,则攘夺随之"[①]。江南海疆的"倭患"严重影响了沿海地区的经济发展。一些有识之士看到了"海禁"与"海寇"之间的关系,主张开海以根除海寇。于是,明穆宗继位后,于隆庆元年(1567 年)宣布解除海禁,调整海外贸易政策,开放月港[②],允许民间私人海外贸易。史称"隆庆开海"。尽管江苏、浙江等地并没有取得合法地位的海外贸易港口,但事实上只要遵守政府的管理限制,民间私人海外贸易就被视为合法经营,因此江南地区的海外贸易逐渐得以恢复。因主要贸易航线在前面关于港口城市的论述中已有提及,这里不再赘述。明后期,政府从打击走私等多方面考虑,曾几度禁海,又几度开海。部分大海商为追逐稳定的海外贸易利益,逐渐演变为武装海盗集团。

---

① (明)郑若曾:《筹海图编》。

② 位于今福建省漳州市。

三、清中前期江南的海船制造业和航海贸易

（一）清初严酷的海禁政策

清初，为切断大陆人民与海外反清力量的联络，清政府实行了异常严酷的海禁政策。顺治十二年(1655 年)，清廷首颁禁海令，规定"海船除给有执照许令出洋外，若官民人等擅造两桅以上大船，将违禁货物出洋贩卖番国，并潜通海贼，同谋结聚，及为向导，劫掠良民；或造成大船，图利卖与番国，或将大船赁与出洋之人，分取番人货物者，皆交刑部分别治罪。至单桅小船，准民人领给执照，于沿海附近处捕鱼取薪，营汛官兵不许扰累"。次年，再次颁布禁海令："今后凡有商民船只私自下海将粮食货物等项与逆贼交易者，不论官民，俱奏闻处斩，货物入官；本犯家产，尽给告发之人。"[①]顺治十八年(1661 年)八月，清政府下达迁海令。以烧毁房舍、毁坏田地等方式逼迫沿海居民必须内迁 30 里。海外贸易基本断绝。直到康熙二十三年(1684 年)，由于海外反清力量已被肃清，清政府才重开海禁。然而，由于长期的海禁政策，原本以造船业著称的刘家港等地几乎找不到能够打造远洋海船的工匠了。同时，开海后的清政府对造船也有诸多限制。如规定商贾所用的船只，其梁头不准超过一丈八尺，舵手等不能超过 28 名；梁头长度小于一丈八尺者，舵手等人数酌情递减。

---

① 《光绪大清会典》"事例"卷六二。

（二）清前期的开海和禁海

康熙二十四年（1685年），清政府设置四大海关。其中的江海关、浙海关都位于江南沿海。江海关始设于江南云台山[①]，后移至上海县城大东门外黄浦江边[②]；浙海关设于浙江宁波甬江老外滩[③]。江海关、浙海关在江南沿海的一些主要港口设有分关，可见当时江南沿海的海外贸易还是比较受清政府重视的。同时也说明江南沿海地区的海外贸易在开海后较为繁荣。当时的江南沿海对外贸易仍旧以日本、高丽为主，所用船只也以"南京船"（沙船）为主。

康熙五十六年（1717年），受松江府"张元隆案"影响，清政府制定商船出洋贸易法，不许商船前往南洋吕宋等处贸易，违者严惩。沿海各地造船必须先报地方官亲验烙印，登记船只规格、客商姓名以及货物往来何处等贸易信息，并进行存档。对于出海船只所携带的粮食也有规定：按照呈报的出海天数，以每人每天一升米的标准携带粮食（可以多带一升米以防航程受阻）。如果超额，一旦查实，无论船户还是商人都要受到严厉处罚。至于航船，更绝对不允许出售。凡是替海外诸国造船或者把海船卖给外国的，一律斩立决。如果有人留居海外，则要对知情不报者关押3个月；同时，官府还要对外发出公文，将留居海外者押解回国，处斩立决。沿海官员如果对船民、海商的上述不法行为隐匿不报，也要从重治罪。其后，清政府又因各种原因而数度禁海、

① 今江苏省连云港市。
② 今上海白渡桥附近。
③ 今浙江省宁波市江北区中马路542号。

开海。这些政策极大地阻碍了民间造船业、航运业的发展。但总的来看，在清前期，江南民间所造船只仍然相当精良。

康熙五十八年（1719 年），清政府派人出使琉球。所用的船就是从浙江宁波民间商船中挑选的。其中有两只得到皇帝封赐的船只（封舟），工艺尤为精良。据徐葆光所著《中山传信录》记述，其中一只供使臣居住，船长十丈，宽二丈八尺，深一丈五尺。前后有四个舱。每舱分上下三层，下层填载压舱石平衡船只，放置各种杂物。中层供使臣居住。两边叫麻力，又截为两层，左右八间，供随从、仆役们居住。舱口有梯子可以下去。舱中宽六尺多，可以横放一张床，舱有八九尺高，上面有一个三尺见方的天窗井，可供通风采光。舱面的右边空着供行驶用，左边设有炉灶。跨舷外一二尺宽处设板阁，前后围成小房间，暑热时可以在小屋里住。船上有四个水舱，四个水柜，十二只水桶。船尾是将台，上竖大旗，备有藤牌、弓箭，供兵役、水手住宿。将台下供奉着天妃等水神的神位。下面是舵楼，舵楼前的小舱放置针盘，伙长、舵工以及负责看管指南针罗盘的人住这里。船的两旁有大小炮十二门分列左右。船上席篷、布篷有九道，舱面横着三道大木，设轴以转缭，绕木索、棕绳等。另一只船专供兵卒、杂役乘坐。船长十一丈八尺，宽二丈五尺，深一丈二尺，前后共二十三舱。这两艘设计和打造都很精良的船上还配有《针路图》导航。从这些记载可知，当时的造船水平还是很高的。

乾隆年间（1736～1796 年），为防止西方势力渗透，维护政治稳定和社会稳定，乾隆帝撤销了自康熙年间设立的江海关、浙海关、闽海关，原“四大海关”中只保留粤海关一处负责海外通商。

江南地区的茶叶、丝绸、青瓷等须由广州出港运往各地。受此影响，江南沿海的海船制造业及远洋航运业逐渐衰落。

不过，由于历史积淀深厚，江南沿海的海舶制造水平还是保持了一段时间的领先地位。嘉庆年间的进士麟庆（后官至两江总督）在《鸿雪因缘图记·海舶望洋》自叙中进士后赴宁波，曾登上过一艘有五层楼的海船，“望内外洋，水天一色，遥指琉球、日本诸国，轻烟数点尔”。该著中还详细记载了海船的形制：头艄俱方；其头梁俗名“利市头”；船后舵叫“水关”，有四个桅，分别叫“头称”“头樯”“大樯”“尾樯”。船的最高处供奉着天妃神位。船上有贮藏淡水的方舱，名为“水柜”；船前有用来“抛锚”的车盘，船中有用来“挂帆”的车盘，船后有用来“收舵”的车盘；船前方的栅栏名为“阑笼”，旁边的栅栏叫“遮阳”，后边的栅栏叫“插签”。该海船上的各种航行用具与内河船只用具相似，但更大，质量要求更高。船上用“针盘”辨别方向。从这些记述来看，当时浙江的造船技术仍然是非常高的，基本上代表了清代江南沿海地区海船制造的最高水平。

第五节　江南地区的龙舟竞渡文化

龙舟文化是江南地区一种较为特殊的舟船文化。其特殊性主要体现在两个方面：从起源区域来看，目前考古成果显示，最早的龙舟出现于古越地，但湖广等地也有自先秦时期就已经开始的龙舟竞渡活动。从龙舟舟体的演变来看，龙舟是由独木舟发展而来的，而目前世界上最早的独木舟就是浙江杭州萧山跨湖桥遗址出土的距今约7600～7700年前的一只用于浅海的独木舟。尽管从目前可考的史料来看，龙舟竞渡基本上是在内河进行，但最初很可能是在江海水域通行。

一、龙舟竞渡的起源

（一）舟船与越人竞渡

关于龙舟竞渡，很多人会不由自主地将它与端午节、屈原等联系起来。然而事实上，龙舟竞渡活动的出现时间要远远早于屈原所生活的时代，并且在相当长的一段历史时期内并未与端午节发生联系。

龙舟竞渡源于先秦时期吴、越、楚等江南地区的独木舟竞渡。江南自古河流密集，湖泊众多，舟船对于江南先民的重要性不言而喻。如前所述，早在距今7600～7700多年前，跨湖桥先民就已经造出了成熟的独木舟。到西周时期，舟更成为了越人的文化标志。《越绝书》称越人“水行而山处，以船为车，以楫为马”，《淮南子·齐俗训》中也有“胡人便于马，越人便于舟”的记载。作为国之重器，舟还曾被于越国以国礼的形式敬献给周成王。

对于生活在江南水乡，以鱼、稻为食的越人来说，舟不仅是他们跨越江河阻隔的交通工具，也是他们获取生存资料的生产工具，而行舟速度往往是决定他们能否抢先得到生活物资的关键因素。因而，竞渡活动很早就出现在于越水乡。1976年，浙江宁波鄞县云龙镇出土了一件羽人竞渡纹铜钺。该钺的一面铸有边框，框内上部为昂首相向的龙纹，下部以弧形边框线为舟，舟上四个头戴羽毛冠的人坐成一排，双手持桨作奋力划船状，生动地展示了战国时期越人竞渡的场面。

（二）龙舟竞渡的初始目的

竞渡活动究竟从什么时候开始采用龙舟已不可考。就现存资料来看，"龙舟"一词最早出现于西周典籍《穆天子传》。其中记载了周天子乘坐鸟舟、龙舟游于大池的事迹。舟之所以与龙发生关联，与当时的龙图腾崇拜有着莫大的关系。龙是以蛇为主干的图腾动物。而蛇在远古时期不仅是华夏族群的图腾，也是百越族群除了鸟图腾以外最常见的图腾之一。由图腾蛇演变而来的图腾龙无论在中原地区还是在吴越地区都普遍受到先民们发自内心的敬畏。尽管奴隶社会建立后，图腾实际上已经失去了其作为氏族集团共同尊奉的意义，然而受礼俗文化延续性的影响，图腾观念仍旧传习下来。由于传说中龙有行云布雨的能力，于是龙便由族群图腾转变成了司雨之神。在殷商甲骨文中，就已经有向龙神卜雨的记载了。到了春秋战国时期，由于降雨与水的关系，龙又兼有了水神的身份。因此，越人在竞渡之前纷纷进行文身，并且为舟身装饰龙纹，以此来向龙神表明自己是它的亲族，期待能够在航行中受到龙神护佑，并得到龙神的赐福。《说苑·奉使》载："彼越……乃处海垂之际，屏外蕃以为居，而蛟龙又与我争焉。是以剪发文身，烂然成章以像龙子者，将避水神也。"可见，早期的龙舟竞渡具有明显的原始宗教意味。它既是一种竞技活动，也是一种娱神祈福活动。据闻一多先生考证，早在屈原投江的千余年前，吴越水乡就已经普遍存在划龙舟的习俗了①。

---

① 见闻一多：《端午考》。

二、龙舟文化内涵的演变

（一）龙舟竞渡的文化内涵

尽管龙舟活动出现的时间很早，而且几千年来在形式方面没有发生根本性改变，但其文化内涵却是经历了一番质的变革的。

据史料分析，西周以前的龙舟竞渡活动多在夏至进行。春秋战国时期，随着谷雨、夏至等节日逐渐合流演变为端午节，龙舟竞渡、吃粽子等原本属于夏至的习俗也随之变成了端午习俗。在这一历史过程中，人们对大自然的了解不断深入，掌握命运的自信心不断增强，对于图腾龙的敬畏之心开始减弱，龙舟竞渡的文化内涵也逐渐由以敬神祈福为主转为了以纪念人们心目中的先圣先贤为主。历史上，夏禹、勾践、伍子胥、屈原、曹娥、马援等都曾作为龙舟竞渡所纪念的人物而出现。如汉代赵晔的《吴越春秋》认为，龙舟"起于勾践，盖悯子胥之忠作"。

（二）龙舟竞渡与纪念屈原

龙舟活动与纪念屈原之间发生联系的时间相对较晚。关于屈原，《史记》只记载其不甘与世俗同流合污，"于是怀石，遂自投汨罗以死"，但并未记载其投江的具体日期。直到南朝时期，梁人吴均所著的《续齐谐记》才第一次明确提到屈原投汨罗江的日期为农历五月五日，并且将龙舟竞渡与屈原之死直接联系起来，称"楚大夫屈原遭谗不用，是日投汨罗死，楚人哀之，乃以舟楫拯救。端阳竞渡，乃遗俗也"。然而在当时，这一说法并未取得权威的地位。

真正使龙舟竞渡作为纪念屈原的活动项目而存在，并使之在全国范围内产生重大影响的是唐代名相魏征。由他主持编写的《隋书·地理志》载，“屈原以五月望日赴汨罗，土人追到洞庭不见，湖大船小，莫得济者，乃歌曰：‘何由得渡湖！’因尔鼓棹争归，竞会亭上，习以相传，为竞渡之戏”。凭借着魏征千古名相的声望以及《隋书》作为正史官书的权威性，此说对唐及后世的影响极为深远。自此，绝大多数地区竞渡活动的文化内涵被统一在了“纪念屈原”这样一个富有爱国色彩且具有强大凝聚力的主题之中，从而使得龙舟竞渡这一原本具有浓厚敬神祈福色彩的活动具有了深厚的社会文化意味。屈原的爱国精神也自此随着龙舟竞渡活动的传播而对整个社会意识发生了重要的导向作用，成为龙舟文化的精华部分。

隋唐时期，端午节已是全民性的民族节日，龙舟竞渡亦成为在全国范围内广受欢迎的节日活动。唐代诗人张建封的《竞渡歌》就较全面地描绘了当时龙舟竞渡的盛况：“两岸罗衣破晕香，银钗照日如霜刃。鼓声三下红旗开，两龙跃出浮水来。棹影斡波飞万剑，鼓声劈浪鸣千雷。鼓声渐急标将近，两龙望标目如瞬。坡上人呼霹雳惊，竿头彩挂虹蜺晕。前船抢水已得标，后船失势空挥桡。疮眉血首争不定，输岸一朋心似烧。只将输赢分罚赏，两岸十舟五来往。”岸上观者如云，呼声雷动，河上竞渡双方全力拼搏，誓不服输。龙舟赛事之盛，可谓历历在目。

隋唐以降，龙舟竞渡活动虽曾因舟船倾覆以及竞渡者斗殴等原因而在部分地区遭到禁止，但始终是深受社会各阶层人士喜爱的一种娱乐形式。宋代明州鄞县人楼钥的“锦标赢得千人笑，画鼓敲残一半春。薄暮游船分散去，尚余箫鼓绕湖滨”，明代文学家、苏州府长洲县人冯梦龙的“十里长河一旦开，亡隋波浪九天来。锦帆未落干戈起，惆怅龙舟不更回”等诗句都对当时的龙舟竞渡活动进行了生动描述。除诗文之外，历代画家们也用他们的画笔直接描摹了龙舟竞渡时欢快热闹的场面。如唐代李昭道的《龙舟竞渡图》，北宋张择端的《金明池争标图》，元代郑重的《龙舟竞渡图》，清代郎世宁的《雍正十二月行乐图》等画作，分别为后人展示了不同时期、不同地点的龙舟活动场景。从这些画作中我们可以看出：上至皇帝嫔妃，下至普通百姓，对龙舟竞渡活动无不兴趣盎然。

龙神在汉末前一直是崇高的存在，人们对其敬畏有加。然而自南北朝时期起，随着佛教的传入及普及，地位尊崇的中国龙与地位较低的印度龙逐渐合二为一，龙在民间信仰中也逐渐由地位崇高的龙神转变成了地位较低的龙王。在殷商时代，龙神是连商王都要虔心问卜的大神，而到了元明清时期，龙王在人们心目中只是众多水神之一，不再是那个高不可攀、不可战胜的存在了。如在元杂剧《沙门岛张生煮海》中，龙王面对书生的挑战束手无策，只能乖乖交出女儿。而在明代的通俗小说《封神演义》中，龙王不但被哪吒那样的孩童痛殴，甚至连龙子也难逃被抽筋剥皮的厄运。由于龙的地位大幅下降，我们看到，人们在龙舟竞渡中对龙的敬畏之心在宋代之后几乎消失殆尽。唐宋时期的健儿们在竞渡之前须进行文身，而宋之后的竞渡者们则仅以龙纹服装为道具，很多时候甚至连这种简单的道具也不用就直接上场。可见,龙舟竞渡活动在封建社会晚期已经基本摆脱了最初的崇神色彩,越来越朝着娱乐方向发展了。

清末至民国时期,由于国内战乱不息,百业凋敝,许多地方的龙舟竞渡被迫停办,龙舟活动陷入低谷。改革开放后,传统的龙舟活动重新焕发了生机。如今,人们将传统的龙舟竞渡形式与现代体育运动规则相结合,把这项历经几千年的民俗活动成功地转型为深受世界各国人民喜爱的现代体育竞技运动。

第四章　江南海潮文化

受地理位置影响，我国广大沿海地区千百年来一直受到太平洋潮水的冲击，潮汐现象十分明显。江南地区历史上曾有多条大江、大河东流入海，由于长江、钱塘江入海口附近呈喇叭口地形，海潮逆江而上，因江道的急速收窄而形成了异常壮观的暴涨潮（涌潮）。每年秋季，风向与潮水的方向大体一致，助长了潮势。在季风的助力下，这些江河入海口附近的海潮更是气势磅礴。特别是中秋节之后的3天，由于此时月球引力的影响最强，潮水更如排山倒海一般，令人惊心动魄。

在江南一带的海洋文化中，海潮文化是最具地域性特点的。晋以前，古人多称“潮”为“涛”。如东汉王充《论衡・书虚篇》中有云：“浙江、山阴江、上虞江皆有涛”，并提到当时的钱塘沿岸“皆立子胥之庙，盖欲慰其恨心，止其猛涛也”。可见，江南沿海曾经有多处具有观赏性的大潮，且很早就有了关于钱塘潮的传说。清代时的扬州学者费饧璜在其《广陵涛辩》中称：“春秋时，潮盛于山东，汉及六朝盛于广陵。唐、宋以后，潮盛于浙江，盖地气自北而南,有真知其然者”。这里所提及的三个在不同时代各自横绝的大潮,分别是春秋时期山东的青州涌潮,汉及六朝时期达到鼎盛的扬州广陵潮,以及唐宋以后独占鳌头,至今仍奔腾于杭州、海宁等地的钱塘潮。

第一节　江南潮汐理论的流变

一、先秦和秦汉时期的江南潮论

关于潮的形成,我国人民很早就进行了探索。早在先秦时期,《黄帝内经》中就有“月满则海水西盛”“月郭空则海水东盛”的记述,说明中国人早就将潮汐的成因与月亮联系起来。在其后的数千年里,广大江南人民对潮汐的成因及规律进行了更多深入的探究。

先秦及秦汉时期,由于江南地区的科技文化水平相对落后,鬼神之说极为盛行。有民间传言称:钱塘江潮之所以奔涌咆哮,是因为伍子胥被夫差杀害后,尸体被抛入了钱塘江。由于伍子胥性如烈火而且死得冤枉,其魂魄化为潮神,驱使江潮奔涌。每当其发怒时,钱塘潮就分外骇人心魄。对此,东汉时期的思想家,会稽人[①]王充(公元27年～约公元97年)在其《论衡·书虚篇》中进行了尖锐的批驳:

① 今浙江省绍兴市上虞。

传书言：吴王夫差杀伍子胥，煮之於镬，乃以鸱夷橐投之于江。子胥恚恨，驱水为涛，以溺杀人。今时会稽丹徒大江、钱塘浙江，皆立子胥之庙。盖欲慰其恨心，止其猛涛也。夫言吴王杀子胥投之于江，实也；言其恨恚驱水为涛者，虚也。屈原怀恨，自投湘江，湘江不为涛；申徒狄蹈河而死，河水不为涛。世人必曰："屈原、申徒狄不能勇猛，力怒不如子胥。"夫卫菹子路而汉烹彭越，子胥勇猛不过子路、彭越。然二士不能发怒于鼎镬之中，以烹汤菹汁湔漑旁人。子胥亦自先入镬，后乃入江；在镬中之时，其神安居？岂怯于镬汤，勇于江水哉！何其怒气前后不相副也？且投于江中，何江也？有丹徒大江，有钱唐浙江，有吴通陵江。或言投于丹徒大江，无涛，欲言投于钱唐浙江。浙江、山阴江、上虞江皆有涛，三江有涛，岂分橐中之体，散置三江中乎？人若恨恚也，仇雠未死，子孙遗在，可也。今吴国已灭，夫差无类，吴为会稽，立置太守，子胥之神，复何怨苦，为涛不止，欲何求索？吴、越在时，分会稽郡，越治山阴，吴都今吴，馀暨以南属越，钱唐以北属吴。钱唐之江，两国界也。山阴、上虞在越界中，子胥入吴之江为涛，当自上吴界中，何为入越之地？怨恚吴王、发怒越江，违失道理，无神之验也。

且夫水难驱，而人易从也。生任筋力，死用精魂。子胥之生，不能从生人营卫其身，自令身死，筋力消绝，精魂飞散，安能为涛？使子胥之类数百千人，乘船渡江，不能越水。一子胥之身，煮汤镬之中，骨肉糜烂，成为羹菹，何能有害也？周宣王杀其臣杜伯，燕简公杀其臣庄子义。其后杜伯射宣王，庄子义害简公，事理似然，犹为虚言。今子胥不能完体，为杜伯、子义之事以报吴王，而驱水往来，岂报仇之义、有知之验哉？俗语不实，成为丹青；丹青之文，贤圣惑焉。

在批驳了伍子胥魂魄驱涛的无稽之谈后，王充也明确表述了自己对于潮汐成因的看法：

夫地之有百川也，犹人之有血脉也。血脉流行，泛扬动静，自有节度。百川亦然，其朝夕往来，犹人之呼吸气出入也。天地之性，上古有之，《经》曰："江、汉朝宗于海。"唐、虞之前也，其发海中之时，漾驰而已；入三江之中，殆小浅狭，水激沸起，故腾为涛。广陵曲江有涛，文人赋之。大江浩洋，曲江有涛，竟以隘狭也。吴杀其身，为涛广陵，子胥之神，竟无知也。溪谷之深，流者安洋，浅多沙石，激扬为濑。夫涛濑，一也。谓子胥为涛，谁居溪谷为濑者乎？案涛入三江，岸沸踊，中央无声。必以子胥为涛，子胥之身，聚岸涯也？涛之起也，随月盛衰，小大满损不齐同。

在王充看来，天地万物自有其运动的规律，就如同人有血脉一般。潮的形成乃是由于海水从相对宽阔的入海口涌进江道后，因"殆小浅狭，水激沸起"。由于河床的沙石不同，故而潮水有的趋于平和，有的趋于激扬。潮的大小则与月亮的圆缺有对应关系。这就肯定了潮汐周期与月亮盈缺、河道状况之间的关联。

王充对于潮汐的阐述被人们称为元气自然论潮论。这一理论在中国的潮汐研究领域长期占据主流地位，被后世许多潮汐学家们所继承并发展。如三国时严畯的《潮水论》，唐代窦叔蒙的《海涛志》，宋代张君房的《潮说》，燕肃的《海潮论》，余靖的《海潮图序》，朱中有的《潮颐》，以及明代王佐的《潮候论》，陈天资的《潮汐考》，清代的周亮工、屈大均、李调元、周煌等有关潮汐的论述，都是在王充潮汐理论的基础上所进行的深入探索。

二、东晋至晚清的江南潮论

东晋时期句容[①]的道教学者葛洪（284～364 年）从浑天论角度出发，对潮汐的成因提出了自己的见解。其《抱朴子》称："潮者，据朝来也；汐者，言夕至也。一月之中，天再东再西，故潮水再大再小也。又夏时日居南宿，阴消阳盛，而天高一万五千里，故夏潮大也。冬时日居北宿，阴盛阳消，而天卑一万五千里，故冬潮小也。又春日居东宿，天高一万五千里，故春潮渐起也。秋日居西宿，天卑一万五千里，故秋潮渐减也。"又称"天河从北极分为两头，至于南极，其一经南斗中过，其一经东斗中过，两河随天转入地下，过而与下水相得，又与海水合，三水相荡而天转排之，故激涌而成潮水"。尽管葛洪关于天河水、地下水、海水三水激荡而形成潮水的理论有些玄幻，但作为一种与主流元气自然论潮汐论不同的新观点，还是颇有新意的。同时，葛洪也继承了

---

① 今江苏省镇江市代管县级市句容市。

王充的部分观点，如“涛水者潮，取物多者其力盛，来远者其势大，今潮水从东地广道远，乍入狭处，陵山触岸，从直赴曲，其势不泄，故隆崇涌起而为涛。俗人云，涛是伍子胥所作，妄也。子胥始死耳，天地开辟，已有涛水矣”。

唐代江南人对于潮汐也做了许多探索。宝应、大历年间，生长于浙江沿海地区的窦叔蒙完成了一部研究海洋潮汐的理论著作《海涛志》。这是中国现存最早的潮汐专论。在该作中，窦叔蒙继承并发扬了王充关于潮、月同步的理论，指出“潮汐作涛，必符于月”，“月与海相推，海与月相期”，又进一步概括了潮、月的变化规律——“盈于朔望，消于朏魄，虚于上下弦，息于朓朒，轮回辐次”，并发现“一晦一明，再潮再汐；一朔一望，再盈再虚；一春一秋，再涨再缩”，即一日内有两次大潮，两次低潮；一朔望月内，有两次大潮、两次小潮；一回归年内有两次大潮期、两次小潮期。在此基础上，他还直接用中国的天文历法精确计算了潮时，并绘制了理论潮汐表《窦叔蒙涛时图》。其研究居于世界领先水平。

五代时，乌程[①]人邱光庭是葛洪潮汐基本理论的拥护者之一，著有《海潮论》。但他认为：潮汐的成因不是由于三水激荡，而是由于漂浮在海洋上的大陆内部气体不断流出，导致了海水的相对运动。较之于葛洪玄幻色彩较浓的三水之说，邱光庭的理论体现了一定的唯物思想。

北宋时期，人们对于潮汐的研究更多，观点分歧也较大。张

---

① 今浙江省湖州市。

载、徐兢等大体与邱光庭的观点一致。当时，晚唐时期卢肇关于海潮与日升日落相关的理论颇为流行。卢肇认为“日激水而潮生，月离日而潮大”。时人多认为卢肇的论断为“极天人之论”，不敢有所非议。对此，钱塘人沈括(1031～1095 年)在其《梦溪笔谈·补笔谈》卷二中明确指出：“卢肇论海潮，以谓日出没所激而成，此极无理。若因日出没，当每日有常，安得复有早晚？予常考其行节，每至月正临子、午，则潮生，候之万万无差(此以海上候之，得潮生之时。去海远，即须扰地理增添时刻)。月正午而生者为潮，则正子而生者为汐，正子而生者为潮，则正午而生者为汐”。

因被贬官而到钱塘任县令之职的道教学者张君房在其《潮说》中则用“气交”和“致感”来解释为何日月在朔、望两个位置的时候，潮汐现象最强烈，并且指出一个朔望月中会有 2 次大潮。尽管理论依据不同，但与唐代窦叔蒙的潮汐研究可谓殊途同归。

元末明初的“东海名儒”，平阳钱仓人史伯璇也反对唐人卢肇关于海潮与日升日落有关的理论。其在《管窥外编》卷上中指出：“肇谓潮生因日，朔绝望大，与潮候全不相应。肇盖北方人，但闻海之有潮，而不知潮之为候，遽欲立言，其差皆不足辩，但其言天旋入海，日之所至，水不可附，不惟不知潮，亦不知天。天所运日，所至之处，岂复有海乎！海虽极大，然又有天之大气举之……日所行之处，正在天气之中，吾意其内与海水相距不知凡隔几万里至劲极厚之气，曾谓天有入海之理，日有激潮之势乎，若肇者，真所谓不知而言者也。”在对卢肇与事实相反的潮论进行尖锐批判的同时，史伯璇也反对五代时邱光庭等人关于大地沉浮出气引发海潮的说法，指出“地有沉浮说，其病最大。浮沉，则动上动下无宁静时矣。吾闻天动地静矣，未闻地亦动也。意者地本不动，持论者无以为潮汐之说，故强之使劲耳”。

洪熙元年（1425 年），清末思想家魏源（1794～1857 年）出任浙江按察副使。1844 年，魏源所著的《海图国志》出版。其中“潮论”认为月亮的潮力是海水发生潮汐的原因——“日月众星，皆有吸水之力，视远近为微甚，而月尤近于地”，并阐述了地球、月球、太阳三者相对位置变化使引力发生增减的有关原理，解释了每月两次大小潮汐的成因。

江南及全国范围内关于潮汐形成的争论一直持续到晚晴时期，观点有几十种之多。总的来看，江南地区的潮汐研究者以赞同王充元气自然论潮论者居多。在对潮汐现象进行研究时，江南学者们普遍本着一种实事求是的态度，以亲身观察到的事实为依据，将天地自然作为一个整体来进行论述。其对潮汐的研究，在历史上的绝大多数时期都处于世界先进水平。

第二节　江南名潮与海塘文化

一、广陵潮与钱塘潮

就典籍记载来看，江南沿海地区规模较大的潮曾有多处。如东汉王充《论衡·书虚篇》中提到“浙江、山阴江、上虞江皆有涛”。然而由于历史上江南海岸线地质变化较大且较为频繁，许多典籍中曾提到的潮在今天已经杳无踪迹了。

（一）“时运不济”的广陵潮

就文化影响力来说，广陵潮、钱塘潮的影响无疑是最为深远的。西汉时，长江入海口附近的广陵潮就已经全国闻名，据说比当时最繁华都市长安的景色还要动人。而观广陵潮也成为了扬州地区的一项娱乐活动。西汉文学家枚乘的辞赋作品《七发》中就提到“将以八月之望，与诸侯远方交游兄弟，并往观涛乎广陵之曲江”。可见，在西汉初期，广陵潮就已经成为一个令广陵人引以为傲的著名特色景点了。由于枚乘曾在广陵居住过较长时间，对广陵潮极为熟悉，因而在其《七发》中以生动传神的笔墨为人们再现了广陵潮在全盛时期的涨潮过程。自此，广陵潮以其磅礴而又诡谲的形象走入了人们的视野。

然而，汉晋六朝时期有关广陵潮的记述却并不多见，也没有多少关于观潮活动的记录。这大抵与汉晋之时江南地区地广人稀，文化相对落后有很大关系。汉初刘濞任吴王时，曾召集过枚乘、邹阳、庄忌等文人学士等到吴国，对于广陵的文化发展做出了很多贡献。然而在《七发》问世后不久，吴王刘濞就被逼起兵反叛。其后吴王被杀，作为吴国的都城，广陵城不但经济一落千丈，也失去了文化大发展的机遇。到了东晋及南朝时期，广陵城由于地处南北分界点，屡遭兵燹，甚至遭遇了数度屠城。在这种情况下，人们无疑难有观潮、咏潮的雅兴。

唐代时，广陵城凭借着江海之利而一跃成为了江南地区首个国际化大都市，其经济、文化水平都有大幅度提高。然而由于长江入海口附近地形的变化，此时的广陵潮已然盛况不再。“诗仙”李白就曾因枚乘笔下对广陵潮的描绘而兴致勃勃地赶到广陵，却是乘兴而来，败兴而归，只留下了两句解释此行的“因夸楚太子，便睹广陵涛”①。到大历年间，广陵潮彻底消失，成为了一个永远印刻于江南人记忆中的文化符号。

（二）四海扬名的钱塘潮

相较于时运不济的广陵潮，钱塘潮可谓占据了天时、地利、人和的优势。

钱塘江，古称浙江、之江、折江、制江。钱塘潮的形成与地形、地势有很大关系。钱塘江外杭州湾一带的地势呈向东敞开的喇叭口形，入海口处平坦宽阔，江面则由东向西迅速变窄。这种地势导致大量海水自宽阔的湾口涌入钱塘江河道后无法均匀上升，使得后浪不断推挤、撞击前浪，产生层层浪潮，随后又与水下巨大的沙坝撞击，从而形成令人叫绝的潮峰，并在不同江段呈现出一线潮、回头潮、交叉潮、丁字潮、冲天潮等各具形态的浪潮。东汉王充《论衡・书虚篇》提到，“浙江、山阴江、上虞江皆有涛”。可见，钱塘潮在东汉时期就已经形成了。而关于当时钱塘沿岸“皆立子胥之庙，盖欲慰其恨心，止其猛涛也”的记述则说明当时的钱塘潮已经有排山倒海、奔腾咆哮之势了。但会稽上虞人王充在论及这个离自己家乡不远的钱塘江潮时，对于观潮却只字未提。最大的可能当是那时的钱塘江两岸还没有形成观潮的风俗。一方面，当时的浙江地区人口较少，文化较为落后，而

---

① （唐）李白：《送当涂赵少府赴长芦》。

广陵潮在那时尚处于鼎盛阶段，并且相对来说更靠近文化发达、人口密集的地区；另一方面，对那些生活于钱塘江两岸的百姓来说，钱塘潮更多是一种威胁他们生命财产安全的自然灾害。他们无法用一种审美的态度去观览它、赞美它。

自晋代起，随着北方文化士族的大量南迁，江南地区的文化事业得到了迅速发展。同时，海塘的修筑也在一定程度上减少了潮水对人民生命财产的威胁。此后，人们才逐渐能够用一种审美的眼光去观照钱塘潮。而这一时期，不但钱塘潮正处于鼎盛时期，中国的文学也走向了自觉。同时，江南地区的经济繁荣，人口众多，城镇兴盛，文化昌明。因此，在江南富庶繁华的背景衬托下，特别是在唐宋以来无数动人诗篇的描述中，钱塘潮成为了江南历史上最具文化影响力的涌潮。

二、钱塘潮患与捍海塘

钱塘江全长约688公里。尽管气势磅礴的钱塘潮带给了无数观者以壮丽雄奇的美感，然而与多数自然景观不同的是：在历史上，钱塘潮带给两岸人民的灾难远远多于美好。由于潮汐现象分外明显，钱塘江岸的泥土又都十分松散，因而很容易发生岸线内坍，引发海水倒灌。特别是当台风来临，又正逢大潮汛的时候，钱塘江会出现极为猛烈的风暴潮。一浪浪汹涌的风暴潮冲击江岸，一旦漫堤，就会泛滥成灾，摧毁屋舍，溺毙人畜，淹没农田。即使风暴过后潮水退去，人们也已无家可归，农田更被海水盐碱化，在数年之内都无法耕种了。早在三国时期，就有关于太和二年(228年)，钱塘江受台风影响，潮水大肆侵袭绍兴府，以致海宁境内一片汪洋的记载。可见,钱塘潮对沿江沿海人民的生命财产安全是具有很大威胁的。也正因如此,钱江两岸的人民早在先秦时期就开始了与钱塘潮的搏斗。这其中最有效的行动就是修筑海塘。

(一) 历代的海塘修筑工程

钱塘古海塘是我国重要的水利工程建筑遗产。在近2000年的历史长河中,为了抗御江潮冲毁堤岸,泛滥成灾,先民们在钱塘江入海口附近地带修筑了多条古海塘。尽管由于生产力水平和工程技术等原因,多数海塘屡修屡毁,然而沿岸人民不畏艰辛,屡毁屡建。在没有现代机械设备的年代里,他们凭借着智慧和双手,建成了一道道海塘,将暴虐潮水一次次地拦截在江道之内。这些海塘,绵亘480多公里,是一项自然与人文交相辉映的宝贵的文化遗产。其建造历史之悠久,修筑工艺之复杂,以及投入的劳力、财物之巨,足以与万里长城、京杭大运河、新疆坎儿井相媲美,因而被誉为我国古代四项伟大工程之一。

关于钱塘江沿岸修筑海塘的确切时间,历来说法不一。江南一带素有范蠡助越王勾践灭吴后携西施归隐,并筑海塘造福越国百姓的传说。但就当时的社会生产力状况来说,以越国的举国之力修筑海塘尚且有很大难度,范蠡以私人力量修筑海塘之说显然不大可信。此外,北魏郦道元在《水经注·浙江水》中转引南朝刘道真《钱唐记》中的记载,称东汉时期在会稽郡担任议曹一职的华信"立防海塘,募致土石一斛,与钱一千,来者如云。乃曰:'不复需土',皆弃而去。塘成,因名钱塘",认为是东汉时期的华信用谎称付钱的办法诓骗人们将土石倾倒在江边，从而形成了第一条海防大堤，此堤及其所在地也因此被称为“钱塘”。这段记载，是我国历史上关于修筑钱塘海塘的最早记录。然而其内容却明显有误——据《史记·秦始皇本纪》载：始皇三十七年（公元前210年），秦始皇东巡会稽，“过丹阳，至钱唐，临浙江”。可见，早在秦代，就已经有以“钱唐”命名的县了。从东汉文字学家许慎的《说文解字》来看，至少直到东汉时，“塘”字还没有出现。而其原因正如文字学家蒋人杰在《说文解字集注》中集众多文字学家之说所表述的那样：“毛际盛《说文新附通谊》，古只作唐。《国语·周语》，陂唐污庳以钟其美；韦昭曰，唐，隄也。《吕氏春秋·尊师篇》，治唐圃；高诱注，唐隄以壅水。《汉书·扬雄传》，超唐陂。知唐即塘矣。”可见，“唐”是“塘”的古字。因而，“钱唐”就是“钱塘”。既然秦代的钱塘江附近就已经有了“钱唐”县，那么最大的可能就是至晚在秦代的时候，在上城灵隐一带就已经出现了古海塘。近年来有学者考证后认为，钱塘江沿岸最早的海塘应修筑于夏周时期的宁海国①。若此说无误，那么钱塘江海塘的修筑历史将达2500年左右。

虽然海塘的建筑历史悠久，规模宏大，然而就历史记载来看，唐朝以前有关筑塘的记载极少。即使在隋唐之世，有关海塘工程的记述也仍然很少。直至五代以后，关于海塘的记述才逐渐丰富起来。这大抵与江南地区在全国的经济地位、政治地位等有很大关系。就地区的整体状况来看，五代以前，浙江地区在

---

① 公元前21世纪位于今大金山以南的金山卫地区城堡国家。

全国范围内仍属于较为偏僻落后的地区，距离当时的政治文化中心相当遥远。五代后则不然。一方面，随着晋唐以来江南土地的开发，江南地区的农业、盐业获得了长足发展，到五代时期已经成为人口较密集，经济较富庶的地区了；另一方面，自南宋起，钱塘江地区不但是全国经济中心，也是政治中心、文化中心。区域地位的提升使得有关记述逐渐详尽。同时，由于钱塘江地区农业发达、城镇繁荣，为保护钱塘沿岸的农田与城镇，海塘修筑工程也日益受到重视，筑塘次数较此前历代明显增多，有关记述自然也就多了起来。

大规模的钱塘江海塘修筑工程始于唐代。贞观元年（627年），人们在东起滩虎，西至禹航亭[①]的地方修筑了一条长达118公里的海塘。随后，又于开元元年（713年）在东自滩虎北折到江口，西至禹航亭的地段再次修筑了海塘。大中年间（847～859年），钱塘县令李子烈在凤凰山南主持修筑了长堤。曾任杭州刺史的白居易也曾在钱塘门旧址的北面，由石函桥北至武林门一带修筑海堤（非今西湖白堤），以疏浚水系，改善排水。但总的来看，唐代修筑的钱塘江海塘质量不高。由于其修筑目的只是防止海水涨漫，因而工艺非常简单粗糙，基本上就是沿江堆起1～2米高的土而已。同时，由于江岸一带土质松散，两岸经常发生坍塌，许多区段的海塘也难免随之倾坍入江，不能确保两岸平安。即使没有坍入江中，这种塘身低矮且没有地基的土塘在汹涌的钱塘潮面前也不堪一击。因而，虽然屡次修塘，但钱塘潮患在唐

① 古地名。后因地质沉降而陷入今浙江海盐县海域。

代仍时有发生。如大历十年(775年)七月,钱塘江因台风及潮汛期的影响而大肆泛滥,海水随潮涌入杭州,导致外城的5000余户被海水吞没。咸通元年(860年),也有潮水冲激江岸,冲毁堤坝后奔涌进钱塘县城的记载。

到五代十国时期,由于地质变化等原因,钱塘江潮更为凶猛,海堤屡建屡溃。"自秦望山东南十八堡,数千万亩田地,悉成江面,民不堪命"①。由于暴虐的海潮常常冲毁田地房屋,对船只航行也产生严重威胁,生长于钱塘江畔的钱镠在建立吴越国后不到四年,就发起了对钱塘江潮的征服,率领民众大规模地修筑高质量的海塘。

相传,钱镠在命人修筑捍海塘时,为汹涌的浪潮所阻,屡次版筑均告失败。其后祈求神灵,仍然无济于事。愤怒的钱镠于是命人打造了3000支利箭,在叠雪楼处命水犀军驾起500张强弩,等到潮头奔涌而来时,500强弩利箭齐发,猛射潮头,如此连射6次。潮头骇退,转而向西陵流去。于是捍海塘顺利筑成。

这一传说在江南大地流传极广。虽然近乎神话,却形象地传达出了人们治潮的决心和勇气。当然,吴越国之所以能够成功筑成捍海塘,靠的不是什么利箭,而是钱塘两岸劳动人民的勤劳和智慧。

鉴于此前的钱塘江海塘多毁于江岸内坍和潮水充溢,钱镠主持下的海塘修筑工程以"石囤木桩法"②代替了过去修海塘所用的泥土堆积法,将筑塘与防坍结合起来。一方面用竹笼装满

---

① (五代)钱镠:《筑塘疏》。
② 详见本书关于"杭州"的章节。

石块等重物为海塘奠基，另一方面用数排大木桩在江岸固定江堤。既防止了岸线内坍，又使江流发生一定的转向，从而减弱了潮水对于江岸的冲击强度。此外，钱镠还命人建造了龙山、浙江两个江闸，以控制潮水入河，避免泛滥成灾。

这些水利工程的效果是非常显著的。此前的海塘，多数只能维持几年。而钱镠主持修筑的这条捍海塘直至吴越国灭亡依旧守护着沿江百姓，钱塘江在很长一段时间内都没有发生过大的潮灾。

海塘的兴建，不但保卫了城郭的安全，也庇护了钱塘江两岸的农田，为城市的扩展和生产的发展创造了有利条件。同时，还稳定了钱塘江航道，为江河联运、江海联运提供了方便，对促进杭州等钱塘江沿岸的城市经济发展起到了巨大的推动作用。

由于海塘作用巨大，此后的历代政府也对钱塘江治潮工程极为重视。每逢财力充足、社会安定的年代，钱塘地方上的父母官们总是热衷于兴修水利，建筑各种海塘、堤坝，以阻止海潮侵袭，避免潮灾。

北宋时期，政府曾组织过三次大规模的海塘修筑活动。所筑海塘，即大中祥符五年(1012 年)筑的“陈尧佐柴塘”，景佑四年(1037 年)筑的“张夏石塘”，以及庆历四年(1044 年)筑的“杨田石塘”。南宋时，宋帝国以临安(杭州)为行都，治理潮患的重要性愈加凸显。乾道七年(1171 年)、乾道九年(1173 年)，淳熙元年至四年(1174～1177 年)，嘉熙三年(1239 年)等，都有大规模的海塘修筑工程。此外，还有许多较大规模的海塘修筑记录。因而，两宋时期的海塘修筑记录非常多。据嘉靖年间编纂的《余姚县志》记载，“宋庆历七年[①]，县令谢景初自云柯达上林为堤二万八千尺，其后有牛秘丞者，又尝为石堤”；“庆元二年[②]，县令施宿乃自上林而兰风又为堤四万二千尺，其中石堤五千七百尺”；绍定年间（1228～1233 年），海盐知县邱耒率民筑塘二十里；咸淳年间（1265～1274 年），转运使常懋率民筑新塘三千六百二十五丈，名“海晏塘”。史载，海晏塘筑成的当年秋天，钱塘江上风浪大作。潮水虽然异常汹涌，但终究没能冲垮或溢出海塘，沿岸农业因此而获得了大丰收，人们对其感恩不尽。

两宋所筑海塘在工程技术方面有许多新的突破。大中祥符年间（1008～1016 年），转运使陈尧佐与杭州知州戚纶在筑塘时，考虑到用石块建塘易发生水石相激，使水势更高，因而采用了柴塘法。即用柴草、土料逐层铺筑。这种方法特别适合钱塘江地基软弱而潮流强劲的地段。景祐年间（1034～1038 年），两浙转运使张夏在筑塘时全部采用巨石砌成海塘。庆历四年（1044 年），杭州知州杨楷、转运使田瑜整修海塘时，塘身部分全部采用条石，共 13 层，迎水面逐级内收，背水面以土培固，并在塘脚堆放装满石块的竹笼保护塘基。这种下宽上窄，不用桩基的直立式叠石塘是海塘建筑技术上的一个重要改进。嘉熙三年（1239 年），人们在抢筑杭州段江堤海塘时，用木桩、木板等制成框篮，再在其中填满石块，堆砌成塘，史称“石仓”[③]。

---

① 公元 1047 年。

② 公元 1196 年。

③ 参见赵刚、赵渭军、黄超：《钱塘江海塘塘型结构沿革》，《浙江水利科技》，2015 年第 3 期。

元代的浙江地方官员对海塘修筑工程也很重视。至元廿一年(1284年),任海盐县尹的顾泳主持重筑捍海塘,建成了一道长达4800丈的海塘,命名为"太平塘"。泰定四年(1327年),海宁附近海难严重,危及县城。人们在竹笼石塘的基础上加以改进,打造木柜、石囤,用木柜或粗席成囤,装满石块,堆砌于塘岸,绵延30里,称"石囤木柜塘"。至正七年(1347年),又在上虞修筑了1944丈长的后海石塘。

从上述修筑记录中可以看出:宋元两代对于钱塘江入海口沿岸的海塘工程都是非常重视的。尽管宋元时期屡次大规模修筑海塘,并且在技术工艺方面做了诸多探索,然而潮患却并未杜绝。这主要还是由于筑塘工艺本身仍存在很大缺欠。以柴塘来说,虽然该法非常适合在地基软弱而潮流强劲的地段筑塘,但因柴草容易腐烂,每过2~3年就要重筑,需要耗费大量的人力、财力,因而在一些财政紧张的时期就难以及时修固。石囤木柜塘也一定程度地存在着同样的缺陷。此外,官员的昏聩与工程人员的私欲也在很大程度上影响了海塘工程的质量。沈括的《梦溪笔谈》中有这样一段记载:

钱塘江,钱氏时为石堤,堤外又植大木十余行,谓之滉柱。宝元、康定间,人有献议取滉柱,可得良材数十万。杭帅以为然。既而旧木出水,皆朽败不可用,而滉柱一空,石堤为洪涛所激,岁岁摧决。盖昔人埋柱,以折其怒势,不与水争力,故江涛不能为害。杜伟长为转运使,人有献说,自浙江税场以东,移退数里为月堤,以避怒水。

众水工皆以为便，独一老水工以为不然，密谕其党："移堤则岁无水患，若曹何所衣食？"众人乐其利，及从而和之。伟长不悟其计，费以巨万，而江堤之害仍岁有之。近年乃讲月堤之利，涛害稍稀，然犹不若滉柱之利；然所费至多，不复可为。

吴越国所筑石塘外的十几行大"滉柱"本是为防止岸线内坍，使江流发生一定转向以减弱潮水冲击力而设的，然而短视的宋代官员却为了能够轻而易举地得到好木料就命人将其从水中拔出。结果不但拔出的木材无法使用，还导致滉柱被取走后，石堤禁不住浪潮的冲击，年年都被摧毁，给沿岸人民带来了沉重灾难。在杜伟长担任两浙转运使的时候，有人建议从浙江盐场以东退后几里修筑一道月形堤。而水工们认为一旦没有了潮患，自己就失去了谋生途径，因而合起伙来蒙蔽杜伟长，仍在原地修塘，导致年年花费巨款修塘，却年年发生江堤溃决的灾害。其后的地方官虽然醒悟，但限于政府财力大不如前，已经无法按照当初的最佳方案筑塘了。

明初，由于杭州湾的潮流线路有所改变，潮流作用于海岸的压力也越来越大。在海潮的冲击下，发生了多起严重灾害。自洪武三年(1370 年)至永乐九年(1411 年)的 41 年里，明政府共 6 次修筑海宁海塘。但由于岸线不断内坍，加之海塘质量不高(部分地段仍为土塘)，屡筑屡坍，潮患不断。永乐十一年(1413 年)，海潮对钱塘沿岸造成了巨大灾害。为了确保钱塘江流域的农业生产，保证国家的财赋收入，杭、嘉、湖、严、衢诸府征集 10 万军民花费了3年时间修筑起一条竹笼石塘,钱塘沿岸才算维持了一段时间的平安。但成化八年(1472年)七月,狂风大作,江海横溢,钱塘江北岸杭州至平湖一带的城墙被冲毁,大片屋宇倒塌,海盐县内平地的水都有一丈多深,人畜溺死者多达万人。可见,明代前期的人们在与海潮的斗争中仍是失败居多。

但明代在海塘的修筑工艺方面也做了很多有益的尝试。如嘉靖二十一年(1542年),浙江按察使佥事黄光升在海盐主持修筑了一种以五纵五横法建塘基,迎水面用条石逐层内收砌成的石塘,被称为"五纵五横鱼鳞石塘"。万历十五年(1587年),巡抚滕伯轮将五纵五横石塘仅前半部塘基有桩改为整个塘基有桩,并将塘身的石条砌法改为以四纵六横起脚,第二层宽达二丈七尺五寸。从第三层开始逐渐缩减,每层内外各收七寸,到第十八层结面,宽九尺三寸。这种石塘由于用两块纵石盖顶,所以称"双盖鱼鳞石塘"。弘治十二年(1499年),海盐县王玺在筑龙王庙塘时,将条石纵横交错砌筑,石塘底部宽阔,向上逐渐收窄,称纵横错置条石塘。这些尝试都为后世海塘工艺的改进提供了借鉴。

清代,钱塘江出海口北岸的潮患日益严重。海塘修筑工程的规模随之不断升级,次数也愈加频繁。清代大规模的海塘修建一般由巡抚一级的官员亲自负责。在政府的高度重视下,筑塘工艺和御潮效果都取得了飞跃。

清初,潮患最为严重的仁和、海宁地区的海塘多为石囤木柜塘,很容易被潮水冲坍。康熙年间,这些地区开始直接以大的石条块垒叠筑塘。其中最有代表性的就是鱼鳞石塘。

康熙五十九年(1720年),浙江巡抚朱轼亲自主持在海宁老盐仓一带修筑了一条500丈长的鱼鳞大石塘。该石塘在借鉴明代黄光升等人所创鱼鳞石塘筑法的基础上,增加了榫槽、油灰勾填、铁攀嵌扣等工艺。其塘基部分的临水面基桩用5米多长的粗木料打成密排的梅花桩、排桩等,并填加石灰、沙土;塘身底部宽达4米,顶宽1.4米,用每块长五尺、宽二尺、厚一尺的大条石逐层垒砌,逐层内收,共20层。条石与条石之间的纵横交接处,上下凿成榫槽,嵌合联贯,使之互相牵制;接缝处用糯米浆拌石灰填缝,铁攀嵌扣;石塘背后有高一丈、宽二丈的培土①。该塘建成的第四年(1724年)七月十八日,狂潮巨浪冲击海宁,钱塘江风潮大作,海宁境内的土塘、柴塘、石囤木柜塘全部崩溃,只有鱼鳞石塘安然无恙。有关工艺遂获得了政府肯定,并得到推广,成为乾隆年间所筑海塘的主要塘型。清代所筑的鱼鳞石塘,是我国历史上最为坚固的一种海塘。它是我国乃至世界海塘建筑史上一种史无前例的创造,是历代劳动人民勤劳与智慧的结晶。康乾年间,从杭州到海宁共修筑鱼鳞石塘13300多丈,至今仍有部分石塘发挥着抵御潮患的作用。

除鱼鳞石塘外,清代还有丁由石塘、石板塘等多种海塘。前者始创于康熙五十九年(1720年),先用石块纵横叠砌外框,再用土石填充内里。这种石塘施工简便,适用于潮势平缓的地段;后者首见于百沥海塘,以石板立于塘身的迎水面,内填块石,适用于潮势不是非常猛烈的地段。

---

① 参见赵刚、赵渭军、黄超:《钱塘江海塘塘型结构沿革》,《浙江水利科技》,2015年第3期。

清代对于钱塘潮患的治理并不局限于修筑海塘。在防止潮水漫堤的同时，还吸取了前人的经验教训，在筑塘的同时寻求其他办法辅助。如一方面修筑坚固的海塘防止漫堤决口，另一方面对水流进行流势改造，出现了引河切沙工程等。清代治理潮患的重点地区是仁和、海宁等地，这些地方的海塘基本上完成于康乾时期。自鱼鳞石塘修筑后，少有潮患。尽管清朝后期由于内忧外患不断，国库空虚，清政府无力对海塘进行重修，但因鱼鳞石塘较为坚固，故而没有发生过大的灾害。

（二）现存古海塘及其文化价值

现存的古海塘主要是明清时期修筑的，位于宁绍平原的北侧，塘线实长约 486 公里。

北岸海塘分浙西海塘和江南海塘南段。浙西海塘西起杭州市西湖区，经上城区、江干区、余杭区和嘉兴市、海宁市、海盐县，东到平湖市全塘镇金丝娘桥，与江南海塘相接，全长 137 公里。江南海塘南段位于今上海市境内，西起金丝娘桥，经奉贤区、浦东新区临港新城南汇嘴，全长约 84 公里。

南岸海塘由萧绍海塘、百沥海塘、浙东海塘组成。萧绍海塘西起杭州市萧山区麻溪山，经滨江区，再进入萧山区，经绍兴市绍兴县、越城区，再进入绍兴县，到上虞蒿坝镇，长 103 公里；百沥海塘由上虞龙头山到夏盖山，长约 40 公里；浙东海塘西起上虞夏盖山，经余姚、慈溪到宁波镇海，长约 122 公里。

上述海塘中，位于临江及沿海地段的海塘因仍旧发挥着抵御海潮的作用而得到了较好的保护。其他地段的古海塘则破坏严重。随着河口和海岸滩涂大规模圩田，以及城镇化建设的推进，越来越多的古海塘被平毁。

古海塘向来被誉为“海上长城”。历史上，海塘屡筑屡毁，屡毁屡筑。正如清代诗人查慎行《海塘叹》中所感叹的——“沙崩岸塌风驾潮，潮头势与城争高，愚公移山或可障，精卫填石诚徒劳”。这些海塘蕴含着2000多年来千百万人民锲而不舍、顽强不息的团结、抗争精神，体现了我国劳动人民的聪明才智和创造力量。它们不仅是江南先民创造的伟大物质文化遗产，也是宝贵的精神财富。充分发掘并利用其文化价值，对于激发人们热爱乡土、热爱国家的情操，培养团结奋斗、顽强不屈的民族精神都有重要意义。

就物质文化遗产层面来说，作为中国古代最伟大的水利工程之一，钱塘海塘具有非常重要的文物价值。这种物质文化是其他任何地区都不具备的，有着江南沿海的独特风貌。就精神文化层面来看，海塘文化的价值则更为丰富。许多关于海塘修筑的历史记录对于历代修筑海塘的规模及工艺都有较详细记载，《新塘志》不仅有对筑塘工艺的记载，还有图案解说。这对于研究江南地区，特别是浙江历史文化是具有重要价值的。此外，浙江民间还广泛流传着钱王射潮等与修筑海塘有关的传说，各地仍有不少源于海塘的地名，有些地方还保留着与海塘修筑有关的民俗活动。所有这些，都是筑塘先民们为我们留下的文化遗产。如何妥善保护这些遗产，充分利用它们为推动当代社会的经济文化发展服务，是一个值得深入思考的问题。

第三节　江南的观潮文化活动

一、钱塘观潮与弄潮活动

钱塘江大潮既是我国历史上的三大涌潮之一，也是当今世界尚存的三大涌潮之一。它在带给两岸劳动人民巨大灾难的同时，也为海内外人民带来了强烈的力与美的视觉冲击。

钱塘江外杭州湾一带的地势呈向东敞开的喇叭口形。入海口处平坦宽阔，而江面则由东向西迅速收窄。这种地势导致大量海水自宽阔的湾口涌入钱塘江河道后无法均匀上升，使得后浪不断推挤、撞击前浪，产生层层浪潮，随后又与水下巨大的沙

浙江海宁盐官镇一字潮（作者摄）

坝撞击，形成令人叫绝的潮峰，并在不同江段呈现出一线潮、回头潮、交叉潮、丁字潮、冲天潮等各具形态的浪潮。每年的农历八月十八日前后，钱塘江潮最为壮观。其排山倒海、雷霆万钧的气势令无数观潮者动魄惊心，因而“钱江秋涛”自古就是江南一绝。

浙江海宁丁桥交叉潮（雷全祥摄）

（一）钱塘观潮

钱塘潮素来以壮观著称。宋元之际寓居于杭州的周密在其《武林旧事》中称：“浙江之潮，天下之伟观也。自既望以至十八日为盛。方其远出海门，仅如银线；既而渐近，则玉城雪岭际天而来，大声如雷霆，震撼激射，吞天沃日，势极雄豪。”由于中秋后的三天里太阳、月亮对地球的引力最强，潮汐现象较其他时间更为显著。同时，中秋前后的浙江沿海盛行东南风，风向与海潮涌入河道的方向大体一致，使得潮借风势，形成高耸的浪头，不断从入海口处奔腾而入，令观者驰魂夺魄。元人方行《登子胥庙因观钱塘江潮》的“吴越中分两岸开，怒涛千古响奔雷”两句，形象地道出了钱塘秋潮翻江搅海、摧天崩地的气势。

尽管钱塘潮在东汉时期就已形成，然而大规模的钱塘江观潮活动却出现得比较晚。这主要还是由于东晋以前的江南地区地广人稀，文化相对落后，观潮人数较少，而能够像枚乘那样以雄奇笔力向世人展示大潮之美的观潮者更是千载难逢。同时，广陵潮在东晋以前气势浩瀚，又位于人口较多、经济富庶的地区，是广大观潮者们的首选。钱塘潮只能屈居其后。

自东晋起，钱塘潮迎来了自己引领风骚的时代。一方面，西晋末年大量人口南渡避乱，钱塘沿岸得到了充分的开发，人口密度猛增，为观潮人群达到一定规模奠定了基础；另一方面，大量饱读诗书且以游山玩水为风尚的士族文人定居于杭州、绍兴等地。他们观潮作赋，抒发感慨，使得钱塘潮美名远播。东晋顾恺之就曾作《观涛赋》，为人们生动地描绘了钱塘怒潮“水无涯而合岸，山孤映而若浮”的震撼景象。其笔力虽不及枚乘，却也令读者领略到钱塘潮汹涌澎湃，地动山摇的壮观。

隋唐之际，由于泥沙堆积导致地势改变，广陵潮的规模逐年消减，失去了往日的壮丽。到唐大历年间时，广陵潮已完全消失。晚唐卢肇《海潮赋》中有“何钱塘汹然以独起，殊百川之进退？”可知钱塘潮在晚唐时已是独领风骚，成为人们观潮的不二之选了。

唐代的观潮风俗极盛。尽管我们无法得知当时的观潮活动规模究竟有多大，然而就《全唐诗》中所辑录的近千首咏潮诗来看，当时的观潮活动无疑如火如荼。诗人们对于潮汐规律相当了解，白居易《咏潮》中有“早潮才落晚潮来，一月周流六十回；不独光阴朝复暮，杭州老去被人催”等语，刘禹锡也在《历阳书事七十韵》中称“海潮随月大，江水应春生”。这种对大潮规律的准确掌握，使得越来越多的人能够目睹钱塘潮最为壮观的一幕，进而将观潮活动进一步发扬光大。唐宋以降，钱塘观潮活动长盛不衰。

（二）钱塘弄潮

伴随着观潮的盛行，各种弄潮活动也应运而生。目前，关于钱塘弄潮最早的文字记载是唐代李吉甫《元和郡县图志》卷二十五中“浙江”的一段文字：“江涛每日昼夜再上。常以月十日、二十五日最小，月三日、十八日极大，小则水渐涨不过数尺，大则涛涌高至数丈。每年八月十八日，数百里士女，共观舟人渔子溯涛触浪，谓之弄潮。”尽管这段文字主要记述的是“数百里士女”们的观潮活动。但客观上也说明当时已经有精于水性的“舟人浪子”们“溯涛触浪”，进行弄潮活动了。

除了李吉甫，诗人白居易的《重题别东楼》一诗也有“每岁八月迎涛，弄水者悉举旗帜焉”的小注。此外，唐朝晚期著名诗僧齐己曾作《观李琼处士画海涛》一首，其诗云：

巨鳌转侧长鳍翻，狂涛颠浪高漫漫。
李琼夺得造化本，都卢缩在秋毫端。
一挥一画皆筋骨，滉瀁崩腾大鲸臬。
叶扑仙槎摆欲沉，下头应是骊龙窟。

昔年曾要涉蓬瀛，唯闻撼动珊瑚声。
今来正叹陆沉久，见君此画思前程。
千寻万派功难测，海门山小涛头白。
令人错认钱塘城，罗刹石底奔雷霆。

可见，至晚在中唐时期，钱塘观潮、弄潮就已经成为深受人们喜爱的民俗文化活动了。渔人舟子们手举旗帜逆涛戏浪，在怒吼的波涛中展示矫健身姿，为唐代的观潮活动增添了无穷魅力。

到宋代，钱塘观潮之风更盛，弄潮活动也更具规模。不少文学家都观览过钱塘潮，并写下了许多脍炙人口的诗作。其中以北宋潘阆的《酒泉子》最为著名——“长忆观潮，满郭人争江上望。来疑沧海尽成空，万面鼓声中。弄潮儿向涛头立，手把红旗旗不湿”，不仅写出了观潮活动的盛况，也展示了弄潮儿高超的技艺。

不过，相对于唐人对弄潮的欣赏，北宋政府的态度则要保守得多。江中弄潮者大多是自发的，并未得到官府的支持。由于缺乏专门的组织，加上许多地方富豪们为了取乐而设有重赏，客观上造成了一些水性不精者也参与进去，最终葬身于怒潮之中。宋英宗治平年间（1064～1067 年），时任杭州府事的蔡襄亲自作《戒约弄潮文》称：“斗、牛之外，吴、越之中惟江涛之最雄，乘秋风而益怒，乃其俗习，于此观游，厥有善泅之徒，竞作弄潮之戏，以父母所生之遗体，投鱼龙不测之深渊，自谓矜夸，时或沉溺，精魄永沦于泉下，妻孥望哭于水滨，生也有涯，盍终于天命；死而不吊，重弃于人伦，推予不忍之心，伸尔无家之戒。所有今年观潮，并依常例。其军人百姓，辄敢弄潮，必行科罚”。

蔡襄的这一禁令显然是出于爱护百姓。钱塘潮素以狂暴著称，丧生潮下的弄潮儿不在少数，其妻儿哭嚎的惨状令人不忍卒闻。曾任杭州通判的苏轼虽然也曾为钱塘潮的壮观所震撼，写下“八月十八潮，壮观天下无”等诗句，但对于弄潮活动却也持否定的态度。这种态度在其任杭州通判时所作的《八月十五日看潮五绝》一诗中体现得非常明确：

定知玉兔十分圆，已作霜风九月寒。
寄语重门休上钥，夜潮留向月中看。
万人鼓噪慑吴侬，犹似浮江老阿童。
欲识潮头高几许？越山浑在浪花中。
江边身世两悠悠，久与沧波共白头。
造物亦知人易老，故教江水向西流。
吴儿生长狎涛渊，冒利轻生不自怜。
东海若知明主意，应教斥卤变桑田。
江神河伯两醯鸡，海若东来气吐霓。
安得夫差水犀手，三千强弩射潮低。

在苏轼看来，弄潮儿们实在是太不自珍自爱。他们贪图财物而冒险踏波，被溺死的危险极大却不知警戒。不过与蔡襄不同的是，苏轼认为弄潮者们以命搏浪不是因为“矜夸”，而是为生活所迫。因此，诗人面对钱塘潮发出了“东海若知明主意，应教斥卤变桑田”的祈愿。

弄潮活动具有很大风险性无疑是不可否认的，但弄潮者因生活所迫不得已而弄潮的说法却很值得商榷。北宋时期的杭州百业兴旺，是当之无愧的“东南第一州”，身强力壮的弄潮儿们并不存在谋生时别无选择的可能性。弄潮活动屡禁不止，其根本原因还是由于这一活动在当地有着众多拥趸。尽管今人提起江南，总会立即联想到烟花春雨、文人歌赋，然而在先秦时期，吴越一带却是以尚武为主的。敢于挑战，永不服输可以说是吴越人骨子里的特质。那种向狂暴的大自然发起挑战，在涛声雷动中戏潮弄浪的自豪感是苏轼等中原文化传承者们所难以体会和理解的。

南宋时期，都城临安一带商业、手工业高度发达，城市人口稠密。为满足新兴市民阶层的娱乐需求，官府对弄潮活动很少限制，一些民间组织更将其作为文化商业活动来经营，观潮、弄潮活动进入了鼎盛时期。

据吴儆《钱塘观潮记》记载，“弄潮之人，率常先一月，立帜通衢，书其名氏以自表。市井之人相与裒金帛张饮，其至观潮日会江上，视登潮之高下者，次第给与之”。弄潮之时，数百弄潮儿们或“皆披发文身，手持十幅大彩旗，争先鼓勇，溯迎而上，出没于鲸波万仞中，腾身百变，而旗尾略不沾湿，以此夸能”[①]，或“搴旗张盖，吹笛鸣钲。若无所挟持，徒手而附者，以次成列。潮益近，声益震，前驱如山，绝江而上，观者震掉不自禁”[②]。《梦粱录》也

① (宋)周密：《武林旧事》。

② (宋)吴儆：《钱塘观潮记》。

称:“其杭人有一等无赖不惜性命之徒,以大彩旗,或小清凉伞、红绿小伞儿,各系绣色缎子满竿,伺潮出海门,百十为群,执旗泅水上,以迓子胥弄潮之戏,或有手脚执五小旗,浮潮头而戏弄……自后官府禁止,然亦不能遏也。”尽管这些弄潮儿在官员们的笔下是一群不惜性命的无赖之徒,然而在杭州市民们眼中却无疑是英雄。每每弄潮结束后,百姓们会对这些弄潮健儿夹道欢迎。《梦粱录》卷四中就以“弄罢江潮晚入城,红旗飐飐白旗轻。不因会吃翻头浪,争得天街鼓乐迎”描绘了人们热烈迎接弄潮儿回城的情形。不仅如此,人们还会依据弄潮者的表现而给予他们嘉奖。“一跃而登,出乎众人之上者,率常醉饱自得,且厚持金帛以归,志气扬扬,市井之人甚宠善之;其随波上下者,亦以次受金帛饮食之赏。”可见,南宋人对弄潮健儿们的追捧程度不亚于当今社会的追星。

除民间弄潮活动之外,由于水战是宋金战争的主要形式,因而南宋政府对于水军作战训练极为重视,每年农历八月十八日都要在钱塘江上趁大潮来袭之际进行作战演习。对此,吴自牧在《梦粱录》中有很详细的记载:“帅府节制水军,教阅水阵,统制部押于潮未来时,下水打阵展旗,百端呈拽,又于水中动鼓吹,前面导引,后抬将官于水面,舟楫分布左右,旗帜满船,上等舞枪飞箭,分列交战,试炮放烟,捷追敌舟,火箭群下,烧毁成功,鸣锣放教,赐犒等差。盖因车驾幸禁中观潮,殿庭下视江中,但见军仪于江中整肃部伍,望阙奏喏,声如雷震……其日帅司备牲礼、草履、沙木板,于潮来之际,俱祭于江中。士庶多以经文,投于江内”。

官府的水军演习,民间的弄潮表演,使得观潮活动高潮迭起，更加激发了人们的观潮热情。《梦粱录》载“每岁八月内，潮怒胜于常时。都人自十一日起便有观者，至十六、十八日，倾城而出，车马纷纷。十八日最为繁盛，二十日则稍稀矣。十八日盖因帅座出郊，教习节制水军，自庙子头直至六和塔，家家楼屋，尽为贵戚内侍等雇赁作看位观潮”。《武林旧事》亦载“江干上下十余里间，珠翠罗绮溢目，车马塞途，饮食百物皆倍穹常时。而僦赁看幕，虽席地不容间也”。观看弄潮与水军演习的人群中不仅有普通百姓，更有帝王将相。周密《武林旧事》卷七载：“淳熙十年(1183 年)八月十八日，宋孝宗与太上皇(高宗)往浙江亭观潮。太上皇喜见颜色，曰：‘钱塘形胜，东南所无。’孝宗起奏曰：‘钱塘江湖，亦天下所无有也。’”吴琚的《酹江月·观潮应制》中也描绘了宋孝宗与太上皇(高宗)观赏弄潮及水军演习的情形：“忽觉天风吹海立，好似春霆初发。白马凌空，琼鳌驾水，日夜朝天阙”“好是吴儿飞彩帜，蹴起一江秋雪。黄屋天临，水犀云拥，看击中流楫。晚来波静，海门飞上明月”。可见，钱塘观潮、弄潮活动广受南宋社会各阶层人士的喜爱，堪称是当时最具号召力的城市民俗文化活动。

两宋时期的许多文学艺术家也都观赏过钱塘潮，并留下了许多脍炙人口的佳作。北宋时的范仲淹、蔡襄、米芾、陈师道等都有观潮诗存世。而南宋朱中有的《潮颐》，周密的《武林旧事》和吴自牧的《梦粱录》中也都有对观潮、弄潮的记录。现存最早的潮汐画就是由南宋画家李嵩所作的《钱塘观潮图》和《夜潮图》。此外，夏珪的《钱塘观潮图》、赵伯驹的《夜潮图》等也很著名。

然而弄潮活动在南宋时期达到鼎盛后，却逐渐衰落了下去。对此，吴儆《钱塘江观潮记》称是由于弄潮儿们贪图财物而弄潮引起了海神的愤怒，“（海神）曰：‘钱塘之潮，天下至大而不可犯者，顾今嗜利之徒，娱弄以徼利，独不污我潮乎？’乃下令水府惩治禁绝之。前以弄潮致厚利者颇溺死。自是始无敢有弄潮者”。然而事实上，在弄潮活动中丧生者久已有之，并非南宋时才出现。因而这一记载终究只是个传说而已。

元明清时期，由于地势变化，钱塘秋涛的最佳观览点由杭州转移到了海宁。自此，钱塘潮又被称为海宁潮。名称虽变，而人们的观潮兴致不减。据明代田汝成的《西湖游览志余》卷二十“熙朝乐事·郡人观潮”记载，此时的观潮活动虽少了南宋时的水军演战，但人们的观潮热情仍然高涨。每逢农历八月十八日，“郡人士女云集，僦倩幕次，罗绮塞途。上下十余里间，地无寸隙”。数十名弄潮儿们在人们的观望和欢呼中“执彩旗、树画伞，踏浪翻涛，腾跃百变，以夸才能”，令富豪们“争赏财物”。而城市中的鸣鼓、弹词等艺人们也借此机会进行表演，将原本内容比较单一的观潮活动搞得丰富多彩，令人神怿气愉。正如田汝成所言——“盖人但藉看潮为名，往往随意酣乐耳”。

清前期，钱塘观潮、弄潮活动仍旧流行。雍乾时期郑燮的《弄潮曲》中有“钱塘小儿学弄潮，硬篙长楫捺复捎”等语，可见弄潮技艺仍在传承中。然而此后有关弄潮的记载却越来越少。这一现象应与南宋后期起，江南文化中吴越文化基因的影响力日益减弱有一定关系。在江南文化由尚武到崇文的演变过程中，江南人的生活理念发生了很大变化。越来越多的人视弄潮为一种轻视生命的无意义活动，弄潮活动的群众基础遭到动摇。当然，弄潮活动的危险性也是其消失的主要原因之一。在救援设备极为有限的古代，弄潮者的生命随时都可能被巨浪吞噬。

尽管传统的弄潮活动早已不复存在，然而一些新兴的弄潮活动却已然蓬勃兴起。自 2009 年起，浙江省杭州市每年都在中秋前后举办钱塘江国际冲浪对抗赛和冲浪嘉年华活动。该活动将具有千年历史的钱塘弄潮活动成功地转变为具有独特魅力的世界级赛事，吸引了来自世界各地的众多冲浪高手。如今，钱塘弄潮这一古老的江南民俗活动正以崭新的面貌走向世界。

二、江南的观潮文学

观潮文学，是中国古代海洋文学中一个相当重要的分支，也是最具地域特征的文学。千百年来，无数文人墨客为广陵潮、钱塘潮磅礴的气势所倾倒，纷纷留下了脍炙人口的诗文。而这些诗文又令钱塘潮更增魅力，蜚声海内外。

（一）广陵潮文学

西汉初年的《七发》是观潮文学的发轫之作，也是广陵潮文学的起点和高峰。作者枚乘（？～公元前 140 年），字叔。曾为吴王刘濞的郎中，在广陵居住过不短的时间。枚乘在文学上的主要成就是辞赋。其《七发》上承《孟子》《楚辞》，下启司马相如、扬雄等人的散体大赋，以独特的结构、富赡而生动的语言流传于后世，并形成了所谓“七体”的形式。

尽管学界普遍认为《七发》意在讽喻，然而该篇历来最为人们所赞叹的却并不是什么劝谏思想，而是其中对于广陵潮的大段描绘。在这篇赋里，枚乘以极为生动的笔墨为我们再现了广陵潮在全盛时期的涨潮过程：

疾雷闻百里；江水逆流，海水上潮；山出内云，日夜不止。衍溢漂疾，波涌而涛起。其始起也，洪淋淋焉，若白鹭之下翔。其少进也，浩浩溰溰，如素车白马帷盖之张。其波涌而云乱，扰扰焉如三军之腾装。其旁作而奔起者，飘飘焉如轻车之勒兵。六驾蛟龙，附从太白，纯驰皓蜺，前后络绎。颙颙卬卬，椐椐彊彊，莘莘将将。壁垒重坚，沓杂似军行。訇隐匈磕，轧盘涌裔，原不可当。观其两旁，则滂渤怫郁，暗漠感突，上击下律，有似勇壮之卒，突怒而无畏。蹈壁冲津，穷曲随隈，逾岸出追。遇者死，当者坏。初发乎或围之津涯，荄轸谷分。回翔青篾，衔枚檀桓。弭节伍子之山，通厉胥母之场，凌赤岸，篲扶桑，横奔似雷行。诚奋厥武，如振如怒。沌沌浑浑，状如奔马。混混庉庉，声如雷鼓。发怒庢沓，清升逾跇，侯波奋振，合战于藉藉之口。鸟不及飞，鱼不及回，兽不及走。纷纷翼翼，波涌云乱，荡取南山，背击北岸，覆亏丘陵，平夷西畔。险险戏戏，崩坏陂池，决胜乃罢。瀄汩潺湲，披扬流洒。横暴之极，鱼鳖失势，颠倒偃侧，沋沋湲湲，蒲伏连延。神物恠疑，不可胜言。直使人踣焉，洄暗凄怆焉。此天下恠异诡观也，太子能强起观之乎？

从这段对于广陵潮的描述中可以看出，作者所采用的手法已经具备了散体大赋的主要特征——铺张扬厉，辞采华美，气势磅礴。但作者没有像后来的散体大赋作家们那样在描述中大量堆砌生僻字和俪句，而是将浪漫精神和写实意识有机地融为一体，通过生活中各种常见的形象来设喻，对广陵潮进行了全方位的细致描摹。其笔触几乎穷尽了广陵潮瞬息万变的各种态势，令读者如临其境，如闻其声，精神振奋，神采飞动。这段文字，也由此成为我国古代海洋文学作品中描写广陵潮最壮美、最著名的文字。

作为观潮文学的开山之作，《七发》丰富了海洋文学的表现内容。如前所述，我国人民很早就认识到了潮汐现象的存在，并对之进行了各种研究。据清代费饧璜的《广陵涛辩》载，春秋时期山东青州的涌潮规模盛大。然而直到西汉前，文学作品中难觅潮的踪迹。因此，枚乘以潮为审美对象，将之写入文学作品，并以其卓著的艺术成就为涌潮的抒写树立了艺术典范，其意义是非同寻常的。由此，观潮文学成为了中国古代海洋文学当中一个非常重要的组成部分。后世历代均有观潮文学作品问世。

除去题材方面的首创之功，《七发》中的观潮部分也令人们对于文章的辞藻之美有了全新的认识，开始走向文学的自觉。早在先秦时代，已经有人注意到了文辞对于思想的强大影响力。《左传·襄公二十五年》中就有“言而无文，行之不远”之说。然而总的来看，先秦时期大多数学派对于文辞缺少重视。墨家一贯主张“非文”；绝大多数儒家大师对语言的要求是“不以文害辞，不以辞害志”；道家经典著作《道德经》尽管语言精确，讲究押韵，并且出现了对偶句式，但老子却明确提出了“美言不信”，以及“道可道，非常道”等观点，对华丽语言的可信度以及语言本身的传达能力都进行了否定。直至战国中后期，屈原等人创作的辞采华美的楚辞作品受到人们的普遍喜爱，辞采的重要性才逐渐获得重视。而枚乘《七发》中的观潮一段及时地为人们树立了辞采之美的艺术典范，使人们更加充分地认识到了文学作品的文辞之美。自此，文学的语言美被纳入了文学批评的范畴，并且为历代文人所重视。

汉及六朝时期是广陵潮的鼎盛时期。然而由于统治集团内部纷争及异族作乱等原因，广陵屡遭兵燹，导致广陵潮文学远不如钱塘潮文学丰富。

从典籍来看，广陵潮在三国之际仍旧规模宏大。魏文帝曹丕在看到广陵潮时甚为震撼，惊叹“嗟呼！天所以限南北也”。然而到了六朝时期，广陵潮规模明显衰落了。尽管这一时期的文人们也留下了许多有关广陵潮的作品，但都缺乏对广陵潮的直接描述。如南朝时期梁陈文学家阴铿《广陵岸宋北使诗》中的“行人引去节，送客舣归舻。即是观涛处，仍为郊赠衢”，只是淡淡地告诉人们这里曾是观涛之处。而梁诗人庾信在承圣三年经过扬州时所作的《将命使北始渡瓜步江诗》中“观涛想帷盖，争长忆干戈”等句，也仅是追慕昔日的广陵潮盛况。南朝乐府《长干曲》中有“逆浪故相邀，菱舟不怕遥。妾家扬子住，便弄广陵潮”一诗，从中可以看出，当年枚乘笔下可摧毁一切的广陵潮到南朝时已经减弱为连寻常女子可以轻松驾舟嬉弄的寻常潮水了，其观赏性自然不言而喻。

到隋唐之际，由于泥沙堆积，长江口不断向海洋移动，广陵潮的规模继续消减，失去了其往日的壮观，令慕名前来的观潮者们怅惘不已。隋初文人孙万寿《和张丞奉诏于江都望京口诗》里的“回首观涛处，极望沧海湄……蓬莱虽已变，池塘尚所思”，唐代李欣《送刘昱》里的“鸬鹚山头微雨晴，扬州郭里暮潮生”，以及李白《送当涂赵少府赴长芦》里的“因夸楚太子，便睹广陵潮”等，都充满了对于广陵潮盛况不再的感慨与失落。

诗人李绅在《入扬州郭》一诗的小引中注有“潮水旧通扬州郭内，大历已后，潮信不通”。可知广陵潮大约在大历年间(766～779年)完全消失了。尽管如此，后世的文人墨客们仍旧不断地追忆广陵潮昔日的盛况，并赋诗歌咏。如李绅的《入扬州郭》中有“畏冲生客呼童仆，欲指潮痕问里闾”的诗句，李颀《送刘昱》中也有“北风吹五两，谁是浔阳客。鸬鹚山头微雨晴，扬州郭里暮潮生”等。直到清代，戏剧家孔尚任在扬州时，仍作“秋雨平添三尺碧，晚潮横卷万层银。”[①]可见，尽管现实中的广陵潮早已不复存在，但其文学影响并未随之消逝。

（二）钱塘潮文学

钱塘潮的闻名晚于广陵潮。大规模的钱塘江观潮活动从何开始，如今已无法确切考证。但从有关记述来看，最晚在东晋时期已有观钱塘潮的风俗了。至今，杭州仍有东晋时期炼丹家葛洪观钱塘潮的传说。目前所见到的较早描绘钱塘大潮壮丽景象

---

① (清)孔尚任：《湖海录》。

的佳作是东晋顾恺之所作的《观涛赋》。其文云：

临浙江以北眷，壮沧海之宏流。水无涯而合岸，山孤映而若浮。既藏珍而纳景，且激波而扬涛。其中则有珊瑚明月，石帆瑶瑛，雕鳞采介，特种奇名。崩峦填壑，倾堆渐隅。岑有积螺，岭有悬鱼。谟兹涛之为体，亦崇广而宏浚，形无常而参神，斯必来以知信，势刚凌以周威，质柔弱以协顺。

可见，东晋时期的钱塘潮已经具有相当高的观赏性，并且当时已有观潮的风俗了。到唐代，由于广陵潮的彻底消失，钱塘潮开始成为人们观潮的唯一选择。众所周知，唐代堪称诗的时代。随着观潮活动的盛行，观潮赋诗也成为一种时代风尚。在《全唐诗》里，涉及钱塘潮的观潮诗篇不下千首，足见当时观潮风气之盛，观潮文学之盛。

著名诗人姚合、罗隐都曾创作了观潮诗：

楼有樟亭号，涛来自古今。势连沧海阔，色比白云深。
怒雪驱寒气，狂雷散大音。浪高风更起，波急石难沉。
鸟惧多遥村，龙惊不敢吟。坳如开玉穴，危似走琼岑。
但褫千人魄，那知伍相心。岸摧连古道，洲涨踣丛林。
跳沫山皆湿，当江日半阴。天然与禹凿，此理遣谁寻？

——姚合《杭州观潮》

怒声汹汹势悠悠，罗刹江边地欲浮。
漫道往来存大信，也知反覆向平流。

任抛巨浸疑无底，猛过西陵只有头。

至竟朝昏谁主掌？好骑赪鲤问阳侯。

——罗隐《钱塘江潮》

这两首诗风格虽不同，但都再现了钱塘潮奔涌狂暴的气势。与姚、罗两人概括总览式的描绘不同，宋昱的《樟亭观涛》虽也是描绘钱塘潮的汹涌气势，但较姚、罗之作更为细致：

涛来势转雄，猎猎驾长风。雷震云霓里，山飞霜雪中。

激流起平地，吹涝上侵空。翕辟乾坤异，盈虚日月同。

艅艎从陆起，洲浦隔阡通。跳沫喷岩翠，翻波带景红。

怒湍初抵北，却浪复归东。寂听堪增勇，晴看自发蒙。

伍生传或谬，枚叟说难穷。来信应无已，申威亦匪躬。

冲腾如决胜，回合似相攻。委质任平视，谁能涯始终。

唐代诗人们在描绘钱塘江大潮的诗作中，多以比兴为基础，融画入诗，融音入诗，在描画物状之时兼摹其音，从而使笔下的浪潮形象特别立体化，具有极强的艺术感染力。如刘禹锡的这首《浪淘沙》："八月涛声吼地来，头高数丈触山回。须臾却入海门去，卷起沙堆似雪堆。"不但形象地再现了钱塘潮的颜色、高度，更生动传递出了怒吼般的涛声。

宋代的钱塘观潮之风更盛。不少文学家，如范仲淹、蔡襄、米芾、苏轼等都观览过钱塘潮，并创作出了许多今人耳熟能详的佳作。其中观潮词尤为著名。北宋词人潘阆的《酒泉子·长忆观潮》就是其中广为人知的一首：

> 长忆观潮，满郭人争江上望，来疑沧海尽成空，万面鼓声中。弄潮儿向涛头立，手把红旗旗不湿。别来几向梦中看，梦觉尚心寒。

词虽短小，却对观潮规模之大，弄潮之险，以及弄潮儿的精湛技艺都做了生动描述。辛弃疾也在其《摸鱼儿·观潮上叶丞相》中对钱塘江大潮之壮观进行了描绘：

> 望飞来半空鸥鹭，须臾动地鼙鼓。截江组练驱山去，鏖战未收貔虎。朝又暮。诮惯得、吴儿不怕蛟龙怒。风波平步。看红旆惊飞，跳鱼直上，蹙踏浪花舞。
>
> 凭谁问，万里长鲸吞吐，人间儿戏千弩。滔天力倦知何事，白马素车东去。堪恨处，人道是、属镂怨愤终千古。功名自误。谩教得陶朱，五湖西子，一舸弄烟雨。

这首词上阕写景，着力描绘钱塘江大潮的壮观景象，赞颂弄潮儿的勇敢和精绝技艺；下阕抒情，由钱塘潮的落潮形势联想到被冤杀的伍子胥、功成身退的范蠡，以及吴越兴亡的历史教训，给人以沉重的历史感。整首词层次清晰，章法严谨，气势收放自如。尽管这首词中也用了不少典故，但多是熟典，且运用自然。其中对于钱塘大潮景观的描绘尤为生动，堪称是一首难得的佳作。

南宋吴琚的《酹江月·观潮应制》也是观潮词中的卓异之作。与大多数词作不同的是，这是一首应制之作。自古应制作品多因奉命而作显得境界狭小，内容上也无外乎为帝王们歌功颂德，难有上乘之作。但这首词却是例外。

> 玉虹遥挂，望青山隐隐，一眉如抹。忽觉天风吹海立，好似春霆初发。白马凌空，琼鳌驾水，日夜朝天阙。飞龙舞凤，郁葱环拱吴越。
>
> 此景天下应无，东南形胜，伟观真奇绝。好是吴儿飞彩帜，蹴起一江秋雪。黄屋天临，水犀云拥，看击中流楫。晚来波静，海门飞上明月。

开篇三句，先写了观潮地的环境，以静景为其后大潮滚滚而来的动景做好烘托准备——江面开阔平静，对岸青山远远望过去如同一抹眉黛。“忽觉天风吹海立，好似春霆初发”凸显了大潮初起，潮头高耸奔腾而来的气势与潮声隆隆的声威。“白马凌空，琼鳌驾水，日夜朝天阙”虽然是对皇帝的阿谀之辞，却也写出了钱塘大潮的汹涌气势。西汉赋家枚乘在《七发》中描绘广陵潮时曾以“如素车白马帷盖之张”来比喻潮水声势浩大，《列子·汤问》等著作中也屡次提到海上大鳌负山而行。这里，词人引前人之辞写眼前景象，用笔不多，但写出了钱塘潮的宏伟气势。接下来笔锋一转，不再写潮水，而转笔于群山环抱的杭州城——“飞龙舞凤，郁葱环拱吴越”，为下阕抒情做好了铺垫，可谓收放自如。下阕先以“此景天下应无，东南形胜，伟观真奇绝”概括整个钱塘形胜，随后转而描写弄潮儿的精彩表演——“好是吴儿飞彩帜，蹴起一江秋雪”。一个“蹴”字，将弄潮儿在潮头自如戏浪的神态描绘得意趣盎然。“黄屋天临，水犀云拥”两句写皇帝亲自出行观潮的盛况，无特异之处，然而其后的“看击中流楫”暗用祖逖率部渡江，中流击楫誓言收复失地的典故，写出了驱除鞑虏的雄心壮志，有应制之作中少见的豪迈之气。最后以怒潮过后江海静寂的景色作结，意境开阔静美，令人回味无穷。

除了观潮词，宋代的文人们也常赋诗咏潮。尽管宋代的观潮诗在数量和质量上无法与唐代相比，但也不乏佳作。两宋许多诗人都曾慕名前往钱塘江观看钱塘潮，并留下诗篇。如，蔡襄的《和浙江口观潮》，米芾的《海潮诗》，等等。其中范仲淹的《和运使舍人观潮》洋洋洒洒，可谓是宋代观潮诗中的优秀长篇大作。

何处潮偏盛，钱唐无与俦。谁能问天意，独此见涛头。
海浦吞来尽，江城打欲浮。势雄驱岛屿，声怒战貔貅。
万叠云才起，千寻练不收。长风方破浪，一气自横秋。
高岸惊先裂，群源怯倒流。腾凌大鲲化，浩荡六鳌游。
北客观犹惧，吴儿弄弗忧。子胥忠义者，无覆巨川舟。

把酒问东溟，潮从何代生。宁非天吐纳，长逐月亏盈。
暴怒中秋势，雄豪半夜声。堂堂云阵合，屹屹雪山行。
海面雷霆聚，江心瀑布横。巨防连地震，群楫望风迎。
涌若蛟龙斗，奔如雨雹惊。来知千古信，回见百川平。
破浪功难敌，驱山力可并。伍胥神不泯，凭此发威名。

诗中的钱塘潮水汹涌澎湃，整个江城都为之震颤；涛声怒吼，云雾密布，钱塘江上白茫茫一片，足以让鲲鹏与巨鳌畅游无阻。诗人以出色的艺术表现力将眼前所观之景活灵活现地呈现于读者面前。全诗看似写景，实为抒怀。诗人以不熟悉江潮的北方人看到怒潮感到惊惧，而熟悉江潮的弄潮儿却毫无畏惧来隐喻自己在政治改革的大潮中游刃有余，无所畏惧。

滔滔怒潮不仅令范仲淹踌躇满志，也让素爱豪放的苏轼赞叹不已。其《催试官考较戏作》云：

鲲鹏水击三千里，组练长驱十万夫。
红旗青盖互明灭，黑沙白浪相吞屠。
人生会合古难必，此景此行那两得。
愿君闻此添蜡烛，门外白袍如立鹄。

短短八句，同样写出了钱塘潮惊天动地的气势。

钱塘大潮每年农历八月十六日至十八日的潮势最盛。由于月球引力的变化，潮势往往在一夜之间就发生巨大变化。因而北宋诗人陈师道曾于八月十七、八月十八连续两日观潮。其《十七日观潮》写道：

漫漫平沙走白虹，瑶台失手玉杯空。
晴天摇动清江底，晚日浮沉急浪中。

落笔就以夸张的比拟手法结合浪漫想象，将潮水奔涌多变的状貌勾画出来——潮水初起时仅如一条白虹在平地上游走，随后潮势陡起，浪头就像瑶池中仙人们失手掉落的玉杯一样铺天盖地倾倒过来。虽是写实，却不乏神奇瑰丽。三、四句抓住典型景象进行潮头过后的特写——波浪不息，令江面起伏不停，水中倒映的天空都像在颠簸起伏，夕阳也似在水中跳跃。在对江潮水景的描绘中，诗人抒发了对大自然的由衷赞叹。

而其《十八日观潮》(二首)则又是另一番光景：

一年壮观尽今朝，水伯何知故晚潮。
海浪肯随山俯仰，风帆常共客飘摇。

眼看白浪覆青山，谁信黄昏去复还。
纵使百年终有尽，何须豪横诧吴蛮。

潮势最盛之时，天地似乎都随浪俯仰，青山也尽被浪涛湮没。钱塘怒潮之壮观呼之欲出。两相对照，不能不令人惊叹于大自然的神奇。

元明清时，由于地势变化，钱塘江潮的最佳观测点由杭州转到了海宁，钱塘潮自此又被称为海宁潮。名称虽变，但人们的观潮兴趣不减，观潮风俗亦经久不衰。明清时期的观潮诗数量非常多。其中不少收录于《海塘录》和浙江、杭州、海宁等地的方志中，成为元明清海洋文学中的重要组成部分。

明清观潮诗数量众多与明清江南城镇经济文化繁荣有很大

关系。文人队伍的壮大丰富了钱塘潮文学的成果。许承钦的《钱塘江观潮》、郑燮的《弄潮曲》、黄景仁的《后观潮行》、王延魁的《钱塘江观潮》等诗歌均达到了较高的艺术水准。但由于唐宋观潮诗高山仰止般的存在,明清观潮诗总体上来说并不十分引人关注。

钱塘潮汹涌奔腾的气势震撼了文人墨客。而历代的文学家又以他们生花的妙笔赋予了钱塘潮更为动人的魅力。直至今天,钱塘江潮仍旧吸引着世界各地游人前往,观潮文学也历久而弥新。

第五章　江南海洋信仰

第一节　江南海神系统的构成

一、关于“海神”的界定

海神信仰是涉海人群在面对浩渺无垠、神秘莫测的海洋倍感无助时，不自觉地通过想象而创造出的具有超自然力的精神信仰。

海神们应人们的心理需求而生，也随人们心理需求的变化而逐渐消失或改变。他们是人们在涉海生活中创造出来的，并且随着涉海生活的深入而不断丰富和变化，实际上是涉海民众海洋思想观念的外化表现[①]。

海神信仰在我国沿海地区普遍存在。然而究竟怎样来界定“海神”，目前学术界还存在相当大的分歧。张政利、吴高军在

① 朱建军：《从海神信仰看中国古代的海洋观念》，《齐鲁学刊》，2007 年第 3 期。

《荣成渔民的谷雨节仪式及其演变》一文中认为：海神“是先民在对海洋的接触认识和开发利用的过程中所产生的对自然力的崇拜”①。由于这一观点明显地忽视了社会力量因素的作用，因而一直以来遭到诸多质疑。厦门大学王荣国先生认为，“所谓海神，是指人类在向海洋发展与开拓、利用的过程中对异己力量的崇拜，也就是对超自然与超社会力量的崇拜”②。中国海洋大学曲金良先生则认为“海神是涉海的民众想象出来掌管海事的神灵”③。这些探讨对于“海神”的界定都非常有价值。

近年来，有关“海神”研究的成果颇为丰富。但其中不乏将沿海地区的河神、湖神，甚至蝗神都纳入海神系统者，笔者认为此举颇值得商榷。本章所述的海神，是那些由沿海居民们通过不自觉的想象而创造并信仰的掌管海洋事务的神灵。由于江南沿海地区海潮沿江道西溯泛滥属于海难，因而本章将江南地区的潮神也归入了江南海洋神系。

二、江南海神系统

（一）全国性的海神

早在上古时期，我国先民就在“万物有灵”观念的支配下产生了对于海洋的幻想和崇拜，并由此创造出了庞大的海洋神系。在中国历史上，以“海神”的身份出现过的神祇多达数百位，其中地位最正统的海神莫过于在先秦时期就已经出现，并且得到了

---

① 张政利、吴高军：《荣成渔民的谷雨节仪式及其演变》，曲金良《中国海洋文化研究》（第一卷）。

② 王荣国：《海洋神灵——中国海神信仰与社会经济》，江西高校出版社，2003年8月版。

③ 曲金良：《海洋文化概论》，中国海洋大学出版社，1999年12月版。

历代官方封诰和祭祀的四大海神，即南海之神祝融，东海之神句芒，北海之神玄冥，西海之神蓐收。而说到封诰最多、对后世影响最大的海神，则当数北宋时出现的女性海神妈祖。

（二）江南海神系统

在封建时代，各地神灵信仰体系中虽然不乏地方性神灵，但其影响力通常会远远小于那些被官方给予最高级别肯定、并大加尊崇的神灵。然而在江南地区，无论是四大海神，还是清代被封至“天后”的妈祖，其影响力都与帝王们所赐予的封号之间存在相当大的差距。广受江南沿海地区人民尊崇的海神不是那些被统治者们屡次封诰的海洋大神，而是众多声名局限于部分地区的地方性海洋神祇，以及佛教、道教、天主教中的某些宗教神祇。

江南一带的海神类型多样，不仅有海洋水体神，更有航海保护神、海洋漕运神[①]、潮神、渔业神、盐业神，等等。这些海洋神祇大致上可以分为四大类：

一是官方认定的海洋主神，如东海之神、东海龙王（清雍正二年以后）等。这类海神的地位非常尊贵。如东海之神，早在唐天宝十年就被唐玄宗封为“广德王”。宋代时，仁宗又将其封为“渊圣广德王”。而到了元代，东海之神的封号从“广德灵会王”直升至“东海助顺孚圣德威济王”。封号多达 10 个字，足见其地位之高。

---

① 元代及明初、清末均实行过漕粮海运。

关于这些海神们的封号，今人多误以为是对龙王进行加封。实则不然。至少在清代以前，中国的四位海洋主神始终都是五行方位之神，与龙王并无关系。由于历代统治者对于海神的加封总是东、南、西、北四大海神一同册封，四海之神的身份一致，因此我们可以从关于其他海洋主神的记述中得到相关信息。战国时期屈原的楚辞作品《远游》中，就有关于主人公来到南海，受到南海之神祝融热情款待的描述。可见，早在中国根本没有“龙王”这一概念的先秦时期，祝融就已经是人们心目中的南海之神了。在整个封建社会时期，祝融的南海之神身份基本没有发生过改变。唐代文学家韩愈在《南海神庙碑》中也明确提到南海之神为祝融。至今，南海神庙仍坐落于广州黄埔，而该庙所祭之神一直都是祝融。此外，据《旧唐书・仪礼志四》载，唐玄宗“(天宝)十载正月，四海并封王”“太子中允李随祭东海广德王，义王府长史张九章祭南海广利王，太子中允柳奕祭西海广润王，太子洗马李齐荣祭北海广泽王”。可见，四海之王的祭祀规格都非常高。而同样是唐玄宗时期，朝廷对龙却仅是以“雨师之仪”来祭祀，也就是仅仅将龙作为可以行云布雨的神灵，而不是四海主神。因此，唐代所封诰的四海之王(四海之神)绝不是后世所谓的四海龙王。从史料看，唐末以前很少有人信奉龙王。当时人们求雨时膜拜的对象不是龙王，而是中国本土神话中的龙神。龙神有行云布雨之能，而且不受地域限制。《山海经・大荒东经》中就有关于向应龙求雨的记载——“旱而为应龙之状，乃得大雨”。西汉末年，佛教开始传入中国。为了扩大影响，吸纳中国信众，佛教徒有意将印度文化中盘踞于一方水域的低级护法神大水蛇(水蟒)翻译为龙。随后,由于佛教大盛,中国龙神与印度“龙王”逐渐合二为一,成为定居于一方水域且能够行云布雨的龙王。在宋代,宋徽宗曾封“五龙”为王,但被封诰的五龙并不是海神,而是代表着五行的青龙、赤龙、黄龙、白龙、黑龙,其封号分别是广仁王、嘉泽王、孚应王、义济王、灵泽王,与四海之神的封号完全不同。其后,随着佛教在江南地区的影响力日渐强大,龙王信仰在舟山等地极为盛行。南宋时,由于祭祀东海之神的莱州已被金国占领,南宋政府只得在浙江定海建东海之神行祠,对东海之神进行祭祀。当地人出于本地信仰等原因纷纷上报东海之神显灵现形,其真身为龙王。从此,东海之神的身份开始逐渐由东方之神朝着东海龙王转变,其神像往往被塑造成龙王形象(也影响到了南海之神的神像造型)。然而就官方祭祀来看,直到清雍正二年以前,历代政府所祭祀的东海之神始终是东方之神。

二是人鬼海神。所谓人鬼神,即一些深受百姓喜爱的人物去世后,人们相信其灵魂不灭,并且拥有超自然的神力,因而尊奉他们为神。在江南地区的海洋神系中,这一类海神的数量最多。如,广为人知的钱塘江潮神伍子胥本为春秋时期的吴国大夫,后被国君夫差逼令自杀,并被抛尸江中。百姓怜其冤愤,敬其智勇,故尊其为神。另如浙江温州永嘉地区的航海保护神太尉郑侯,相传是南宋时滨海而居的人。他经常借假寐之际拯救海上倾覆的船只,后因保护商船免受海盗袭击而死。乡人感其恩德,奉其为神。还有在正史上声名不佳,但开凿大运河造福江南的隋炀帝,其灵魂也被舟山人民尊为航海保护神。

三是本地化的外来海神。这类海神以来自福建的地方性海神居多，其中最有代表性的就是女性海神妈祖。妈祖本是福建莆田一带的地方性海神。北宋时期，闽籍游宦和海商们将妈祖信仰传入了浙江嘉兴、宁波等地。其后，由于历代统治者的推崇，妈祖在江南地区的影响力逐渐增强，信众范围扩大到今上海、苏州等地，成为在江南部分沿海地区较有影响的海神。

四是全能型宗教神祇。如佛教的观音菩萨、道教的冲应真人（葛玄）、天主教的天主，等等。从宗教角度来说，他们并不是海神，而是不同宗教中法力强大的修行者。然而由于宗教的传播以及信众的虔诚，这些不同宗教的神在实际上是被渔民和海商们当作海神来祭拜的，因而可以算作“准海神”。

第二节 江南海神的特征和演变

一、江南海神系的特征

（一）海洋神祇数量众多

就地区性海洋神系的复杂程度来说，国内几乎没有哪个区域能够与江南地区相比。在江南历史上曾经以海神身份出现过的神祇究竟有多少，如今已无法确切统计。据笔者对江浙沪地区 15 个沿海市县的不完全调查统计，仅唐宋以来的江南地方性海神就有 60 多位。海神数量如此之多，一方面是由江南地区的地理位置决定的，另一方面则与先秦以来江南一带的巫鬼文化传统有着极为密切的关系。

江南，尤其是江浙地区东临大海的地理环境使得生活在这里的人们自古以来就与海洋结下了不解之缘。吴越文化自诞生之时起就具有半农耕、半海洋的性质。海洋捕捞、浅海养殖、海洋贸易、煮海为盐，自古就是众多江南沿海地区人民谋生的重要方式。鱼盐之利和航海贸易在为江南地区带来了巨大财富的同时，也使得这里的渔民、盐民以及海商们承受着内陆人难以想象的压力。特别是对那些远洋航海者们来说，几乎每一次出海都要承受着葬身海底的巨大风险。

即使是那些不必出海谋生的沿海居民，也不能不重视海洋的动态。因为海潮、海啸等海洋自然灾害随时都可能摧毁他们的家园，并对他们的生命安全构成严重威胁。如浙江的杭州、海宁等地，早在三国时期就有钱塘江潮入侵酿成大灾的记载。其后历代潮患不绝，常有大潮冲毁堤岸，淹没良田，溺死人畜。在科技尚不十分发达的古代，人类与自然的力量对比实在太过悬殊。因而，面对着各种频发的海洋灾难，人们只能寄希望于神灵的护佑。由此便产生了各种各样的海神信仰，出现了潮神、航海保护神、渔业神、盐业神等众多海洋神祇。

江南地区先秦以来的巫鬼文化传统也是江南海神为数众多的一个主要原因。自进入阶级社会起，一直到东晋以前，江南地区的生产力水平都很低下，财产分化也不剧烈，因此许多原始氏族社会的残余，如图腾崇拜、鬼神思想等都得到了较多保留。同时，江南一带炎热潮湿，地多水泽，蛇虫孳生，河湖动辄泛滥，海潮屡次侵袭。在这些自然灾害面前，人们深感祸福无常，万事皆由鬼神操纵。因而,吴越一带自古以来就巫风盛行,祭祀鬼神的活动繁多。东汉班固的《汉书·地理志》中就明确提到吴越地区“信巫鬼,重淫祀”[1]。这种信巫鬼、好淫祀的状况一直到封建社会中晚期仍然十分普遍,因而地方性神祇众多,民间信仰体系极为庞杂。受此影响,江南海神的数量也较其他地区多了许多。

(二)海神的身份变化

尽管我国东部沿海地区都有海神崇拜,但江南地区的海神系统与山东等北方沿海地区的海神系统有明显差异。

江南的海神信仰具有明显的江南地域特色,并一定程度地反映出了江南文化的发展演变轨迹。就山东等北方沿海地区的海神信仰来看,其地方性海神多为仙人和自然神。如海洋水体神“忽”,即墨地区拯救海难的仙人孙仙姑,以及被渔民们当作海神来祭拜的“赶鱼郎”(鲸鱼)“老人家”(海龟),等等。江南沿海地区则不然。尽管这里也有海洋水体神,但相对来说数量很少。绝大多数的江南海神为人鬼神,如西施、霍光、伍子胥、李禄、钱镠、杨广等。以在江南地区最具盛名,被称为“江南紫禁城”的浙江海宁盐官镇海神庙为例:该庙所祭祀的21位海神中,除主祀的“浙海之神”身份存疑外,其余能够确定身份的20位配祀海神均为人鬼神。如果那位“浙海之神”真如民间传说中所说,是康熙第十四子胤祯的话,那么海神庙供奉的这21位海神则全部为人鬼神。这些海神的来历,很鲜明地体现了江南“其俗信鬼神,

---

① (东汉)班固:《汉书·地理志》。

好淫祀”[1]的地方文化特点。

就这些人鬼神的身份来看，宋代以前的人鬼型海神绝大多数是武将，其后则以文臣、乡贤、商人为主。

在唐宋以前，吴越一带民间信奉的海神主要有伍子胥、文种、纪信、霍光、袁崧、关羽、周凯、东海圣姑等。这其中的绝大多数海神以勇武、忠义为特征。他们或战功赫赫，或勇武过人。如伍子胥助公子光刺杀吴王僚，夺取王位，整军经武，攻破楚国，为父兄报仇，是春秋时期出色的军事家；霍光虽然没有其兄霍去病那样光耀后世的军功，但能官至大司马、大将军，扶助幼帝，甚至废立皇帝，其权谋手段足以令人叹为观止；纪信虽然只是一个普通士兵，但却能够在生死关头挺身而出，替刘邦赴死，可谓忠勇超群；袁崧则是抵御后赵大军海上侵袭的主要将领。尽管他在与孙恩的沪渎之役中因寡不敌众而全军覆没，但其勇武却是不容置疑的。

宋代以后的海神则发生了明显变化。仍以浙江海宁盐官镇海神庙所供奉的海神们为例：在盐官海神庙供奉的 21 位海神中，宋代以前的海神有伍子胥、周凯、胡暹、石瑰、钱镠。除石瑰的身份存疑，有可能是唐代的潮工外，其他四位潮神均具有勇武的特征——被称为钱塘潮神的伍子胥攻破楚国，击溃越国；被称为平水王的周凯，也同样勇武过人。史载其为西晋人，文武双全，既是一个博闻强记的文人，又是一位“善击剑，能左右射”的武功高手。在面对飓风挟潮袭来时，挺身而出，“奋然曰：吾将以身平之！即援弓发矢，

---

① (唐)魏征等：《隋书・地理志》。

大呼,冲潮而入……俄而水势平,江祸乃绝”[1]。这种倾一己之躯拼死平息海潮的气魄可谓惊天地、泣鬼神;关于胡暹,有关记述不多。但可以明确的是,他是唐代一位凭借军功在生前即担任将军之职的治潮官员;而吴越国的开国国王钱镠也是五代十国时期著名的武将。他自幼学武,擅长射箭、舞槊,靠武装讨伐而占据一方土地,创建了吴越国。有关“钱王射潮”的传说充分展示出其强悍不屈的一面。显然,在当时江南人心目中,只有如此威猛的武将才能够镇压住暴虐的海潮,护佑他们的生命财产安全。

然而这种观念在宋代以后却悄然发生了巨大改变。以盐官镇海神庙中的海神们为例。宋代以后的海神有周雄、张夏、晏戌仔、陈旭、乌守忠、彭文骥、陆圭、黄恕、汤绍恩等。其中除了陆圭是平定方腊起义的武将,晏戌仔为官府押解官外,其他均是纯粹的文臣、乡贤、商人。

海神身份的变化,既与自宋代起封建政权重文轻武的政策有关,也与江南文化的演变有直接关联。

宋以前的历代朝廷中,武将多被视为维护政权的中流砥柱,历代权臣也多是武将出身。他们战功赫赫,身居高位,其声望也因地位而传播甚广,因此在民间影响很大。然而这种情况自宋代起发生了巨变。众所周知,北宋的天下虽然不是马上得之,但武将拥兵还是起了决定性的作用。因此自得天下起,宋太祖、宋太宗即先后以各种手段来剥夺武将们的兵权,对其实力进行严格限制。既然不能放心使用武将,那么文臣也就成了宋代统治

① 民国十四年《平阳县志》卷四十七,神教志三。

者们的不二选择。元朝由于是少数民族政权，文化认同度低，且存在的时间较短，因此对于江南民间信仰的影响不大。明朝政府对于文臣虽然实在谈不上厚待，但对武将的提防限制绝不亚于宋朝。明朝的开国武将们多在明太祖朱元璋当政时期就被以各种理由清洗殆尽。其后，随着明朝政治的稳定，国家转入和平建设时期，武将的作用及影响日益下降，而文官的地位及影响却迅速上升。这一方面是由于科举制使得大批文人步入仕途，甚至连武科举的选拔权也掌握在文官手里；另一方面则是因为受儒家思想影响的文官最多是皇权的制衡者，而不会是挑战者。他们不会像拥兵的武将那样威胁到政权的稳固，对统治者们来说更易于控制。文官地位的普遍提升无疑对社会价值观念有巨大影响，社会上对文人的认同度也大为提高。因此，宋以后海神身份的变化实际上是宋代以来朝廷重文轻武政策的一种结果，反映了江南文化由尚武到崇文的转变。

此外，随着江南沿海地区城镇经济的发展，以儒家思想为主的书院教育在江南地区得到了推广。特别是南宋时期起，江南成为南宋政权的核心区域，官学教育得到普及。在以中原农耕文化为基础的正统儒家思想的影响下，江南吴越一带原本尚武、尚勇的文化特征越来越淡薄。人们逐渐由崇敬武将、勇士，转为了敬爱文臣、乡贤。这种思想观念上的转变也影响到了他们心目中神的形象，使海洋信仰中的崇拜对象发生了明显变化。

（三）海神信仰的功利性特点

东海是江南地区所毗邻的最重要海域。清代以前，在所有享受官方祭祀的海神中，东海之神的祭祀规格最高，显然是最受官方重视的海洋大神。前面提到，清以前的东海之神并不是东海龙王。据《太公金匮》载，“南海之神曰祝融，东海之神曰勾芒，北海之神曰玄冥，西海之神曰蓐收”。从中可知，掌管整个东海的神是勾芒[①]。关于勾芒，《山海经·海外东经》中载其为“鸟身人面，乘两龙”的东方之神。而东海之神则是《山海经·大荒东经》里那位“人面鸟身，珥两黄蛇，践两黄蛇”的海神禺虢。可见，勾芒最初并不是作为海神而存在的。大约在秦汉前后，四海神与四方神开始合流。勾芒在继续其方位神、春季神的神职之外，又成为了东海之神。古时每逢立春，全国上下都要对其进行祭祀。

作为国家礼制的一部分，官方祭海活动的目的主要在于满足封建王朝的政治文化需求，昭示帝王对于四方的所有权。因此，包括东海之神在内的四海之神自唐代起就不断地被帝王们加封。如前所述，唐玄宗在天宝十年(751 年)的正月，同时册封四海之神为王。其中东海之神被封为“东海广德王”。此后，历代统治者也都对四海神大加封诰。宋仁宗曾在康定元年(1040 年)册封四海之神，东海之神被封为“渊圣广德王”。而来自大漠，对海洋本身兴趣并不大的元世祖忽必烈也在至元二十八年(1291 年)对四海之神进行加封。东海之神的封号在元末时为“东海助顺孚圣德威济王”，地位极为尊崇。然而就是这样一位备受朝廷推崇，且在山东等地的沿海地区具有相当影响力的大

---

① 也作“句芒”。

神，在江南地区的影响力却非常小，民间祭祀中更难以见到他的踪影。

这一现象既有历史、地域方面的原因，也有神职方面的原因。一方面，古今“东海”的范围不一。先秦时，人们以黄海为东海；汉唐时，又以黄海、渤海为东海。宋以后，东海的范围才与当今相同。而早在宋代以前，历代政府就已经开始祭祀四海之神了。因而，东海神庙不在江南地区，而在山东的莱州府。尽管元丰元年（1078 年），宋神宗下令在明州定海、昌国两县之间建筑了东海神的行祠，但行祠在国家祭祀活动中的地位远远不能与神庙相比，也难以产生强大影响力。直到乾道五年（1169 年），宋孝宗因莱州已被金人占领，无法致祭，才不得不接受了太常少卿林栗的建议，在定海（今镇海）的东海神行祠举行祭海仪式。由于东海之神在江南缺乏深厚而广泛的群众基础，民间始终缺少对这位东海大神的认同。因而尽管官方的祭祀活动非常隆重，然而其在江南民间的影响力却始终微弱。另一方面，勾芒这位由方位神演变而来的东海大神的海洋属性实在太过薄弱了，其神职既不涉渔业，又不涉航运。而江南民众的信仰具有相当明显的实用主义倾向。由于江南地区在南宋以前的大多数历史时期里距离封建帝国的政治文化中心较远，受儒家思想的影响相对较晚、较少，因而封建正统思想在江南民间的影响力也相对较弱。对于普通百姓来说，他们所关注的不是统治者是否能够实现“大一统”，而是自己能否出海平安，渔获满仓。只有能够给他们带来明确好处的海洋神灵才会得到他们的信仰和祭祀。在江南地区，关于东海之神显灵的传说不多，几乎没有其救助海难的传说。而有关地方性海神，如显灵侯、隋炀帝、褒应王等显灵护航的传说则为数不少。因此，江南人很难发自内心地去膜拜这位似乎没什么利用价值的东海之神。

尽管自南宋起，东海之神的祭祀大典就在定海（今镇海）进行，但其影响力始终局限于官方礼制层面。仅在镇海本地，就有龙王信仰的影响力可与之抗衡。而在整个宁波地区，东海之神的影响力也小于鲍盖、李显忠、张王、显灵侯、隋炀帝、褒应王、陈相公等地方性海神。可见，对于江南沿海地区的渔民、海商们来说，只有经常显灵相助的海神才是他们认可的。这一现象充分体现出了江南地区务实的文化特征。

也正是由于这个功利性的动因，江南，特别是吴越地区的海神数量极多。通常，一个地区内会同时供奉几位神职相同的海神。以潮神为例，吴越地区的潮神既有大名鼎鼎的伍子胥，也有以孝道闻名的曹娥，为民除害的安知县，以及西汉的权臣霍光，东晋的治水功臣周凯，北宋时率民筑塘的两浙路转运使张夏。至于航海保护神则更多。其中影响较大的就有褚太尉、李王、张王、钱侯、忠烈侯、龙裤菩萨、圣姑娘娘等近30位航海保护神。

（四）海神信仰体系的开放性和自我保护性

江南文化中开放包容、兼容并蓄的特点在海神信仰中可谓体现得相当明显。就整个江南海神体系来看，其开放性、融合性都体现得非常突出。这一特征在人鬼型海神，以及宗教“准海神”身上体现得尤为突出。

就江南地区海神的籍贯来看，大多数人鬼型海神生前属于江南人士。如曹娥是会稽上虞人，周凯是临海郡横阳①人，李禄（即民间信仰中的“李王”）是湖州人，胡暹是义乌人，陈旭、周雄是新城②人，朱彝、石瑰、乌守忠、彭文骥是海宁一带的人。但其中也有相当多的“外地人”，如在整个江南地区都很有影响的张夏（即民间信仰中的“张王”）是雍丘③人，在上海地区影响较大的霍光是河东平阳④人，宁波地区的航海保护神之一李显忠是陕西清涧人，舟山群岛的航海保护神之一隋炀帝是陕西华阴人，而在清康熙年间由天妃晋升至天后的女神妈祖则是福建莆田人。他们虽非江南人士，但由于生前分别有抵御侵略、开凿运河、护佑航海人的功绩，江南人还是热情地将他们纳入了自己的神系，对其进行祭祀。

此外，江南海神体系也积极吸纳了许多宗教信仰中的神仙。其中最典型的莫过于龙王和观音。“龙王”是一类典型的中印“混血”神的统称。如前所述，中国本土原本只有龙神，没有“龙王”。龙神有兴云布雨之能，且不囿于一域。佛教传入后，传教者为使佛教与中国文化相融合并吸引信众，将佛教中囿于一方水域的普通护法神蟒蛇翻译为“龙王”，并将中华本土文化中龙神所具有的行云布雨等超能力嫁接给龙王。随着佛教的影响力不断提升，中国的龙神与印度的龙王逐渐合二为一，成为盘踞于

① 今浙江省温州市一带。
② 今浙江省富阳市。
③ 今河南省杞县一带。
④ 今山西省临汾市。

一方水域且能够兴云布雨的神。由于佛教在江南大盛，龙王信仰也随之普及。江南地区龙王信仰最盛的是舟山地区。早在康熙年间，该地就有 24 座龙宫(龙王庙)。到民国初年，这里的龙宫数量已增至 48 座。渔民们在出海开捕前主要祭祀的就是龙王。观音成为渔民心目中海神的时间比龙王略晚。西汉末年，佛教从印度传入中国，观音信仰也随之而来。由于传说其居于南海(今东海)，自唐代起，东海中的普陀山就成为其最大道场，观音也由此与东海以及江南沿海地区结下了不解之缘。自南北朝时期开始，观音的形象逐渐由男性向女性转化。相对于相貌怪异、凶恶的龙王来说，慈眉善目、宽大为怀的女性观音形象显然更能够带给渔民们安全感。因而，她既是佛教中的菩萨，也是东海渔民们心目中的东海保护神。

不过，江南人对这些外来海神并不是一味地全盘接受，而是对其进行了许多本地化“改造”。如后起海神林默娘，福建渔民称其为“妈祖”[①]，属于民间信仰中的人鬼神。但妈祖信仰传入江南地区后，直至 1949 年前，江南人很少称其为“妈祖”，而多采用其官方称呼——“天妃”，从而消减了其原有的福建地方色彩。宁波象山等部分江南沿海地区的渔民更改用“孃孃菩萨”这种富于江南地方特色的民间称谓来称呼她，使这位来自福建的海洋女神具有了独特的江南风情。作为江南人信奉的“准海神”，龙王和观音都与佛教典籍中原本的形象有很大不同。基本上，江南信众所供奉的龙王们都已经本土化、本地化了。如舟山群岛

① 闽南语“母亲”的意思。

最著名的三大龙王——灌门龙王、桃花龙王、岑港龙王，其原型就是当地常见的鳗鱼、红颈小蚓等生物。显然，这些龙王身上有着我国东海岛屿特有的鱼神崇拜印记，是江南本地文化对外来佛教文化进行改造的结果。观音信仰也是如此。佛教本来不涉及预测吉凶等事宜，但由于江南渔民有出海前问卜吉凶的需求，因而观音也“增加”了预知海上天气、出海福祸的能力。江南民众还无视印度正统佛教经典的权威说法，为观音菩萨重新安排了多种身世。其中最著名的是妙善公主修成正果的传说。在这一传说中，观音菩萨被改造成了更符合江南人民伦理观念的孝女形象。

在以开放的胸怀接纳并改造外来海神的同时，江南人对于自己的地方信仰也具有相当明显的保护意识。以在镇江、嘉兴、绍兴、宁波等地均有较大影响的海神“张王”(张夏)为例：其在北宋时就已经得到朝廷封诰，其后又屡有加封，先后被封为灵济王、至正佑昭显威德圣烈王等。“张王”的神庙数量在宋代张王信仰最盛的时候曾一度多达八九百座，其中南宋时期仅在浙江地区就有45座。祭拜“张王”已经成为这些地区固定的民俗文化活动之一。“张王”神职众多，但在元代以前都与海洋没多少关系。到了元代，由于改朝换代的缘故，“张王”原有的合法地位被取消，由正祀沦落为淫祀。虽然仍有百姓膜拜，却无法进入官方认可的神系，不能享受正式的官方祭祀。其信仰面临着衰落的风险。为此，地方官曾上达民意，请封张夏，但未获应允。为了将张王信仰传承下去并得到官方认可，百姓们开始在元代统治者最为关注的漕粮海运问题上大做文章，屡次声称张夏显灵护佑漕运，并再次请封。由于漕运是关系到元政权存亡的大事，元统治者欣然同意了将张夏纳入正祀。“张王”也由此再次成为了官方海洋神系的一员。由于“张王”是朝廷认可的漕粮海运保护神，有关祭祀“张王”的文化活动也得以延续下来，张王信仰危机就此解除。另如，舟山、定海一带原本信奉龙王。南宋时，由于山东莱州府已被金人所占，南宋朝廷不得不将东海之神的祭祀场所由莱州府的东海神庙改到了定海[①]的东海神行祠。威严的神庙，隆重的官方祭祀仪式，无疑对定海本地原有的龙王信仰构成严重威胁。但由于祭祀四海是历代礼制的一个重要部分，朝廷绝对不可能取消或更改对东海之神的祭祀，因而当地人采取了双神并祀的方式，既保留东海之神的神庙，按政府的要求进行祭祀，又在不远处建了座规模不小的龙王祠，以满足当地民众的需求，维护本地的海洋信仰。此外，定海等地的地方官还屡次声称见到了东海之神显灵，其真身为龙王，从而使得官方与民间都逐渐认定东海之神就是东海龙王，大大提高了龙王信仰的地位。这种遭遇挫折积极抗争，不达目的决不罢休，同时又十分讲究策略的做法，可以说充分体现了江南人聪慧机敏，灵活善变的个性特征。

二、江南海神的演变

（一）神职随海洋实践改变

江南海神多兼辖江海。唐宋以前的海神以潮神居多，唐宋

① 今浙江省宁波市镇海区。

后的海神则以航海保护神为主。就江南海神信仰产生的时间以及海神们的神职来看，早期的海神除《山海经》中的东海之神外，基本上是潮神，以及由河神、湖神等淡水系水神转化而来的海神。

在早期的江南海神中，伍子胥、文种是钱塘江的潮神，曹娥是曹娥江的潮神，纪信是吴淞江霸王潮的潮神。而“禹王”（大禹）原是陆地上的水神，由于信众广泛，且江南一带江海相通，许多渔民需要往来于江海之间，因而这位淡水系的水神也逐渐成为江南人心目中的海神。

唐宋以前的海神大多数是潮神。其主要原因是唐宋以前人们的航海活动相对较少。对沿海地区的人们来说，海洋对他们的最大影响就是潮水侵袭，对他们的生命财产安全构成严重威胁。因此，他们迫切需要那些能够“镇住”潮水入侵的神灵。大量潮神也就应运而生。

自唐宋时期起，随着海上丝绸之路的兴起，海洋贸易带来的巨大收益成为江南沿海民众和封建帝国重要的收入来源，航海安全也随之成为江南地区航海民众和历代统治者们极为重视的事情。因而，唐宋后的新晋海神主要是那些具有航海保护神职的海神，如观音菩萨、龙裤菩萨、如意娘娘、圣山娘娘、慧感夫人（陆氏）、羊府大帝、晏戌仔（晏公），等等。不仅如此，原来那些以镇压海潮为主的潮神们也纷纷被赋予了护佑航海的功能。如纪信原本只是镇压吴淞江“霸王潮”的潮神，曹娥是曹娥江潮神，但是在航运业迅猛发展的形势下，他们也都兼负起了航海保护神的职责。

唐宋后的航海保护神不但数量多，而且地位高。由于海洋贸易对国家财政收入的影响越来越大，且海战也是唐宋以后政权争夺的主要战争形式之一，海上安全的重要性愈发凸显，官方对江南民间海神信仰的态度也因此较为宽容。在江南海洋神系中，由民间“淫祀”转为官方“正祀”的江南海神相当多，而且地位上升空间极大。其中最典型的就是海神妈祖。虽然这是一位北宋时期才诞生的后起海神，但由于其神职主要是护佑海上安全，因而不断受到后世统治者们的追封。妈祖是福建莆田人，本名林默，也被称为林默娘。她通晓气象，熟悉水性，为人们消除灾患，深受百姓爱戴。林默于28岁时去世。此后，许多福建地区的航海人声称看到她身着红衣在海上救助遭遇海难的人。于是纷纷在船上供奉她的神像，并亲切地称之为“妈祖”，祈求航行平安顺利。北宋宣和四年(1122年)，高丽奉使路允迪返国后，莆田人李根称途中船只险遭颠覆，幸得妈祖显灵相助才得以平安，于是向朝廷请求封诰妈祖。次年，朝廷赐予原本属于淫祀的妈祖以“顺济”的庙额。从此，妈祖信仰得到了朝廷的承认与推广。仅在宋代，妈祖就得到十几次加封，封号由“顺济夫人”“灵惠夫人”一路升到了“灵惠显济嘉庆善庆妃”。元代也对妈祖信仰十分重视。因传说妈祖在宋元海战中显灵助元，元世祖在至元十五年(1278年)封妈祖为“护国明著灵惠协正善庆显济天妃”，将妈祖由“妃”升格为“天妃”，其后又加封3次。明代，由于郑和下西洋时多次请封妈祖，妈祖的海神地位继续上升。到了清康熙年间，妈祖又因在施琅收复台湾的海战中“显灵”助清而被封为“天后”，成为地位最高的海神，其祭祀规格不低于四海之神。至此，妈祖的影响力远远超过了其他海神，由浙、闽等东南沿海地区的地方性海神跃升为全国性海神。其后，随着航海业的发展，妈祖信仰的范围扩大到国外。

上述海神群像的更迭，海神地位的改变，反映了江南沿海地区的人们由祈求安居陆上到勇敢探索海洋的社会实践历程。

（二）教化功能渐趋浓厚

如前所述，至晚在东汉时期，江南地区就已经出现了对伍子胥、文种等潮神的崇拜。东汉王充的《论衡·书虚篇》载："传书言：吴王夫差杀伍子胥，煮之于镬，乃以鸱夷橐投之于江。子胥恚恨，驱水为涛，以溺杀人。今时会稽丹徒大江、钱塘浙江，皆立子胥之庙。盖欲慰其恨心，止其猛涛也。"东汉赵晔的《吴越春秋》中也称，"越王葬种于国之西山，楼船之卒三千余人，造鼎足之羡，或入三峰之下。葬七年，伍子胥从海上穿山胁而持种去，与之俱浮于海。故前潮水潘侯者，伍子胥也，后重水者，大夫种也"。在这些描述中，我们看不出作为潮神的伍子胥有何功德。相反，其形象颇为残暴、可怕。同样，在早期的神话传说中，作为潮神的文种也没有特别令人钦佩之处。人们将这两人奉为潮神，恐怕畏惧的成分要远远多于敬重和感恩。然而在宋代之后，民间传说中的伍子胥形象发生明显改变，由一个因私愤而驱涛溺杀无辜的凶神变成了一个在潮水即将泛滥之时能够站立潮头以神力阻止潮水进犯的善神，民间更传说他是因为保护了钱塘沿岸百姓，于民有功才成为潮神。两相比较，我们不难发现：唐宋以后的民间传说更具道德教化色彩。

此外，唐宋以后出现的江南海神们几乎全部是那些忠孝节义、勤政爱民或造福百姓的历史人物。如在常熟等地信众较多的海神李王（李禄），相传是宋徽宗时宰相李邦彦的养子。他治水缉盗，造福百姓。其后因故以死报答养父的养育之恩。在这一人物身上，集结了多种为百姓们所敬重的品格。以他为神，本身就带有很强的宣传教化导向意味。即使是正史上口碑不佳的隋炀帝杨广，也有开挖运河、造福江南的功勋。可见，唐宋以后的海神信仰更多教化色彩。这与大批北方移民定居江南地区，广设书院，以儒家思想来教育江南民众有很大关系。

浙江海宁盐官镇海神庙鼎（作者摄）

浙江海宁盐官镇海神庙匾额(作者摄)

浙江海宁盐官镇海神庙牌坊(作者摄)

第三节 江南沿海的祭海活动

在诸多海洋信仰活动中，祭海仪式是最为隆重的一种。

一、祭海活动的缘起

祭海活动究竟从何时开始，目前学界争议颇多。明代学者任万里在其《海庙祭典考》中通过对海庙祭祀的考证，认为早在舜帝之时就已经有祭海活动了。《春秋公羊传》中也有对海洋进行“望祭”的记载：“三望者何？望祭也。然则曷祭？祭泰山、河、海。曷为祭泰山、河、海？山川有能润于百里者，天子秩而祭之。”此外，有研究者考证，春秋时期的雍地[①]诸祠中就已经有四海海神的祠庙了。可见，祭海活动的起源是非常早的。

但是自古以来，官方与民间的祭海活动大相径庭。无论是祭祀的对象、目的，还是祭祀的仪式，都存在巨大差异。这在江南沿海地区的祭海活动中表现得尤为明显。

二、官方的祭海活动

就历代官方的祭海活动来看，祭祀的对象主要是四海之神(实际上是四方之神)，其目的在于宣示皇权，满足封建帝国的政治文化需求。

在清代以前的大多数时期，以国家行为方式对海洋进行祭

---

① 今陕西宝鸡一带。

祀时所祭的东海神基本上都是勾芒。关于勾芒，前文提到，他实际上是一位东方之神。秦汉前后，由于四海神与四方神开始合流，勾芒也在继续其方位神、春季神的神职之外，又成为了东海之神。古代每逢立春，全国上下都要隆重祭祀勾芒。因此，官方对东海之神的祭祀也在每年立春时进行。清代，由于历代清帝笃信佛教，加之南宋以来定海、舟山等笃信龙王的地区纷纷传言东海之神的真身是龙王等原因，身为佛教护法神的龙王地位迅速上升。雍正二年（1724 年），东海龙王被册封为东海显仁龙王之神。这是民间俗称的海龙王第一次真正拥有了“王”的封号。从此，勾芒这位诞生于上古时期的东海大神被“新贵”东海龙王掩盖了光芒，不得不与东海龙王合流。

作为国家礼制的一部分，官方祭海的根本目的是满足封建王朝的政治文化需求。就目前来看，学界公认的最早的官方祭海记录是《汉书·郊祀志》中所述的汉宣帝神爵元年（公元前 61 年），皇帝在洛水处立祠遥祭海神。这种祭祀在今人看来没什么特别，然而在古时的意义却非同小可。据《礼记·曲礼下》载，“天子祭天地，祭四方，祭山川，祭五祀，岁遍。诸侯方祀，祭山川，祭五祀，岁遍。大夫祭五祀，岁遍。士祭其先”。即按照当时的祭祀礼仪，祭祀者只能祭祀自己所辖之地的神灵。因而，汉宣帝祭祀海神的行为实际上等于昭告大汉帝国对海洋的所有权，对四方的所有权，这是“大一统”帝国的一次重要的政治文化活动。也正因如此，中国历代封建帝王们在对海洋进行祭祀的同时，还很热衷于对四海之神进行同步册封。唐玄宗、宋仁宗、宋徽宗、元世祖、明太祖等都曾对海神大加封诰。可见，帝王祭海实际上是皇权控制力与合法性的一种宣示，至于海神的海洋特点及其是否具有对渔业、航运的护佑功能，则很少在帝王们的关注范围之内。

尽管自唐宋起，航运事业对国家的发展越来越重要，官方祭海活动中也增加了对航海保护神的祭祀，而且祭祀规格很高，但兼职四方神的四海神仍旧享受最高规格的海神祭祀。

在中国历史上的绝大多数时期，官方祭海采用的是中祀之礼，以“少牢”（猪、羊各一）献祭海神。南宋时，由于海洋经济、海洋战争对朝廷已经是举足轻重的大事，海祭也被升格为大祀，祭祀时改以“太牢”（猪、牛、羊各一）献祭海神。

三、江南民间的祭海活动

就祭海的时间、目的和祭祀对象来看，江南渔民们自古以来就有在每年渔汛来临之际祭祀海神，以求出海平安、鱼虾满仓的风俗。由于每年会有几次不同的渔汛，所以每年的祭海活动也会有很多次。

由于每次出海都要承受舟毁人亡的巨大风险，因而渔民们在出海前所祭祀的主要是那些神通广大、能够救人于危难、并赐人福泽的海神。同时，出于渔业生产收益方面的考虑，渔民们也兼祭网神、船神、鱼神等。

江南沿海各地不但有许多正祀，还有大量淫祀。多数海神信仰仅限于一个或几个地区，而且往往是几位海神并祀。就江南沿海多数渔民出海前所祭的海神来看，影响比较大且居于主祀地位的海神主要有龙王、观音、天妃（妈祖）等。

江南沿海地区大多有龙王信仰。比较有意思的是，江苏沿海地区的渔民们虽然信仰龙王，但龙王的口碑却不佳。在江苏沿海地区的多数民间传说中，龙王是一个蛮横、无理、贪婪的形象。而浙江沿海地区的渔民们则对龙王虔心膜拜。就整个江南地区来说，龙王信仰最盛的是舟山地区。这里不但龙王庙最多，而且龙王数量也多。渔民们每次出海开捕前都要祭祀当地的海龙王们。

相对于褒贬不一的龙王，江南沿海人民对观音则普遍发自内心地敬重。这大抵与其在佛教经典中的种种传说有一定关联。妈祖虽然成为江南地区海神的时间相对较晚，但由于两宋以来历代统治者的不断加封，到明初时，妈祖就已经成为江南部分地区很有影响的海神了，其信众分布也较广。

对于这些传说中法力无边的江南海神，沿海渔民用于祭祀的牺牲也具有浓郁的地方特色。通常，江南人根据自己的口味去"揣测"海神们的喜好，在祭祀供品方面没有太严格的约束。江南民众普遍喜食的猪头、猪肝、猪肚、鸭子、童子鸡、鱼、粽糕等，都是常见的牺牲。

比较而言，封建帝王们以中祀、大祀之礼祭祀的东海神是"大一统"意识形态下神灵信仰体系的组成部分，与真正的海洋关系不大。江南民间所祭的海神才是真正的海洋之神。由于渔业和航运业自唐代起越来越重要，封建统治者们在昭示对四海领有权的同时，也逐渐开始重视对航海保护神的祭祀。如明代郑和七下西洋，每次出海前都要隆重祭祀妈祖，求得吉签后才启航。

如今的开渔节祭海仪式已经与古代祭海仪式有了本质的不同。开渔节祭海的主要目的不是祈求平安捕鱼或四海承平，而是以渔民特有的方式去感恩海洋，弘扬地方海洋文化特色，打造地区文化名片。如 2019 年宁波象山开渔节的祭海仪式虽然采用了少牢祭海的古典仪式进行，但新增了感恩海洋，宣传人与自然和谐发展等内容。这是时代的进步，也是新时期发展的需要。

总的来说，江南地区的海洋神祇虽然数量众多，看似杂乱，实际上却体现了江南地区特有的文化风貌。从海神们的身份及其神职的演变中，我们可以清晰地看出江南文化由尚武、尚勇到崇文、重商的发展演变历程，体察到江南人务实、开放的文化精神。

作为江南海洋文化的一个重要组成部分，江南海神信仰值得我们进一步地深入发掘，并对之进行传承和利用。江南著名作家汪曾祺曾说，“风俗是一个民族集体创作的生活的抒情诗。”对于江南沿海地区来说，祭海活动无疑是一首最美的诗。如何将这首诗传承下去，唱诵得更好，是需要海洋文化研究者们认真思考的问题。

参考文献

著作类：

1. 中国航海士研究会：《江苏航运史》，人民交通出版社，1989 年 2 月。
2. 徐波：《浙江海洋渔俗文化：称名考察》，海洋出版社，2009 年 12 月。
3. 刘观伟：《以文化人，以人化城：城市文化建设研究》，中国社会科学出版社，2017 年 6 月。
4. 黄立轩：《远古的桨声：浙江沿海渔俗文化研究》，浙江大学出版社，2014 年 10 月。
5. 滕新贤：《沧海钩沉：中国古代海洋文学研究》，上海三联出版社，2018 年 12 月。
6. 苏勇军：《宁波海丝文化》，浙江大学出版社，2017 年 10 月。
7. 林友标、章舜娇：《龙舟》，暨南大学出版社，2018 年 6 月。
8. 何伟：《羽人竞渡：宁波发展史话》，宁波出版社，2014 年 11 月。
9. 孙光圻、张后铨、姜柯冰：《中国古代航运史》（上下卷），大连海事大学出版社，2015 年 12 月。
10. 席龙飞、唐浩、鞠金荧：《长江流域的舟船桥梁》，长江出版社，2015 年 9 月。
11. 陈国灿：《江南城镇通史》（晚清卷），上海人民出版社，2017 年 5 月。
12. 陈红红：《盐城海盐文化》，南京大学出版社，2015 年 12 月。
13. 黄纯艳：《宋代海洋贸易》，社会科学文献出版社，2003 年 1 月。
14. 刘士林、朱逸宁、张兴龙、严明：《江南城市群文化研究》（上下册），高等教育出版社，2015 年 9 月。

15. 赵启林主编，张银河著：《中国盐文化史》，大象出版社，2009 年 7 月第 1 版。
16. 毕旭玲：《古代上海：海洋文学与海洋社会·古代上海海洋社会发展史研究》，上海社会科学院出版社，2014 年 9 月。
17. 金秋鹏：《中国古代造船与航海》，中国国际广播出版社，2011 年 1 月。
18. 汪传旭等：《"一带一路"倡议与上海国际航运中心建设》，上海人民出版社，2019 年 1 月。
19. 陶存焕、周潮生：《明清钱塘江海塘》，中国水利水电出版社，2001 年 11 月。
20. 陈国灿、奚建华：《浙江古代城镇史》，安徽大学出版社，2003 年 3 月。
21. 陈桥驿：《中国运河开发史》，中华书局，2008 年 9 月。
22. 陈桥驿：《中国七大古都》，中国青年出版社，1991 年 10 月。
23. 周祝伟：《7—10 世纪杭州的崛起与钱塘江地区结构变迁》，社会科学文献出版社，2006 年 4 月。
24. 张之恒：《长江下游新石器时代文化》，湖北教育出版社，2004 年 12 月。
25. 韦明铧：《两淮盐商》，福建人民出版社，1999 年 9 月。
26. 傅崇兰：《中国运河城市发展史》，四川人民出版社，1985 年 11 月。
27. 梁启超：《清代学术概论》，东方出版社，2012 年 5 月。
28. 林正秋：《杭州古代城市史》，浙江人民出版社，2011 年 9 月。
29. 梁方仲：《中国历代户口、田地、田赋统计》，中华书局，2008 年 11 月。
30. 周祝伟：《7—10 世纪杭州的崛起于钱塘江地区结构变迁》，社会科学文献出版社，2006 年 4 月。
31. 徐松：《宋会要辑稿·职官四四》，中华书局，1997 年 11 月。
32. 洪迈：《夷坚丁志》，中华书局，1981 年 10 月。
33. 周密：《癸辛杂识》，中华书局，1988 年版 1 月。
34. 郑一钧：《郑和全传》，中国青年出版社，2005 年 7 月。
35. 上海通志编纂委员会：《上海通志》，上海社会科学院出版社，2005 年 12 月。
36. 熊岳之、周武：《上海：一座现代化都市的编年史》，上海书店出版社，2007 年 7 月。
37. 葛方耀：《话说上海·南汇卷》，上海文化出版社，2010 年 3 月。
38. 熊月之：《上海通史》，上海人民出版社，1999 年 1 月。
39. 吴贵芳：《上海风物志》，上海文化出版社，1982 年 12 月。
40. 上海港史话编写组：《上海港史话》，上海人民出版社，1979 年 10 月。
41. [美]马士：《中华帝国对外关系史》第一卷，生活·读书·新知三联书店，1957 年 11 月。

42. 陈梦雷、蒋廷锡等:《钦定古今图书集成: 经济汇编: 食货典: 卷二一四》(影印本),中华书局,1934 年 6 月。
43. 陈训正、马瀛:《定海县志 · 鱼盐志第五 · 盐产》,民国十三年(1924 年),铅印本。
44. 宓位玉、虞天祥:《煮海歌: 岱山海洋盐业史料专辑》,中国文史出版社,2004 年 1 月。
45. 姜彬、任嘉禾、王文华、阮可章:《中国歌谣集成 · 上海卷》,中国 ISBN 中心,2000 年 12 月。
46. 岑仲勉:《隋唐史》,高等教育出版社,1957 年 12 月。
47. 浙江航运史编写委员会:《浙江航运史》,人民交通出版社,1993 年 7 月。
48. [日]三上次男:《陶瓷之路》,李锡经、高喜美译,文物出版社,1984 年 9 月。
49. [日]木宫泰彦:《日中文化交流史》,胡锡年译,商务印书馆,1980 年 4 月。
50. 王荣国:《海洋神灵——中国海神信仰与社会经济》,江西高校出版社,2003 年 8 月版。
51. 曲金良:《海洋文化概论》,中国海洋大学出版社,1999 年 12 月版。
52. 刘大杰:《魏晋思想论》,岳麓书社,2010 年 8 月。
53. (宋)赵汝适:《诸蕃志校释》,中华书局,2000 年 4 月。
54. (明)郑若曾:《筹海图编》,中华书局,2007 年 6 月。

论文类:

1. 徐慧:《钱塘江海塘的古今》,《浙江水利科技》,2004 年第 1 期。
2. 顾希佳:《非物质文化遗产视野下的浙江潮》,《广西师范学院学报》(哲学社会科学版),2008 年 10 月刊。
3. 方福祥:《试论明清浙西海塘与沿海区域开发》,《浙江社会生活》,2010 年第 6 期。
4. 郭巍:《杭州湾传统海塘景观探究》,《风景园林》,2018 年 12 期。
5. 麻冰冰:《历史文化价值导向下的盐官古镇保护策略研究》,《小城镇建设》,2019 年第 5 期。
6. 徐苏焱:《钱塘江古海塘文化与展示价值初探》,《艺术科技》,2014 年第 6 期。
7. 熊婷婷:《上海造船文化保护及发展研究》,《中国市场》,2017 年第 5 期。
8. 张晓东:《隋唐经济重心南移与江南造船业的发展分布——以海上军事活动为中心》,《海交史研究》,2015 年第 1 期。
9. 李伯重:《明清江南地区造船业的发展》,《中国社会经济史研究》,1989 年第

1 期。
10. 吴建华：《唐代明州造船业与对外贸易关系研究》，《中韩古代海上交流》，2007 年刊。
11. 唐勇：《宋代宁波地区的造船业》，《宁波教育学院学报》，2008 年第 1 期。
12. 张剑光：《隋唐五代江南造船业的发展》，《江苏技术师范学院学报》，2009 年第 1 期。
13. 武峰：《浙江盐业民俗初探——以舟山与宁波两地为考察中心》，《浙江海洋学院学报》（人文社科版），2008 年第 4 期。
14. 蒋兆成：《明代两浙商盐的生产与流通》，《盐业是研究》，1989 年第 3 期。
15. 高树林：《元朝盐户研究》，《中国史研究》，1996 年第 4 期。
16. 林树建：《元代的浙盐》，《浙江学刊》，1991 年第 3 期。
17. 朱去非：《盐板晒盐考》，《盐业史研究》，1990 年第 3 期。
18. 刘洁：《宋代两浙盐民生存状况初探》，《黑龙江史志》，2014 年第 7 期。
19. 周洪福：《两浙古代盐场分布和变迁述略》，《中国盐业》，2018 年第 4 期。
20. 刘淼：《明代海盐制法考》，《盐业史研究》，1988 年第 4 期。
21. 董郁奎：《明代两浙盐业述略》，《浙江学刊》，1996 年第 6 期。
22. 温爱珍：《煮海熬波的岁月：追述南汇历史上的盐业生产》，《档案春秋》，2008 年第 10 期。
23. 郝宏桂：《略论两淮盐业生产对江苏沿海区域发展的历史影响》，《盐城师范学院学报》（人文社会科学版），2012 年第 5 期。
24. 于云洪：《盐业神祇谱系与盐神信仰》，《扬州大学学报》（人文社会科学版），2015 年第 3 期。
25. 李传江：《中古两淮盐业历史演进论》，《地方文化研究》，2016 年第 2 期。
26. 凌申：《江苏沿海两淮盐业史概说》，《盐业史研究》，1989 年第 4 期。
27. 崔山佳：《浙江地名中的盐文化》，《汉字文化》，2017 年第 24 期。
28. 张敏杰：《杭州真教寺始建于何时》，《浙江学刊》，1983 年第 2 期。
29. 杨新平：《杭州真教寺创始重建年代考》，《杭州师范学院学报》（社会科学版），1987 年第 3 期。
30. 冯蔚然：《百万楼船渡大洋》，《上海海事大学学报》，1996 年第 4 期。
31. 太仓港口管理委员会：《"六国码头"再现生机——太仓港的诞生和兴起》，《中国港口》，2006 年 11 期。
32. 周运中：《港口体系变迁与唐宋扬州盛衰》，《中国社会经济史研究》，2010 年第 1 期。

33. 李保华:《关于广陵涛兴起_消亡及地域之争论》,《扬州文化研究论丛》,2008年第1期。
34. 贾学鸿:《广陵潮的诗性记忆与吴楚文化融汇》,《文史知识》,2019年第3期。
35. 张海英:《海外贸易与近代苏州地区的丝织业》,《文史知识》,2019年第3期。
36. 黄锡之:《历史上的苏州海外贸易》,《海交史研究》,1996年第1期。
37. 陈忠平:《刘河镇及其港口海运贸易的兴衰》,《南京师大学报》(社会科学版),1991年第3期。
38. 徐雯:《明初长江口海运大观:析刘河镇记略如是说》,《郑和研究》,2013年第2期。
39. 许龙波:《清前期的海洋政策与江南社会经济发展》,《齐齐哈尔大学学报》(哲学社会科学版),2015年第07期。
40. 韩茂莉:《唐宋之际扬州经济兴衰的地理背景》,《中国历史地理论丛》,1987年第1期。
41. 张嫦艳:《魏晋南北朝的海上丝绸之路及对外贸易的发展》,《沧桑》,2008年第5期。
42. 潘锦全:《元代海运综述》,《北华大学学报》(社会科学版),2004年第5期。
43. 王日根:《元明清政府海洋政策与东南沿海港市的兴衰嬗变片论》,《中国社会经济史研究》,2000年第2期。
44. 赵琪:《元至明初的刘家港与海上丝绸之路》,《苏州科技大学学报》(社会科学版),2019年5月。
45. 王成兵:《朱清、张瑄与元代海漕运输》,《中国海事》,2017年第9期。
46. 杨熺:《中国古代海运活动》,《大连海事大学学报》,1958年第1期。
47. 林正秋:《五代十国时期的杭州》,《杭州师范学院学报》(社会科学版),1979年第1期。
48. 陈磊:《唐后期江淮城市的发展及衰落》,《史林》,2010年第6期。
49. 林树建:《唐五代浙江的海外贸易》,《浙江学刊》,1981年第4期。
50. 王赛时:《论唐代的造船业》,《中国史研究》,1998年第2期。
51. 王建国:《广陵观潮:中古一种文学意象的地理考察》,《郑州大学学报》(哲学社会科学版),2014年第4期。
52. 丁国蕾:《长江三角洲主要港口间的协同发展机制》,《城市发展研究》,2016年第3期。
53. 耿元骊:《五代十国时期南方沿海五城的海上丝绸之路贸易》,《陕西师范大学学报》(哲学社会科学版),2018年第4期。

54. 杨渭生：《吴越国时期的杭城建设》,《杭州通讯》(下半月),2009 年第 8 期。
55. 肖琰：《唐代市舶使与唐代海外贸易》,《乾陵文化研究》,2017 年刊。
56. 汶江：《唐代的开放政策与海外贸易的发展》,《海交史研究》,1988 年第 2 期。
57. 徐规：《宋代浙江海外贸易探索》,《杭州商学院学报》,1982 年第 3 期。
58. 戈春源：《苏州阖闾大城的地位不可动摇》,《苏州教育学院学报》,2014 年第 2 期。
59. 郭万升：《宋代苏州的造船业考察》,《船电技术》,2008 年第 4 期。
60. 吴泰：《试论汉、唐时期海外贸易的几个问题》,《中国海洋大学学报》(社会科学版),2019 年第 1 期。
61. 董志俊：《从杭州湾走向更广阔的海域》,《中国水运》,2004 年第 8 期。
62. 杨雨蕾：《江南对外关系史研究的回顾和思考》,《浙江大学学报》(人文社会科学版),2015 年第 6 期。
63. 李建华：《杭州：海上丝路扬帆起点》,《杭州日报》,2017 年 8 月 12 日。
64. 吴振华：《古代杭州是个大海港》,《航海》,1983 年第 6 期。
65. 方健：《两宋苏州经济考略》,《中国历史地理论丛》,1998 年第 4 期。
66. 李青淼、韩茂莉：《从唐代盐利看唐代中后期各地之盐产量》,《首都经济贸易大学学报》,2012 年第 4 期。
67. 林士民：《浙江宁波市出土一批唐代瓷器》,《文物》,1976 年 7 月。
68. 周世德：《中国沙船考略》,《中国造船工程学会 1962 年年会论文集》,国防工业出版社,1964 年。
69. 赵刚、赵渭军、黄超：《钱塘江海塘塘型结构沿革》,《浙江水利科技》,2015 年第 3 期。
70. 朱建军：《从海神信仰看中国古代的海洋观念》,《齐鲁学刊》,2007 年第 3 期。

史籍类：

1. (宋)欧阳修：《新唐书》,中华书局,1975 年版。
2. (东汉)荀悦：《前汉纪》,华正书局,1974 年版。
3. (西汉)司马迁：《史记》,光明日报出版社,2015 年版。
4. (宋)李焘：《续资治通鉴长编》,中华书局,2004 年版。
5. (宋)陶岳：《五代史补》,杭州出版社,2004 年版。
6. (宋)薛居正等：《旧五代史》,中华书局,2003 年版。
7. (清)吴任臣：《十国春秋》,中华书局,2019 年版。
8. (清)徐松：《宋会要辑稿》,上海古籍出版社,2014 年版。

9. (清)孙星衍等:《嘉庆松江府志》,清嘉庆二十二年刊本影印本。
10. (清)张廷玉等:《明史》,中华书局,1977 年版。
11. (晋)陈寿:《三国志》,中华书局,1959 年版。
12. (宋)司马光:《资治通鉴》,光明日报出版社,2016 年版。
13. (清)昆冈等:《大清会典事例》,光绪朝版,复印本。
14. (清)《清世祖实训录》,华文书局,1985 年版。
15. (北齐)颜之推:《颜氏家训》,团结出版社,2017 年版。
16. (南朝)萧子显:《南齐书》,中华书局,2019 年版。
17. (明)张采纂,钱肃乐修,张志华:《太仓州志》,影印本。
18. (唐)魏征等:《隋书》,中华书局,2019 年版。
19. (清)杜诏:《山东通志》,四库馆影印版。
20. (汉)刘熙:《释名》,中华书局,2016 年版。
21. (宋)欧阳修:《新五代史》,中华书局,1974 年版。
22. (明)宋濂:《元史》,中华书局,2016 年版。

图书在版编目(CIP)数据

江南海洋文化/滕新贤著. —上海:上海三联书店,2023.1
ISBN 978-7-5426-7960-4

Ⅰ.①江… Ⅱ.①滕… Ⅲ.①海洋-文化-研究-华东地区
Ⅳ.①P722.6

中国版本图书馆CIP数据核字(2022)第231028号

江南海洋文化

著　　者 / 滕新贤

责任编辑 / 杜　鹃
装帧设计 / 一本好书
监　　制 / 姚　军
责任校对 / 王凌霄

出版发行 / 上海三联书店
(200030)中国上海市漕溪北路331号A座6楼
邮　　箱 / sdxsanlian@sina.com
邮购电话 / 021-22895540
印　　刷 / 上海惠敦印务科技有限公司

版　　次 / 2023年1月第1版
印　　次 / 2023年1月第1次印刷
开　　本 / 890mm×1240mm　1/32
字　　数 / 220千字
印　　张 / 11.5
书　　号 / ISBN 978-7-5426-7960-4/P·10
定　　价 / 78.00元

敬启读者,如发现本书有印装质量问题,请与印刷厂联系 021-63779028